数值分析

主　编　惠小健　王　震　于蓉蓉

副主编　李小敏　苏佳琳　王　君

U0194736

中国水利水电出版社
www.waterpub.com.cn
·北京·

内 容 提 要

本书系统地介绍了数值分析中的数值基本计算方法和相关理论分析，包括解线性方程组的高斯消去法、LU 分解、追赶法与平方根法、三种经典迭代法，解非线性方程（组）的二分法、牛顿法和割线法，插值法与曲线拟合，数值积分与数值微分，矩阵特征值问题的数值解法，常微分方程的数值解法等。对于每种常用的数值计算方法，本书不仅给出具体步骤，还给出了 MATLAB 程序，便于读者调用，同时每章配有丰富的例题、算例、习题及上机实验题，并在书末给出习题参考答案。本书结构严谨，条理分明，深入浅出，易教易学，注重培养学生实践操作能力和运用所学知识分析问题、解决问题的能力。

本书适合普通高等学校工科类各专业本科生和研究生作为教材使用，也可供从事科学计算的工程技术人员参考使用。

图书在版编目（CIP）数据

数值分析 / 惠小健，王震，于蓉蓉主编. -- 北京 : 中国水利水电出版社，2024. 11. -- ISBN 978-7-5226-2832-5

Ⅰ. O241

中国国家版本馆 CIP 数据核字第 20249Z76K8 号

策划编辑：王利艳　责任编辑：张玉玲　加工编辑：刘瑜　封面设计：苏敏

书　　名	数值分析 SHUZHI FENXI
作　　者	主　编　惠小健　王　震　于蓉蓉 副主编　李小敏　苏佳琳　王　君
出版发行	中国水利水电出版社 （北京市海淀区玉渊潭南路 1 号 D 座　100038） 网址：www.waterpub.com.cn E-mail：mchannel@263.net（答疑） sales@mwr.gov.cn 电话：（010）68545888（营销中心）、82562819（组稿）
经　　售	北京科水图书销售有限公司 电话：（010）68545874、63202643 全国各地新华书店和相关出版物销售网点
排　　版	北京万水电子信息有限公司
印　　刷	三河市德贤弘印务有限公司
规　　格	170mm×240mm　16 开本　15 印张　286 千字
版　　次	2024 年 11 月第 1 版　2024 年 11 月第 1 次印刷
印　　数	0001—1000 册
定　　价	48.00 元

前　言

随着科学技术的日新月异，计算机科学与技术以及计算技术的飞速发展，科学计算突破了实验和理论的局限，数学作为解决复杂问题的基础工具，其重要性愈发凸显。数值分析，作为数学的一个重要分支，广泛应用于工程、物理、经济、金融等众多领域，发挥着越来越重要的作用。数值分析，又称为数值计算方法或计算数学，是研究用计算机求解数学问题的数值近似解的方法及其理论的学科。它不仅关注算法的有效性和稳定性，也关心算法的计算复杂性。作为科学计算的核心课程，数值分析是许多工科专业本科生的必修课程和理工科专业研究生的学位课程。

本书系统地介绍了数值分析中基本的数值计算方法，一些现代数值方法及其有关理论分析，主要内容包括解线性方程组的高斯消去法、LU 分解、追赶法与平方根法、三种经典迭代法，解非线性方程（组）的二分法、牛顿法和割线法，插值法与曲线拟合，数值积分与数值微分，矩阵特征值问题的数值解法，常微分方程的数值解法等。本书除了介绍常用的算法外，还强调算法的基本原理和基本理论分析，阐述严谨、详略得当、条理分明，各章内容相对独立。为了加深对书中内容的理解，精心编写了一定量的例题，在每章之后都配有习题，并在书末给出习题参考答案。本书介绍的数值方法都配有具体的计算步骤，并且大多数算法都配有详细的 MATLAB 程序代码，并通过算例展示应用程序求解相应的问题，因此学习本课程应加强上机实验环节的训练，为方便读者练习，每章后均配有适量的上机实验题。每章提供了数学家和数学家精神的事例，培养学生勇于探索、锲而不舍的钻研精神和精益求精的科学精神。本书涵盖了数值分析的主要研究领域，内容丰富、结构严谨，既注重数值分析的基本理论，又结合实际应用，使读者能够深刻理解数值分析的实用价值。本书配备了大量的习题，旨在帮助读者巩固所学知识，提高解决问题的能力。

此外本书还获得了西京学院研究生教材建设项目（2023YJC-04）的资助，在编写过程中参考了大量的优秀文献和资料，在此向原作者表示诚挚的谢意。同时感谢杜轻松、夏斌湖、吴静、章培军、贺艳琴、任水利 6 位老师在编写过程中的帮助。

虽经反复校对和多次讨论，但限于编者学识和水平，不妥之处在所难免，恳请读者批评指正。

编　者

2024 年 6 月

目　录

第1章 数值分析绪论

数值分析又称为数值计算方法或计算数学，是关于使用计算机进行近似计算的一门学科，主要研究各类数学问题的数值解法（近似解法），包括对方法的推导、描述以及对整个求解过程的分析，使用计算机解决由实际问题抽象出的数学模型。计算机解决科学计算问题的一般过程可以概括如下：

实际问题→数学模型→计算方法→程序设计→上机计算

因此数值分析是一门紧密联系实际问题、数学理论和电子计算机的课程，是科学与工程计算的基础。随着计算机科学与技术的迅速发展，大部分科学实验和工程技术中遇到的各类数学问题都可以通过数值分析中的方法得以解决。科学与工程计算已经成为与理论分析和科学实验同样重要的第三种科学手段，现今无论在传统科学领域还是高新科技领域都少不了数值计算这一类工作。

由实际问题应用有关科学知识和数学理论建立数学模型这一过程，通常作为应用数学的任务。而根据数学模型提出求解的计算方法直到编出程序，上机算出结果，进而对计算结果进行分析，这一过程则是计算数学的任务，也是数值计算方法的研究对象。因此，数值计算方法就是研究用计算机解决数学问题的数值方法及其理论。它的内容包括误差理论、线性与非线性方程（组）的数值解法、矩阵的特征值与特征向量计算、曲线拟合与函数逼近、插值方法、数值积分与数值微分、常微分方程数值解法等。

数值计算方法是一门与计算机使用密切结合的实用性很强的数学课程，它既有纯数学的高度抽象性与严密科学性的特点，又有应用广泛性与实际试验的高度技术性的特点。学习数值分析这门课程，首先要让学生掌握方法的基本原理和基本思想，在此基础上注意和计算机结合进行一些数值计算的训练。

1.1 数值分析的研究对象

数值分析是计算数学的一个主要部分，计算数学是数学科学的一个分支，它研究用计算机求解各种数学问题的数值计算方法及其理论与软件实现。这里的数学问题仅限于数值问题，即给出一组数值型的数据（通常是一些实数，称为初始数据），去求另一组数值型数据，问题的本身反映了这两组数据之间的某种确定关系。如函数的计算、方程的求根都是数值问题的典型例子。

数值计算的历史源远流长，自有数学以来就有关于数值计算方面的研究。古巴比伦人在公元前 2000 年左右就有了关于二次方程求解的研究，我国古代数学家刘徽利用割圆术求得圆周率的近似值，而后祖冲之求得圆周率的高精度的值，这些都是数值计算方面的杰出成就。数值计算的理论与方法是在解决数值问题的长期实践过程中逐步形成和发展起来的。但在电子计算机出现以前，由于受到计算工具的限制，无法进行大量的复杂的计算，它的理论与方法发展十分缓慢，甚至长期停滞不前。

科学技术的发展与进步提出了越来越多的复杂的数值计算问题，这些问题的圆满解决已远非人工手算所能胜任，必须依靠电子计算机快速准确的数据处理能力。这种用计算机处理数值问题的方法，称为科学计算。今天，科学计算的应用范围非常广泛，天气预报、工程设计、流体计算、经济规划和预测以及国防尖端的一些科研项目（如核武器的研制、导弹和火箭的发射等），始终是科学计算最为活跃的领域。

现代数值计算的理论与方法是与计算机技术的发展与进步一脉相承的。无论计算机在数据处理、信息加工等方面取得了多么辉煌的成就，科学计算始终是计算机应用的一个重要方面，而数值计算的理论与方法是计算机进行科学计算的依据。它不但为科学计算提供了可靠的理论基础，而且提供了大量行之有效的数值问题的算法。

由于计算机对数值分析这门学科的推动和影响，使数值分析的重点转移到使用计算机编程算题的方面上来。现代的数值分析理论与方法主要是面对计算机的，研究与寻求适合在计算机上求解各种数值问题的算法是数值分析这门学科的主要内容。

1.2 数值算法的基本概念

粗略地说，数值算法就是求解数值问题的计算步骤。由一些基本运算及运算顺序的规定构成的一个（数值）问题完整的求解方案称为（数值）算法。计算机虽然是运算速度极高的现代化计算工具，但它本质上仅能完成一系列具有一定位数的基本的算术运算和逻辑运算。故在进行数值计算时，首先要将各种类型的数值问题转化为一系列计算机能够执行的基本运算。

通常的数值问题是在实数范围内提出的，而计算机所能表示的数仅仅是有限位小数，误差（如初始数据的误差、由中间结果的舍入产生的误差）不可避免。

这些误差对计算结果的影响是需要考虑的。如果给出一种算法，在计算机上运行时，误差在成千上万次的运算过程中得不到控制，在计算过程中的累计越来越大，以致淹没了真值，那么这样的计算结果将变得毫无意义。相应地，我们称这种算法是不可靠的，或者是数值不稳定的。现在的计算机无论在运算速度上还是在存储能力上都是传统计算工具无法比拟的。但即使这样，我们在设计算法时，也必须对算法的运算次数和存储量大小给予足够的重视。实际中存在大量这样的问题，由于所提供的解决这些问题的算法的运算量大得惊人，即使利用最尖端的计算机也无法在有效时间内求得问题的答案。

那么，一个好的算法一般应该具备什么特征呢？

（1）必须结构简单，易于计算机实现。

（2）理论上必须保证方法的收敛性和数值稳定性。

（3）计算效率必须要高，即计算速度快且节省存储量。

（4）必须经过数值实验检验，证明行之有效。

1.2.1　误差的来源

利用数值方法求解得到的数值解是解析解（准确解）的近似结果，因而误差是不可避免的。误差按照来源可分为以下四种。

模型误差：数学模型是实际问题的一种数学描述，它往往抓住问题的主要因素，忽略其次要因素。例如，在求重量的数学模型 $G = m \times g$ 中，重量 G 不是仅与质量和重力加速度有关，它还与温度、测量地点的海拔、地层结构等众多因素有关，为了使模型较为简单和实用，采用抓住主要矛盾的方法，去掉了大量对重量影响不大的次要因素，建立了上述重量的近似模型，这种误差称为模型误差。

观测误差：在数学模型中往往有一些参数，比如温度、长度等，这些参数是由观测或实验得到的，受测量仪器和视力等因素的影响，和实际值或准确值也有一定的误差，这种误差称为观测误差。

舍入误差：计算器或计算机都只有有限位存储和计算能力，用数值方法解数学问题一般不能得到问题的精确解。在进行数值计算的过程中，初始数据或计算的结果要用四舍五入或其他规则取近似值以存入计算机，由此产生的误差称为舍入误差。

截断误差：当实际问题的数学模型不能获得精确解时，必须采用数值方法求其近似解，这些方法通常采用有限逼近无限，离散逼近连续，把无限的计算过程用有限步的计算来代替，由此产生的误差称为截断误差。

例如，泰勒公式：

$$f(x)=f(x_0)+\frac{f'(x_0)}{1!}(x-x_0)+\cdots+\frac{f^{(n)}(x_0)}{n!}(x-x_0)^n+\cdots \qquad (1.2.1)$$

显然式（1.2.1）无法进行计算，因此必须根据实际需要，从某一项起将后面的各项截断，即

$$f(x)\approx f(x_0)+\frac{f'(x_0)}{1!}(x-x_0)+\cdots+\frac{f^{(n)}(x_0)}{n!}(x-x_0)^n$$

由此产生的误差称为截断误差。

1.2.2 误差的度量

用数值方法求一个数学问题的数值解时，要求问题的数值解与精确解的误差越小越好，即数值解的精度越高越好。因此首先要给出误差大小的度量，有两种衡量误差大小的方法，一个是绝对误差，另一个是相对误差。

定义 1.2.1 设 x^* 是 x 精确值的近似值。称 x 与 x^* 的差

$$e(x^*)=x-x^*$$

为近似值 x^* 的**绝对误差**，通常称为**误差**。

由于精确值 x 通常无法确定，因此绝对误差无法计算，由此引入绝对误差限的概念。

定义 1.2.2 绝对误差的一个上界。即：若 $|x^*-x|\leqslant\varepsilon$，则称 ε 为 x^* 的绝对误差限。

由于绝对误差限没有考虑问题的规模，因此有时它也不能衡量 x^* 的好坏。例如：x 是地球与太阳的距离，y 是分子中两个原子间的距离，若 $|x^*-x|\leqslant 1$ 公里，$|y^*-y|\leqslant 1$ 厘米，则并不能说 y^* 比 x^* 精确。由此引入相对误差和相对误差限的概念。

定义 1.2.3 近似值的**相对误差**定义为 $e_r(x^*)$：

$$e_r(x^*)=\frac{e(x)}{x}=\frac{x-x^*}{x}$$

由于 x 未知，实际使用时总是将 x^* 的相对误差取为

$$e_r(x^*)=\frac{e(x)}{x^*}=\frac{x-x^*}{x^*}$$

定义 1.2.4 如果存在一个正数 δ，使得 $|e_r(x)|\leqslant\delta$，则称 δ 为 x^* 的**相对误差限**。

1.2.3　近似数的有效数字

定义 1.2.5　如果近似值 x^* 的误差限是某一数位的半个单位，该位到 x^* 的第一位非零数字共有 n 位，则称 x^* 有 n 位有效数字，并从第一个非零的数字到这一位的所有数字均为有效数字。一般近似值 x^* 表示为

$$x^* = \pm 0.a_1 a_2 \cdots a_n \cdots \times 10^m \tag{1.2.2}$$

其中，$a_i(i=1,2,\cdots,n)$ 是 0 ～ 9 中的一个数字，且 $a_1 \neq 0$，m 为整数，当其绝对误差限满足

$$\left|x^* - x\right| \leqslant \frac{1}{2} \times 10^{m-n}$$

时，则称 x^* 有 n 位有效数字。

例如：取 $x^* = 3.14$ 作为 π 的近似值，x^* 就有 3 位有效数字，误差限 $\varepsilon = 0.005$；取 $x^* = 3.1416$ 作为 π 的近似值，x^* 就有 5 位有效数字，误差限 $\varepsilon = 0.00005$。

如果近似值 x^* 的误差限是某一位的半个单位，该位到 x^* 的第一位非零数字共有 n 位，则称 x^* 有 n 位有效数字。

例如，$x = \pi = 3.14159265358\cdots$，取 $x^* = 3.14$ 时有

$$\left|x^* - x\right| \leqslant 0.002 \leqslant 0.005$$

所以，$x^* = 3.14$ 作为 π 的近似值时，就有 3 位有效数字；

取 $x^* = 3.1416$ 时有

$$\left|x^* - x\right| \leqslant 0.000008 \leqslant 0.00005$$

所以，$x^* = 3.1416$ 作为 π 的近似值时，就有 5 位有效数字。

例 1.2.1　按四舍五入原则，写出下列各数具有 5 位有效数字的近似数。

187.9325，0.03785551，8.000033，2.7182818

解　按定义，上述各数具有 5 位有效数字的近似数分别是

187.93，0.037856，8.0000，2.7183

注意到，$x = 8.000033$ 的 5 位有效数字是 8.0000，而不是 8，因为 8 只有 1 位有效数字。

例 1.2.2　设圆周率 $\pi = 3.1415926\cdots$，求下列近似数的有效数字。

（1）$x_1 = 3.14$；（2）$x_2 = 3.141$；（3）$x_3 = 3.142$；（4）$x_4 = 3.1414$。

解　（1）$x_1 = 0.314 \times 10^{-1}$，$\pi - x_1 = 0.15926\cdots \times 10^{-2}$，$\left|\pi - x_1\right| \leqslant 0.5 \times 10^{-2}$，有 3 位有效数字；

（2）$\pi - x_2 = 0.5926\cdots \times 10^{-3}$，$\left|\pi - x_2\right| \leqslant 0.5 \times 10^{-2}$，有 3 位有效数字；

（3）$\pi - x_3 = -0.4073\cdots\times10^{-3}$，$|\pi - x_3| \leqslant 0.5\times10^{-3}$，有 4 位有效数字；

（4）$\pi - x_4 = 0.1926\cdots\times10^{-3}$，$|\pi - x_4| \leqslant 0.5\times10^{-3}$，有 4 位有效数字。

有效数位与误差的关系：有效数位 n 越多，则绝对误差 $|e(x^*)|$ 越小。

定理 1.2.1 若近似数具有 n 位有效数字，则相对误差限满足：

$$|e_r(x^*)| \leqslant \frac{1}{2a_1}\times10^{-(n-1)}$$

反之，若近似数 x^* 的相对误差限满足：

$$|e_r(x^*)| \leqslant \frac{1}{2(a_1+1)}\times10^{-(n-1)}$$

则近似数 x^* 至少具有 n 位有效数字。

证明 因为 $a_1\times10^{m-1} \leqslant |x^*| \leqslant (a_1+1)\times10^{m-1}$，故当 x^* 具有 n 位有效数字时有

$$e_r = \frac{e}{|x^*|} \leqslant \frac{0.5\times10^{m-n}}{a_1\times10^{m-1}} = \frac{1}{2a_1}\times10^{1-n}$$

反之，由

$$e = |x^*| e_r \leqslant (a_1+1)\times10^{m-1}\times\frac{1}{2(a_1+1)}\times10^{1-n} = 0.5\times10^{m-n}$$

可知，x^* 至少有 n 位有效数字。

定理说明，近似数 x^* 的有效位数越多，它的相对误差限越小；反之，x^* 的相对误差越小，它的有效位数越多。

例 1.2.3 要使 $\sqrt{20}$ 的近似值的相对误差限小于 0.1%，要取几位有效数字？

解 由于 $4<\sqrt{20}<5$，所以 $a_1=4$，由定理有

$$\frac{1}{2a_1}\times10^{-n+1} \leqslant 0.1\%$$

即 $10^{n-4} \geqslant \frac{1}{8}$，得 $n \geqslant 4$。故只要对 $\sqrt{20}$ 的近似数取 4 位有效数字，其相对误差就可小于 0.1%，因此，可取 $\sqrt{20} \approx 4.472$。

例 1.2.4 为使 π^* 的相对误差小于 0.001%，至少应取几位有效数字？

解 假设 π^* 取到 n 位有效数字，则其相对误差上限为

$$e_r \leqslant \frac{1}{2a_1}\times10^{-n+1}$$

要保证其相对误差小于 0.001%，只要保证其上限满足：

$$e_r \leqslant \frac{1}{2a_1}\times10^{-n+1} < 0.001\%$$

已知 $a_1=3$，则从以上不等式可解得 $n>6-\lg 6$，即 $n\geqslant 6$，应取 $\pi^*=3.14159$。

1.3　数值算法设计的若干原则

解决一个计算问题往往有多种算法，用不同算法计算的结果其精确度是不同的。人们自然希望选用那些计算量小而精确度又高的算法。而怎样才能给出最好的算法，并没有什么固定的方法，这里只是按照一般的情况，指出选用算法时应遵循的一般原则。

1.3.1　避免两个相近的数相减

在数值计算中，两个相近的数相减时有效数字会损失，因此在计算过程中，需要尽量避免此情况的发生。

如果 x^* 和 y^* 分别是 x 和 y 的近似值，则 $z^*=x^*-y^*$ 是 $z=x-y$ 的近似值，此时有

$$|e_r(z)|=\frac{|z^*-z|}{|z^*|}\leqslant\left|\frac{x^*}{x^*-y^*}\right|\cdot|e_r(x)|+\left|\frac{y^*}{x^*-y^*}\right|\cdot|e_r(y)|$$

可见，当 x^* 与 y^* 很接近时，z^* 的相对误差有可能很大。例如，求 $y=\sqrt{x+1}-\sqrt{x}$，当 $x=1000$ 时，取 4 位有效数字计算得

$$\sqrt{x+1}\approx 31.64,\quad \sqrt{x}\approx 31.62$$

两者相减得 $y\approx 0.02$。

这个结果只有 1 位有效数字，损失了 3 位有效数字，从而绝对误差和相对误差都变得很大，严重影响了计算精度，必须尽量避免出现这种情况。遇到这种运算时，最好是改变计算公式，防止上述情形的出现。

例如，把式子 $y=\sqrt{x+1}-\sqrt{x}$ 变成

$$y=\sqrt{x+1}-\sqrt{x}=\frac{1}{\sqrt{x+1}+\sqrt{x}}\tag{1.3.1}$$

按式（1.3.1）求得 $y=0.01581$，则 y 有 4 位有效数字。可见改变计算公式可以避免两个相近数相减而引起的有效数字的损失，从而得到比较精确的计算结果。

1.3.2　避免绝对值太小的数做除数

由于除数很小，将导致商很大，会产生“溢出”错误。设 x^* 和 y^* 分别是 x 和 y 的近似值，则 $z^*=x^*\div y^*$ 是 $z=x\div y$ 的近似值，此时，z 的绝对误差满足

$$|e(z)| = |z^* - z| = \left|\frac{(x^* - x)y + x(y - y^*)}{y^* y}\right| \approx \frac{|x^*| \cdot |e(y)| + |y^*| \cdot |e(x)|}{(y^*)^2}$$

由此可见，若除数太小，则可能导致商的绝对误差很大，此时可以用数学公式化简后再做除法。

1.3.3 要防止大数“吃掉”小数

大数“吃掉”小数是指计算机在计算过程中，较小的数加不到较大的数中，这种现象有时会产生严重的后果。例如在 10 位十进制数的限制下，求解一元二次方程：

$$x^2 + 10^4 x - 0.01 = 0$$

使用求根公式：

$$x = \frac{-b \pm \sqrt{b^2 - 4ac}}{2a}$$

按照加法运算的对阶规则，有

$$b^2 - 4ac = 10^8 + 0.04 = 0.1 \times 10^9 + 0.00000000004 \times 10^9$$

由于假设计算机只能存放 10 位十进制数，所以上式中的 $0.00000000004 \times 10^9$ 被当作是 0，因而有

$$b^2 - 4ac = 0.1 \times 10^9 = 10^8$$

于是得到 $x_1 = 0$，$x_2 = -10^4$。

在求得的根中，$x_2 = -10^4$ 是合理的、可接受的，但 $x_1 = 0$ 是不可接受的。要避免后一种情况出现，计算 x_1 时，可利用关系式 $x_1 x_2 = -0.01$，得

$$x_1 = -\frac{0.01}{-10^4} = 10^{-6}$$

此方法是可靠的。

1.3.4 简化计算步骤，提高计算效率

简化计算步骤是提高程序执行速度的关键，它不仅可以节省时间，还能减少舍入误差的传播。

例如，计算多项式：

$$P(x) = a_0 x^n + a_1 x^{n-1} + \cdots + a_{n-1} x + a_n$$

若直接计算 $a_{n-k} x^k (k = 0,1,\cdots n)$，再逐项相加，一共需做的乘法次数为

$$1 + 2 + \cdots + (n-1) + n = \frac{n(n+1)}{2}$$

需做的加法次数为 n 次。而若采用秦九韶算法：

$$P(x)=(\cdots((a_0x+a_1)x+a_2)x+\cdots+a_{n-1})x+a_n$$

则只需要做 n 次乘法和 n 次加法即可。

1.3.5　要使用数值稳定的算法

算法的稳定性，是指误差的传播可以得到控制，在用计算机解决实际问题时，运算次数成千上万。如果误差的传播得不到控制，那么误差的累积会使问题的解答十分荒谬，尤其是某些病态问题（如病态方程组），舍入误差对其计算结果往往有非常严重的影响。因此，在选择计算方案时，要特别谨慎。

考查方程组：

$$\begin{pmatrix}1 & \frac{1}{2} & \frac{1}{3}\\ \frac{1}{2} & \frac{1}{3} & \frac{1}{4}\\ \frac{1}{3} & \frac{1}{4} & \frac{1}{5}\end{pmatrix}\begin{pmatrix}x_1\\x_2\\x_3\end{pmatrix}=\begin{pmatrix}\frac{11}{6}\\ \frac{13}{12}\\ \frac{47}{60}\end{pmatrix}$$

解为 $x_1=1$，$x_2=1$，$x_3=1$，四舍五入系数后，解为 $x_1=1.09$，$x_2=0.484$，$x_3=1.49$。尽管系数变动不大，但求出的解却变动很大，这类问题称为病态问题。

数学家和数学家精神

冯康（1920—1993 年），中国科学院院士，数学家、中国有限元法创始人，计算数学研究的奠基人和开拓者，中国科学院计算中心创始人。冯康在 1965 年发表了名为《基于变分原理的差分格式》的论文，这篇论文被国际学术界视为中国独立发展“有限元法”的重要里程碑。冯康主要研究应用数学、计算数学、科学与工程计算。他提出的“基于变分原理的差分格式”独立于西方创始的有限元方法，提出了自然边界归化和超奇异积分方程理论，发展了有限元边界元自然耦合方法；系统地首创辛几何计算方法，利用动力系统及其工程应用的交叉性研究新领域。他脚踏实地，坚韧不拔，刚正不阿，为国家鞠躬尽瘁。

习　题　1

1．下列近似数都是通过四舍五入得到的，指出它们的绝对误差限、相对误差限和有效数字位数。

（1）23000；（2）0.00230；（3）2300.00；（4）2.30×10^4。

2．计算球体积，要使相对误差限为 1%，问度量半径为r时允许的相对误差限是多少？

3．设$x>0$，x的相对误差为δ，则$\ln x$的误差是多少？

4．已知$\pi=3.141592654\cdots$，问：

（1）若其近似值取 5 位有效数字，则该近似值是多少？其误差限是多少？

（2）若其近似值精确到小数点后面 4 位，则该近似值是什么？其误差限是什么？

（3）若其近似值的绝对误差限位0.5×10^{-5}，则该近似值是什么？

5．设$x=10\pm0.05$，试求函数$f(x)=\sqrt[n]{x}$的相对误差限。

6．设$Y_0=28$，按递推公式$Y_n=Y_{n-1}-\dfrac{1}{100}\sqrt{783}(n=1,2,\cdots)$，计算到$Y_{100}$，若取$\sqrt{783}\approx27.982$，试问计算$Y_{100}$将有多大误差？

7．改进下列式子，使得计算结果更加准确：

（1）$\sqrt{1+x}-\sqrt{x}$，当x充分大；　　（2）$\dfrac{1-\cos x}{\sin x}$，当x接近于 0。

8．设$a\neq0,\ b^2-4ac>0$，考虑二次方程$ax^2+bx+c=0$的求根公式$x_{1,2}=\dfrac{-b\pm\sqrt{b^2-4ac}}{2a}$及其等价公式$x_{1,2}=\dfrac{-2c}{b\pm\sqrt{b^2-4ac}}$，当$|b|\approx\sqrt{b^2-4ac}$时，怎样设计算法比较合理？

实 验 题

1．用 MATLAB 计算$0.46-0.5+0.04$会出现什么问题？怎么做可以避免出现这样的问题？

2．应用秦九韶算法程序，计算多项式$f(x)=x^5+3x^3-2x+6$在$x=1.1,1.2,1.3$的值。

3．求数$x=7^{15}\times(\sqrt{1+8^{-19}}-1)$的近似值。

第2章　线性方程组的解法

线性代数方程组的解法在数值分析中占有极其重要的地位。一方面，在工程技术领域，经常以线性代数方程组作为其基本模型，例如弹性力学、电路分析、热传导和振动、社会科学及定量分析商业经济中的各种问题等；另一方面，在许多有效的数值方法中，求解线性代数方程组是其中关键的一步，比如样条插值法、矩阵特征值问题、微分方程数值解法等，都离不开线性方程组的求解。

本章研究如下形式的n阶线性方程组的直接解法。

$$\begin{cases} a_{11}x_1 + a_{12}x_2 + \cdots + a_{1n}x_n = b_1 \\ a_{21}x_1 + a_{22}x_2 + \cdots + a_{2n}x_n = b_2 \\ \qquad\qquad \vdots \\ a_{n1}x_1 + a_{n2}x_2 + \cdots + a_{nn}x_n = b_n \text{方程组} \end{cases} \tag{2.1}$$

若用矩阵和向量的记号来表示，式（2.1）可写成

$$Ax = b \tag{2.2}$$

式中，n阶矩阵$\boldsymbol{A} = (a_{ij})_{n\times n}$为方程组的系数矩阵；$n$维向量$\boldsymbol{b} = (b_1, b_2, \cdots, b_n)^{\mathrm{T}}$为右端项；$\boldsymbol{x} = (x_1, x_2, \cdots, x_n)^{\mathrm{T}}$为所求的解。

求解以上线性代数方程组的一些理论方法，如克莱姆（Cramer）法则虽然给出了解的表达式，但计算量太大，当方程组阶数较高时，即使用当前最高速度的计算机也难以实现。因此，寻求计算量小、存储少、算法简单并能保证具有一定精度的求解线性方程组的方法是十分必要的。

求解线性代数方程组的数值方法可分为两大类：直接法和迭代法。直接法是指若没有舍入误差的影响，经过有限次算术运算可求得方程组的精确解的方法。由于实际计算时舍入误差不可避免，故直接法得到的解并不精确。迭代法是利用迭代公式产生的向量序列去逼近精确解，当迭代收敛时，可得到满足精度要求的近似解。一般地，对于低阶稠密线性方程组以及大型带型方程组的求解，采用直接法比较有效，而对于大型稀疏（非带型）方程组则用迭代法求解比较有利。

2.1 高斯消去法

2.1.1 顺序高斯消去法及其 MATLAB 程序

直接法的关键思想，是将原方程组的求解转化为解三角形方程组，因为三角形方程组的求解是很容易的。高斯消去法便是通过消元过程将方程组约化为上三角形方程组而完成求解的。按行原先的位置进行消元的高斯消去法称为顺序高斯消去法。

例 2.1.1 用顺序高斯消去法解线性方程组：

$$\begin{cases} x_1 - 2x_2 + 2x_3 = 2 \\ 2x_1 - 2x_2 - x_3 = 1 \\ 3x_1 + 2x_2 + x_3 = 9 \end{cases} \tag{2.1.1}$$

解 顺序高斯消去法包括两个过程：消元与回代。

对方程组（2.1.1），利用第一个方程（主方程）消去第二个、第三个方程中的 x_1：第一个方程乘 –2 加第二个方程，第一个方程乘 –3 加第三个方程，得

$$\begin{cases} x_1 - 2x_2 + 2x_3 = 2 \\ 2x_2 - 5x_3 = -3 \\ 8x_2 - 5x_3 = 3 \end{cases} \tag{2.1.2}$$

对方程组(2.1.2)，利用第二个方程消去第三个方程中的 x_2：第二个方程乘 –4 加第三个方程，得

$$\begin{cases} x_1 - 2x_2 + 2x_3 = 2 \\ 2x_2 - 5x_3 = -3 \\ 15x_3 = 15 \end{cases} \tag{2.1.3}$$

至此得到与方程组（2.1.1）等价的上三角形方程组（2.1.3），消元过程结束。

回代过程为对方程组（2.1.3）自下而上进行回代求解：

$$\begin{cases} x_1 = 2 \\ x_2 = 1 \\ x_3 = 1 \end{cases}$$

消元过程也可写成下面的矩阵形式：

$$\left(\begin{array}{ccc|c} 1 & -2 & 2 & 2 \\ 2 & -2 & -1 & 1 \\ 3 & 2 & 1 & 9 \end{array}\right) \xrightarrow{\text{第一步消元法}} \left(\begin{array}{ccc|c} 1 & -2 & 2 & 2 \\ & 2 & -5 & -3 \\ & 8 & -5 & 3 \end{array}\right) \xrightarrow{\text{第二步消元法}} \left(\begin{array}{ccc|c} 1 & -2 & 2 & 2 \\ & 2 & -5 & -3 \\ & & 15 & 15 \end{array}\right)$$

下面考虑一般情形。

设有 n 阶线性方程组，使用顺序高斯消去法求解。

$$\begin{cases} a_{11}^{(1)}x_1 + a_{12}^{(1)}x_2 + \cdots + a_{1n}^{(1)}x_n = b_1^{(1)} \\ a_{21}^{(1)}x_1 + a_{22}^{(1)}x_2 + \cdots + a_{2n}^{(1)}x_n = b_2^{(1)} \\ \qquad\qquad \vdots \\ a_{n1}^{(1)}x_1 + a_{n2}^{(1)}x_2 + \cdots + a_{nn}^{(1)}x_n = b_n^{(1)} \end{cases}$$

消元过程：

$$\left(\begin{array}{ccccc|c} a_{11}^{(1)} & a_{12}^{(1)} & a_{13}^{(1)} & \cdots & a_{1n}^{(1)} & b_1^{(1)} \\ a_{21}^{(1)} & a_{22}^{(1)} & a_{23}^{(1)} & \cdots & a_{2n}^{(1)} & b_2^{(1)} \\ a_{31}^{(1)} & a_{32}^{(1)} & a_{33}^{(1)} & \cdots & a_{3n}^{(1)} & b_3^{(1)} \\ \vdots & \vdots & \vdots & & \vdots & \vdots \\ a_{n1}^{(1)} & a_{n2}^{(1)} & a_{n3}^{(1)} & \cdots & a_{nn}^{(1)} & b_n^{(1)} \end{array}\right) \to \left(\begin{array}{ccccc|c} a_{11}^{(1)} & a_{12}^{(1)} & a_{13}^{(1)} & \cdots & a_{1n}^{(1)} & b_1^{(1)} \\ 0 & a_{22}^{(2)} & a_{23}^{(2)} & \cdots & a_{2n}^{(2)} & b_2^{(2)} \\ 0 & a_{32}^{(2)} & a_{33}^{(2)} & \cdots & a_{3n}^{(2)} & b_3^{(2)} \\ \vdots & \vdots & \vdots & & \vdots & \vdots \\ 0 & a_{n2}^{(2)} & a_{n3}^{(2)} & \cdots & a_{nn}^{(2)} & b_n^{(2)} \end{array}\right)$$

$$\to \cdots \to \left(\begin{array}{ccccc|c} a_{11}^{(1)} & a_{12}^{(1)} & a_{13}^{(1)} & \cdots & a_{1n}^{(1)} & b_1^{(1)} \\ 0 & a_{22}^{(2)} & a_{23}^{(2)} & \cdots & a_{2n}^{(2)} & b_2^{(2)} \\ 0 & 0 & a_{33}^{(3)} & \cdots & a_{3n}^{(3)} & b_3^{(3)} \\ \vdots & \vdots & \vdots & & \vdots & \vdots \\ 0 & 0 & 0 & \cdots & a_{nn}^{(n)} & b_n^{(n)} \end{array}\right)$$

其中，$a_{ij}^{(2)} = a_{ij}^{(1)} - m_{i1}a_{1j}^{(1)}$，$b_i^{(2)} = b_i^{(1)} - m_{i1}b_1^{(1)}$，$m_{i1} = \dfrac{a_{i1}^{(1)}}{a_{11}^{(1)}}$，$(i, j = 2, \cdots, n)$。

一般地，有 $a_{ij}^{(k+1)} = a_{ij}^{(k)} - m_{ik}a_{kj}^{(k)}$，$b_i^{(k+1)} = b_i^{(k)} - m_{ik}b_k^{(k)}$，$m_{ik} = \dfrac{a_{ik}^{(k)}}{a_{kk}^{(k)}}$，$(i, j = k + 1, \cdots, n; k = 1, \cdots, n-1)$。

回代过程：

$$\begin{cases} a_{11}^{(1)}x_1 + a_{12}^{(1)}x_2 + \cdots + a_{1n}^{(1)}x_n = b_1^{(1)} \\ \qquad\quad a_{22}^{(2)}x_2 + \cdots + a_{2n}^{(2)}x_n = b_2^{(2)} \\ \qquad\qquad\qquad \vdots \\ \qquad\qquad\qquad a_{nn}^{(n)}x_n = b_n^{(n)} \end{cases} \Rightarrow \begin{cases} x_n = \dfrac{b_n^{(n)}}{a_{nn}^{(n)}} \\ x_k = \dfrac{b_k^{(k)} - \sum\limits_{j=k+1}^{n} a_{kj}^{(k)}x_j}{a_{kk}^{(k)}} \end{cases} (k = n-1, \cdots, 2, 1)$$

可以统计顺序高斯消去法的计算量。由于加减法的计算量可忽略不计，此处只统计乘除法次数。

第k步消元需除法$n-k$次、乘法$(n-k)(n-k+1)$次，故消元过程共需乘除法次数为

$$\sum_{k=1}^{n-1}(n-k)+\sum_{k=1}^{n-1}(n-k)(n-k+1)=\frac{n^3}{3}+\frac{n^2}{2}-\frac{5n}{6}$$

回代过程的乘除法次数为

$$\sum_{i=1}^{n-1}(n-i)+n=\frac{n^2}{2}+\frac{n}{2}$$

所以顺序高斯消去法的乘除法次数为$\dfrac{n^3}{3}+n^2-\dfrac{n}{3}\approx\dfrac{n^3}{3}$。

算法（顺序高斯消去法）：

（1）输入系数矩阵$\boldsymbol{A}$，右端项$\boldsymbol{b}$，置$k=1$。

（2）消元。对$k=1,\cdots,n-1$，计算：

$$m_{ik}=\frac{a_{ik}^{(k)}}{a_{kk}^{(k)}}，\quad a_{ik}^{(k)}=0$$

$$a_{ij}^{(k+1)}=a_{ij}^{(k)}-m_{ik}a_{kj}^{(k)},\ b_i^{(k+1)}=b_i^{(k)}-m_{ik}b_k^{(k)}，\ (i,j=k+1,\cdots,n;k=1,\cdots,n)$$

（3）回代。计算：

$$x_n=\frac{b_n^{(n)}}{a_{nn}^{(n)}}，\quad x_k=\frac{b_k^{(k)}-\sum\limits_{j=k+1}^{n}a_{kj}^{(k)}x_j}{a_{kk}^{(k)}}\quad (k=n-1,\cdots,2,1)$$

例 2.1.2 用顺序高斯消去法的算法解线性方程组$\begin{cases}x_1-2x_2+2x_3=2\\2x_1-2x_2-x_3=1\\3x_1+2x_2+x_3=9\end{cases}$。

解

```
%程序 2.1.1--cmgauss.m
function[x]=cmgauss(A,b,flag)
%顺序高斯消去法解线性方程组 Ax=b
if nargin<3,flag=0;end
n=length(b);
%消元过程
for k=1:(n-1)
    m=A(k+1:n,k)/A(k,k);
    A(k+1:n,k+1:n)=A(k+1:n,k+1:n)-m*A(k,k+1:n);
    b(k+1:n)=b(k+1:n)-m*b(k);
    A(k+1:n,k)=zeros(n-k,1);
    if flag~=0,Ab=[A,b],end
end
```

```
%回代过程
x=zeros(n,1);
x(n)=b(n)/A(n,n);
for k=n-1:-1:1
    x(k)=(b(k)-A(k,k+1:n)*x(k+1:n))/A(k,k);
end
```

在 MATLAB 命令窗口执行：

```
>> A=[1,-2,2;2,-2,-1;3,2,1];
>> b=[2,1,9]';
>> x=cmgauss(A,b)
```

得到结果：

```
x =
     2.0000
     1.0000
     1.0000
```

2.1.2　列主元高斯消去法及其 MATLAB 程序

上述顺序高斯消去法是按方程组和未知元的自然顺序（即方程组对应增广矩阵的行和列的自然顺序）逐步消元的。顺序高斯消去法能进行到底的前提条件是各步消元的主元皆不能为零，若出现某主元为零，则消元过程将中断；另一方面，即使主元不为零，但若主元的绝对值很小，将导致舍入误差的严重放大，严重影响所得解的精确度。在顺序高斯消去法中，出现零主元或绝对值很小的主元的情况并不少见，问题的症结就在于消元是按“自然顺序”。改进的措施是调整方程组或未知元的次序，使得系数矩阵中的绝对值较大的元素作为主元，这就是“选主元”技巧。

例 2.1.3　设线性方程组为

$$\begin{cases}10^{-5}x_1+x_2=1\\x_1+x_2=2\end{cases}\tag{2.1.4}$$

解　采用顺序高斯消去法，将方程组（2.1.4）变形为

$$\begin{cases}x_1+10^5x_2=10^5\\(1-10^5)x_2=2-10^5\end{cases}\tag{2.1.5}$$

采用四位浮点计算得$\begin{cases}x_1+10^5x_2=10^5\\x_2=1\end{cases}$，解得 $x_1=0$，$x_2=1$。

如果先调整方程顺序为$\begin{cases}x_1+x_2=2\\10^{-5}x_1+x_2=1\end{cases}$，再消元得$\begin{cases}x_1+x_2=2\\(1-10^{-5})x_2=1\end{cases}$，变形为

$\begin{cases} x_1 + x_2 = 2 \\ x_2 = 1 \end{cases}$，解得 $x_1 = 1$，$x_2 = 1$。

结果相差较大。

列主元高斯消去法的基本思想是考查高斯消元第 k 步方程：

$$\sum_{j=k}^{n} a_{ij}^{k-1} x_j = b_i^{k-1} (i = k, k+1, \cdots, n)$$

变元 x_k 的各个系数 $a_{kk}^{k-1}, a_{k+1,k}^{k-1}, \cdots, a_{n,k}^{k-1}$，从中选取绝对值最大的作为第 k 步主元。设主元在第 $l(k \leqslant l \leqslant n)$ 个方程，即 $a_{lk}^{k-1} = \max\limits_{k \leqslant i \leqslant n} \left| a_{ik}^{k-1} \right|$，若 $l \neq k$，则将第 l 个方程与第 k 个方程互换位置，这一过程称为选主元素。

算法（列主元高斯消去法）：

（1）输入系数矩阵 $\boldsymbol{A}$，右端项 $\boldsymbol{b}$，置 $k = 1$。

（2）消元：对 $k = 1, \cdots, n-1$，计算：

1）选列主元，确定 r_k，使 $a_{r_k k}^{(k)} = \max\limits_{k \leqslant i \leqslant n} \left| a_{ik}^{(k)} \right|$。

2）若 $r_k > k$，交换 $(A^{(k)}, b^{(k)})$ 的第 k，r_k 两行。

3）消元。对 $i, j = k+1, \cdots, n$，计算 $m_{ik} = \dfrac{a_{ik}^{(k)}}{a_{kk}^{(k)}}$，$a_{ik}^{(k+1)} = 0$，$a_{ij}^{(k+1)} = a_{ij}^{(k)} - m_{ik} a_{kj}^{(k)}$，$b_i^{(k+1)} = b_i^{(k)} - m_{ik} b_k^{(k)}$，（$i, j = k+1, \cdots, n; k = 1, \cdots, n$）。

（3）回代。计算：

$$x_n = \frac{b_n^{(n)}}{a_{nn}^{(n)}}, \quad x_k = \frac{(b_k^{(k)} - \sum\limits_{j=k+1}^{n} a_{kj}^{(k)} x_j)}{a_{kk}^{(k)}}, \quad k = n-1, \cdots, 2, 1$$

例 2.1.4 用列主元高斯消去法的算法解线性方程组 $\begin{cases} -3x_1 + 2x_2 + 6x_3 = 4 \\ 10x_1 - 7x_2 = 7 \\ 5x_1 - x_2 + 5x_3 = 6 \end{cases}$。

解

```
%程序 2.1.2--cmgauss2.m
function[x]=cmgauss2(A,b,flag)
%列主元高斯消去法解线性方程组 Ax=b
if nargin<3,flag=0;end
n=length(b);
%消元过程
for k=1:(n-1)
    [ap,p]=max(abs(A(k:n,k)));
    p=p+k-1;
    if p>k
```

```
            A([k p],:)= A([p k],:);
            b([k p],:)= b([p k],:);
        end
        %消元
        m=A(k+1:n,k)/A(k,k);
        A(k+1:n,k+1:n)=A(k+1:n,k+1:n)-m*A(k,k+1:n);
        b(k+1:n)=b(k+1:n)-m*b(k);
        A(k+1:n,k)=zeros(n-k,1);
        if flag==0,A=[A,b],end
    end
    %回代过程
    x=zeros(n,1);
    x(n)=b(n)/A(n,n);
    for k=n-1:-1:1
        x(k)=(b(k)-A(k,k+1:n)*x(k+1:n))/A(k,k);
    end
```

在 MATLAB 命令窗口执行：

```
>> A=[-3,2,6;10,-7,0;5,-1,5];
>> b=[4,7,6]';
>> x=cmgauss2(A,b)
```

得到结果：

```
x =
   -0.0000
   -1.0000
    1.0000
```

除了列主元高斯消去法还有其他一些选主元的消去法，如全主元高斯消去法、标度化部分选主元高斯消去法等。综合考虑，迄今为止，列主元高斯消去法仍是计算机上求解中小型稠密线性方程组较实用、有效的方法。

2.2　LU 分解

把一个 n 阶矩阵分解成两个三角形矩阵的乘积称为矩阵的三角分解。本节将介绍一种矩阵的 LU 分解，其中 $\boldsymbol{L}$ 是单位下三角矩阵，$\boldsymbol{U}$ 是上三角矩阵。这种形式的分解对于求解线性方程组是十分有用的。事实上，若 $\boldsymbol{A}=\boldsymbol{LU}$ 是一个 LU 分解，此时线性方程组为

$$\boldsymbol{Ax}=\boldsymbol{b}\Rightarrow \boldsymbol{LUx}=\boldsymbol{b}\Rightarrow \begin{cases}\boldsymbol{Ly}=\boldsymbol{b}\\ \boldsymbol{Ux}=\boldsymbol{y}\end{cases}$$

转化为 $\boldsymbol{Ly}=\boldsymbol{b}$ 及 $\boldsymbol{Ux}=\boldsymbol{y}$ 两个三角形方程组。由于三角形方程组很容易通过向

前消去法或回代方法求解，故研究矩阵的 LU 分解是十分有意义的。

2.2.1 高斯消去法的矩阵表示

下面从矩阵变换和运算的角度去分析高斯消去法，将会看到，顺序高斯消元过程实际上对应于系数矩阵的一个三角分解。

原方程组 $\boldsymbol{Ax}=\boldsymbol{b}$ 记为 $\boldsymbol{A}^{(1)}\boldsymbol{x}=\boldsymbol{b}^{(1)}$，经顺序高斯消元过程第 1 步消元后，得 $\boldsymbol{A}^{(2)}\boldsymbol{x}=\boldsymbol{b}^{(2)}$，即

$$(\boldsymbol{A}^{(1)}\mid\boldsymbol{b}^{(1)})\xrightarrow{\text{第一步消元}}(\boldsymbol{A}^{(2)}\mid\boldsymbol{b}^{(2)})$$

而这一步骤等价于以下矩阵运算：

$$L_1[\boldsymbol{A}^{(1)}\mid\boldsymbol{b}^{(1)}]=[\boldsymbol{A}^{(2)}\mid\boldsymbol{b}^{(2)}]$$

即

$$\boldsymbol{L}_1\boldsymbol{A}^{(1)}=\boldsymbol{A}^{(2)},\ \boldsymbol{L}_1\boldsymbol{b}^{(1)}=\boldsymbol{b}^{(2)}$$

其中

$$\boldsymbol{L}_1=\begin{pmatrix}1&&&&\\-l_{21}&1&&&\\-l_{31}&&1&&\\\vdots&&&\ddots&\\-l_{n1}&&&&1\end{pmatrix},\qquad l_{i1}=\frac{a_{i1}^{(1)}}{a_{11}^{(1)}}$$

$\boldsymbol{L}_1$ 是一个行变换矩阵，也就是说，第 1 步相当于做某种行变换。

一般地，第 k 步消元：

$$(\boldsymbol{A}^{(k)}\mid\boldsymbol{b}^{(k)})\to(\boldsymbol{A}^{(k+1)}\mid\boldsymbol{b}^{(k+1)})\ (k=1,2,\cdots,n-1)$$

等价于

$$\boldsymbol{L}_1(\boldsymbol{A}^{(k)}\mid\boldsymbol{b}^{(k)})=(\boldsymbol{A}^{(k+1)}\mid\boldsymbol{b}^{(k+1)})$$

即

$$\boldsymbol{L}_k\boldsymbol{A}^{(k)}=\boldsymbol{A}^{(k+1)},\ \boldsymbol{L}_k\boldsymbol{b}^{(k)}=\boldsymbol{b}^{(k+1)}$$

其中

$$L_k=\begin{pmatrix}1&&&&\\&\ddots&&&\\&&1&&\\&&-l_{k+1,k}&1&\\&&\vdots&&\ddots&\\&&-l_{nk}&&&1\end{pmatrix},\qquad l_{i1}=\frac{a_{i1}^{(1)}}{a_{11}^{(1)}}$$

如此，经$n-1$步消元，有

$$\boldsymbol{L}_{n-1}\cdots\boldsymbol{L}_2\boldsymbol{L}_1\boldsymbol{A}^{(1)}=\boldsymbol{A}^{(n)}$$

其中，$\boldsymbol{A}^{(1)}=\boldsymbol{A}$，而$\boldsymbol{A}^{(n)}$为上三角矩阵，并记为$\boldsymbol{U}$。即有

$$\boldsymbol{L}_{n-1}\cdots\boldsymbol{L}_2\boldsymbol{L}_1\boldsymbol{A}=\boldsymbol{U}$$

从而得到

$$\boldsymbol{A}=\boldsymbol{L}_1^{-1}\boldsymbol{L}_2^{-1}\cdots\boldsymbol{L}_{n-1}^{-1}=\boldsymbol{U}$$

记

$$\boldsymbol{L}_1^{-1}\boldsymbol{L}_2^{-1}\cdots\boldsymbol{L}_{n-1}^{-1}=\boldsymbol{L}$$

可知$\boldsymbol{L}$为单位下三角矩阵。事实上，容易证明

$$\boldsymbol{L}_k=\begin{pmatrix}1 & & & & & \\ & \ddots & & & & \\ & & 1 & & & \\ & & l_{k+1,k} & 1 & & \\ & & \vdots & & \ddots & \\ & & l_{nk} & & & 1\end{pmatrix}$$

以及

$$\boldsymbol{L}\equiv\boldsymbol{L}_1^{-1}\boldsymbol{L}_2^{-1}\cdots\boldsymbol{L}_{n-1}^{-1}=\begin{pmatrix}1 & & & & \\ l_{21} & 1 & & & \\ l_{31} & l_{32} & 1 & & \\ \vdots & \vdots & \ddots & \ddots & \\ l_{n1} & l_{n2} & \cdots & l_{n,n-1} & 1\end{pmatrix}$$

于是得

$$\boldsymbol{A}=\boldsymbol{L}\boldsymbol{U}$$

其中，$\boldsymbol{L}$ 为单位下三角矩阵，$\boldsymbol{U}$ 为上三角矩阵，这就是矩阵的三角分解或称 LU 分解。

由以上讨论可知，顺序高斯消去法的实质是将系数矩阵$\boldsymbol{A}$分解为两个三角矩阵的乘积，从而得到矩阵的三角分解定理。

定理 2.2.1　设$\boldsymbol{A}\in\mathbf{R}^{n\times n}$，若$\boldsymbol{A}$的所有顺序主子式非零，则$\boldsymbol{A}$存在唯一的分解式$\boldsymbol{A}=\boldsymbol{L}\boldsymbol{U}$。其中，$\boldsymbol{L}$为$n$阶单位下三角矩阵，$\boldsymbol{U}$为$n$阶单位上三角矩阵。

定理中条件“$\boldsymbol{A}$ 的所有顺序主子式非零”实际就是顺序高斯消去法能进行到底，即所有主元不等于零的充要条件。

证明　因 LU 分解本质上等同于顺序高斯消去法，下面证明唯一性。事实上，若$\boldsymbol{A}$存在两种不同的三角分解：

$$\boldsymbol{A}=\boldsymbol{LU}=\boldsymbol{L}_1\boldsymbol{U}_1$$

其中，$\boldsymbol{L}$ 和 $\boldsymbol{L}_1$ 都是单位下三角矩阵，而 $\boldsymbol{U}$ 和 $\boldsymbol{U}_1$ 都是上三角矩阵。因 $\boldsymbol{A}$ 是非奇异的，故 $\boldsymbol{U}$ 和 $\boldsymbol{U}_1$ 也是非奇异的。于是由上式得

$$\boldsymbol{L}_1^{-1}\boldsymbol{L}=\boldsymbol{U}_1\boldsymbol{U}^{-1}$$

注意到上式的左边是单位下三角矩阵，而右边则是上三角矩阵，故必有

$$\boldsymbol{L}_1^{-1}\boldsymbol{L}=\boldsymbol{U}_1\boldsymbol{U}^{-1}=\boldsymbol{I}$$

即 $\boldsymbol{L}_1=\boldsymbol{L}$，$\boldsymbol{U}_1=\boldsymbol{U}$。

分解式 $\boldsymbol{A}=\boldsymbol{LU}$ 即所谓杜利特尔（Doolittle）分解。经等价交换，可得另外两种形式的分解式，一种分解式为

$$\boldsymbol{A}=\boldsymbol{LU}=\boldsymbol{LD}\tilde{\boldsymbol{U}}=\tilde{\boldsymbol{L}}\tilde{\boldsymbol{U}}$$

其中，$\tilde{\boldsymbol{L}}$ 为单位下三角矩阵，$\tilde{\boldsymbol{U}}$ 为单位上三角矩阵，称为 $\boldsymbol{A}$ 的克劳特（Crout）分解；另一种分解式为

$$\boldsymbol{A}=\boldsymbol{LD}\tilde{\boldsymbol{U}}$$

其中，$\boldsymbol{L}$ 为单位下三角矩阵，$\boldsymbol{D}$ 为对角矩阵，$\tilde{\boldsymbol{U}}$ 为单位上三角矩阵，称为 $\boldsymbol{A}$ 的DU分解。

2.2.2 LU 分解法

下面考虑求解方程组 $\boldsymbol{Ax}=\boldsymbol{b}$。这时，如果已经求得 $\boldsymbol{A}$ 的三角分解 $\boldsymbol{A}=\boldsymbol{LU}$，则方程组的求解就很容易了。因为

$$\boldsymbol{Ax}=\boldsymbol{b}\Leftrightarrow \boldsymbol{LUx}=\boldsymbol{b}\xleftrightarrow{\text{令}\boldsymbol{Ux}=\boldsymbol{y}}\begin{cases}\boldsymbol{Ly}=\boldsymbol{b}\\ \boldsymbol{Ux}=\boldsymbol{y}\end{cases}$$

而 $\boldsymbol{Ly}=\boldsymbol{b}$ 可用自上而下的所谓“前推过程”很容易地解出 $\boldsymbol{y}$，再用自上而下的回代过程解 $\boldsymbol{Ux}=\boldsymbol{y}$，即求得 $\boldsymbol{x}$。

具体方法如下：

（1）求分解式 $\boldsymbol{A}=\boldsymbol{LU}$，即求 $\boldsymbol{L}$ 和 $\boldsymbol{U}$ 的元素。令

$$\boldsymbol{A}=\begin{pmatrix}a_{11}&a_{12}&\cdots&a_{1n}\\a_{21}&a_{22}&\cdots&a_{2n}\\\vdots&\vdots&&\vdots\\a_{n1}&a_{n2}&\cdots&a_{nn}\end{pmatrix}=\begin{pmatrix}1&&&\\l_{21}&1&&\\\vdots&\vdots&\ddots&\\l_{n1}&l_{n2}&\cdots&1\end{pmatrix}\begin{pmatrix}u_{11}&u_{12}&\cdots&u_{1n}\\&u_{22}&\cdots&u_{2n}\\&&\ddots&\vdots\\&&&u_{nn}\end{pmatrix}=\boldsymbol{LU}$$

利用矩阵的乘法规则，得

$$a_{ij}=(l_{i1},\cdots,l_{i,i-1},1,0,\cdots,0)\begin{pmatrix}u_{1j}\\ \vdots\\ u_{j-1,j}\\ u_{jj}\\ 0\\ \vdots\\ 0\end{pmatrix}$$

当 $j \geqslant i$ 时，有

$$a_{ij}=l_{i1}u_{1j}+\cdots+l_{i,i-1}u_{i-1,j}+u_{ij}$$

于是

$$u_{ij}=a_{ij}-\sum_{r=1}^{i-1}l_{ir}u_{rj}$$

当 $j<i$ 时，有

$$a_{ij}=l_{i1}u_{1j}+\cdots+l_{i,j-1}u_{j-1,j}+l_{ij}y_{jj}$$

于是

$$l_{ij}=\left(a_{ij}-\sum_{r=1}^{j-1}l_{ir}u_{rj}\right)/u_{jj}$$

即

$$u_{1j}=a_{1j}\quad(j=1,\cdots,n)$$

$$l_{i1}=a_{i1}/u_{11}\quad(i=2,\cdots,n)$$

$$u_{ij}=a_{ij}-\sum_{r=1}^{i-1}l_{ir}u_{rj}\quad(i=2,\cdots,n;j=i,\cdots,n)$$

$$l_{ij}=\left(a_{ij}-\sum_{r=1}^{j-1}l_{ir}u_{rj}\right)/u_{jj}\quad(i=2,\cdots,n;j=2,\cdots,i-1)$$

（2）求解 $\boldsymbol{Ly}=\boldsymbol{b}$ 得

$$y_1=b_1$$

$$y_k=b_k-\sum_{i=1}^{k-1}l_{ki}y_i\quad(k=2,\cdots,n)$$

（3）求解 $\boldsymbol{Ux}=\boldsymbol{y}$ 得

$$x_n=y_n/y_{nn}$$

$$x_k=\left(y_k-\sum_{i=k+1}^{n}u_{ki}x_i\right)/u_{kk}\quad(k=n-1,\cdots,1)$$

直接三角分解法的乘除法次数大约为$\frac{n^3}{3}$，与高斯消去法基本相同，就计算量而言，采用直接三角分解法求解某一方程组并无优势。但是，由于对系数矩阵做LU分解不涉及右端项，因此当我们面临的问题是求解系数矩阵相同而右端项不同的若干个方程组时，使用直接三角分解法就方便了，因为只需做一次LU分解（乘除法次数$\approx \frac{n^3}{3}$）和解若干个三角形方程组（每个乘除法次数$\approx n^2$）。

2.2.3 LU 分解算法及其 MATLAB 程序

1. 算法（LU 分解）

（1）输入系数矩阵 $\boldsymbol{A}$，右端项 $\boldsymbol{b}$。

（2）LU 分解：

$$u_{1i} = a_{1i} \quad (i = 1,\cdots,n)$$

$$l_{i1} = a_{i1} / u_{11} \quad (i = 2,\cdots,n)$$

对 $k = 2,\cdots,n$，计算：

$$u_{ki} = a_{ki} - \sum_{r=1}^{k-1} l_{kr} u_{ri} \quad (i = k,\cdots,n)$$

$$l_{ik} = \left(a_{ik} - \sum_{r=1}^{k-1} l_{ir} u_{rk} \right) / u_{kk} \quad (i = k+1,\cdots,n)$$

（3）利用向前消去法解下三角方程组 $\boldsymbol{Ly} = \boldsymbol{b}$：

$$y_1 = b_1$$

$$y_k = b_k - \sum_{i=1}^{k-1} l_{ki} y_i \quad (k = 2,\cdots,n)$$

（4）利用回代法解上三角方程组 $\boldsymbol{Ux} = \boldsymbol{y}$：

$$x_n = y_n / y_{nn}$$

$$x_k = \left(y_k - \sum_{i=k+1}^{n} u_{ki} x_i \right) / u_{kk} \quad (k = n-1,\cdots,1)$$

2. MATLAB 程序（LU 分解）

```
%程序 2.2.1--cmlu.m
function[x,L,U]=cmlu(A,b)
%用途：用 LU 分解法解方程组 Ax=b
%格式：[x,L,u]=malu(A,b)，A 为系数矩阵，b 为右端向量，
%x 为返回解向量，L 为返回下三角矩阵，U 为返回上三角矩阵
n=length(b);
```

```
%LU 分解
U=zeros(n,n);L=eye(n,n);
U(1,:)=A(1,:);L(2:n,1)=A(2:n,1)/U(1,1);
for k=2:n
    U(k,k:n)=A(k,k:n)-L(k,1:k-1)*U(1:k-1,k:n);
    L(k+1:n,k)=(A(k+1:n,k)-L(k+1:n,1:k-1)*U(1:k-1,k))/U(k,k);
end
%利用向前消去法解下三角方程组
y=zeros(n,1); y(1)=b(1);
for k=2:n
y(k)=b(k)-L(k,1:k-1)*y(1:k-1);
end
%利用回代法解上三角方程组
x=zeros(n,1);x(n)=-y(n)/U(n,n);
for k=n-1:-1:1
    x(k)=(y(k)-U(k,k+1:n)*x(k+1:n))/U(k,k);
end
```

例 2.2.1　用直接三角分解法求解方程组：

$$\begin{pmatrix} 2 & 2 & 3 \\ 4 & 7 & 7 \\ -2 & 4 & 5 \end{pmatrix}\begin{pmatrix} x_1 \\ x_2 \\ x_3 \end{pmatrix}=\begin{pmatrix} 3 \\ 1 \\ -7 \end{pmatrix}$$

解　分 3 个步骤，具体如下：

（1）求分解式 $\boldsymbol{A}=\boldsymbol{LU}$ 。考虑 LU 分解，即令

$$\begin{pmatrix} 2 & 2 & 3 \\ 4 & 7 & 7 \\ -2 & 4 & 5 \end{pmatrix}=\begin{pmatrix} 1 & & \\ l_{21} & 1 & \\ l_{31} & l_{32} & 1 \end{pmatrix}\begin{pmatrix} u_{11} & u_{12} & u_{13} \\ & u_{22} & u_{23} \\ & & u_{33} \end{pmatrix}$$

再按固定的次序比较等式两边对应的元素。首先考虑 $\boldsymbol{A}$ 的第一行，比较得

$$\begin{cases} 2=1\times u_{11} \\ 2=1\times u_{12} \\ 3=1\times u_{13} \end{cases} \Rightarrow \begin{cases} u_{11}=2 \\ u_{12}=2 \\ u_{13}=3 \end{cases}$$

即 $\boldsymbol{U}$ 的第 1 行等同于 $\boldsymbol{A}$ 的第 1 行，该结果对一般情形也适用。再依次考虑 $\boldsymbol{A}$ 的第 1 列、第 2 行、第 2 列……（除了已考虑的元素），两边进行比较有

$$\begin{cases} 4=l_{21}\times u_{11} \\ -2=l_{31}\times u_{11} \end{cases} \Rightarrow \begin{cases} l_{21}=4/u_{11}=4/2=2 \\ l_{31}=-2/u_{11}=-2/2=-1 \end{cases}$$

$$\begin{cases} 7=l_{21}\times u_{12}+1\times u_{22} \\ 7=l_{21}\times u_{13}+1\times u_{23} \end{cases} \Rightarrow \begin{cases} u_{22}=7-l_{21}u_{12}=3 \\ u_{23}=7-l_{21}u_{13}=1 \end{cases}$$

$$4 = l_{31} \times u_{12} + l_{32} \times u_{22} \Rightarrow l_{32} = (4 - l_{31}u_{12}) / u_{22} = 2$$

$$5 = l_{31} \times u_{13} + l_{32} \times u_{23} + 1 \times u_{33} \Rightarrow u_{33} = 5 - l_{31}u_{13} - l_{32}u_{23} = 6$$

即得 $\boldsymbol{A} = \begin{pmatrix} 1 & & \\ 2 & 1 & \\ -1 & 2 & 1 \end{pmatrix} \begin{pmatrix} 2 & 2 & 3 \\ & 3 & 1 \\ & & 6 \end{pmatrix} = \boldsymbol{LU}$ 。

（2）求解 $\boldsymbol{Ly} = \boldsymbol{b}$ ，用前推过程。

$$\begin{pmatrix} 1 & & \\ 2 & 1 & \\ -1 & 2 & 1 \end{pmatrix} \begin{pmatrix} y_1 \\ y_2 \\ y_3 \end{pmatrix} = \begin{pmatrix} 3 \\ 1 \\ -7 \end{pmatrix} \Rightarrow \begin{pmatrix} y_1 \\ y_2 \\ y_3 \end{pmatrix} = \begin{pmatrix} 3 \\ -5 \\ 6 \end{pmatrix}$$

（3）求解 $\boldsymbol{Ux} = \boldsymbol{y}$，用回代过程。

$$\begin{pmatrix} 2 & 2 & 3 \\ & 3 & 1 \\ & & 6 \end{pmatrix} \begin{pmatrix} x_1 \\ x_2 \\ x_3 \end{pmatrix} = \begin{pmatrix} 3 \\ -5 \\ 6 \end{pmatrix} \Rightarrow \begin{pmatrix} x_1 \\ x_2 \\ x_3 \end{pmatrix} = \begin{pmatrix} 2 \\ -2 \\ 1 \end{pmatrix}$$

在 MATLAB 命令窗口执行：

```
>> A=[2 2 3;4 7 7;-2 4 5];
>> b=[3 1 -7]';
>> [x,L,U]=cmlu(A,b)
```

得到结果：

```
x =
     4.3333
    -1.3333
    -1.0000
L =
        1       0       0
        2       1       0
       -1       2       1
U =
        2       2       3
        0       3       1
        0       0       6
```

2.3 追赶法与平方根法

前面讨论的高斯消去法和 LU 分解法，都是求解一般方程组的方法，它们均不考虑方程组系数矩阵本身的特点。但在实际应用中经常会遇到一些特殊类型的方程组，如三对角方程组、对称正定方程组等。对于这些方程组，若还用原有的一般方法来求解，势必造成存储空间和计算的浪费。因此，有必要构造适合特殊方程组的求解方法。本节主要介绍解三对角方程组的追赶法和解对称正定方程组的平方根法。

2.3.1　解三对角方程组的追赶法

在科学与工程计算中，经常遇到求解三对角方程组的问题。例如，线性两点边值问题用有限的差分法离散之后，得到的线性代数方程组即为一个系数矩阵是三对角矩阵的线性方程组，简称三对角方程组。三对角矩阵属于所谓的“带状矩阵”，在大多数应用中，带状矩阵是严格对角占优的或正定的。下面给出带状矩阵和严格对角占优矩阵的定义。

定义 2.3.1　n阶矩阵称为带状矩阵，如果存在正整数 $p,q(1<p,q<n)$，当 $i+p\le j$ 或 $j+q\le i$ 时，就有 $a_{ij}=0$，并称 $w=p+q-1$ 为该带状矩阵的“带宽”。

定义 2.3.2　n阶矩阵称为严格对角占优矩阵，如果 $|a_{ii}|>\sum\limits_{j=1,j\ne i}^{n}|a_{ij}|$ 对每一个 $i=1,2,\cdots,n$ 成立，则 n 阶矩阵称为严格对角占优矩阵。

三对角方程组的一般形式是

$$\begin{pmatrix} b_1 & c_1 & & & \\ a_2 & b_2 & c_2 & & \\ & \ddots & \ddots & \ddots & \\ & & a_{n-1} & b_{n-1} & c_{n-1} \\ & & & a_n & b_n \end{pmatrix}\begin{pmatrix} x_1 \\ x_2 \\ \vdots \\ x_{n-1} \\ x_n \end{pmatrix}=\begin{pmatrix} d_1 \\ d_2 \\ \vdots \\ d_{n-1} \\ d_n \end{pmatrix}$$

记为 $\boldsymbol{Ax}=\boldsymbol{d}$，满足条件：

$$\begin{cases} |b_1|>|c_1|>0 \\ |b_i|\ge|a_i|+|c_i|,\ a_ic_i\ne 0,\ (i=2,3,\cdots,n-1) \\ |b_n|>|a_n|>0 \end{cases}$$

下面利用直接三角分解法原理来求解方程组。

令 $\boldsymbol{A}=\boldsymbol{LU}$ 具有下列形式（这里采用 Doolittle 分解，Crout 分解类似）：

$$\begin{pmatrix} b_1 & c_1 & & & \\ a_2 & b_2 & c_2 & & \\ & \ddots & \ddots & \ddots & \\ & & a_{n-1} & b_{n-1} & c_{n-1} \\ & & & a_n & b_n \end{pmatrix}=\begin{pmatrix} 1 & & & & \\ l_2 & 1 & & & \\ & l_3 & 1 & & \\ & & \ddots & \ddots & \\ & & & l_n & 1 \end{pmatrix}\begin{pmatrix} u_1 & c_1 & & & \\ & u_2 & c_2 & & \\ & & \ddots & \ddots & \\ & & & u_{n-1} & c_{n-1} \\ & & & & u_n \end{pmatrix}$$

其中，l_i 和 u_i 待定，而 $\boldsymbol{U}$ 次对角线上元素与 $\boldsymbol{A}$ 对应的次对角线上元素相同（直接验算可知）。

逐行（列）考虑 $\boldsymbol{A}$ 的元素（c_i 除外），比较等式两边对应元素：

$$\begin{cases} b_1 = 1 \times u_1 \\ a_i = (\overbrace{0,\cdots,0,l_i},1,0,\cdots,0)\begin{pmatrix} 0 \\ \vdots \\ 0 \\ \mathrm{c}_{i-2} \\ u_{i-1} \\ 0 \\ \vdots \\ 0 \end{pmatrix} = l_i u_{i-1} \\ b_i = (\overbrace{0,\cdots,0,l_i,1},0,\cdots,0)\begin{pmatrix} 0 \\ \vdots \\ 0 \\ \mathrm{c}_{i-2} \\ u_{i-1} \\ 0 \\ \vdots \\ 0 \end{pmatrix} = l_i c_{i-1} + u_i \end{cases} \quad (i = 2,3,\cdots,n)$$

$$\Rightarrow \begin{cases} u_1 = b_1 \\ l_i = a_i / u_{i-1} \quad (i = 2,3,\cdots,n) \\ u_i = b_i - l_i c_{i-1} \end{cases}$$

实现了 $\boldsymbol{A}$ 的 LU 分解。

求解 $\boldsymbol{Ly} = \boldsymbol{d}$，得

$$\begin{cases} y_1 = d_1 \\ y_i = d_i - l_i y_{i-1} \end{cases} \quad (i = 2,3,\cdots,n)$$

再求解 $\boldsymbol{Ux} = \boldsymbol{y}$，得三对角方程组的解：

$$\begin{cases} x_n = y_n / u_n \\ x_i = (y_i - c_i x_{i+1}) / u_i \end{cases} \quad (i = n-1, n-2, \cdots, 2, 1)$$

方程组 $\Rightarrow \begin{cases} u_1 = b_1 \\ l_i = a_i / u_{i-1} \quad (i = 2,3,\cdots,n) \\ u_i = b_i - l_i c_{i-1} \end{cases}$ 和 $\begin{cases} y_1 = d_1 \\ y_i = d_i - l_i y_{i-1} \end{cases} (i = 2,3,\cdots,n)$ 按下标次

序$1 \to 2 \to \cdots \to n$计算，称为“追”的过程；方程组$\begin{cases} y_1 = d_1 \\ y_i = d_i - l_i y_{i-1} \end{cases}$ $(i = 2,3,\cdots,n)$依下标次序$n \to n-1 \to \cdots \to 1$计算，称为“赶”的过程。上述三组方程组即构成**追赶法**，也称 **Thomas 算法**。

可以证明，追赶法是可行的($u_i \neq 0$)，且计算过程数值稳定，另外追赶法的乘除法次数仅为$5n-4$。在运算时，为节省存储量，只需设置 4 个一维数组分布存放系数矩阵的 3 条对角线元素和右端向量。利用直接三角分解法的原理，类似于追赶法的做法，也可有效地求解“带状”线性方程组。

例 2.3.1　用追赶法计算下列三对角方程组的解。

$$\begin{pmatrix} 2 & -1 & & \\ -1 & 3 & -2 & \\ & -2 & 4 & -3 \\ & & -3 & 5 \end{pmatrix} \begin{pmatrix} x_1 \\ x_2 \\ x_3 \\ x_4 \end{pmatrix} = \begin{pmatrix} 6 \\ 1 \\ -2 \\ 1 \end{pmatrix}$$

解　MATLAB 程序（追赶法）

```
%程序 2.3.1--cmchase.m
function [x] =cmchase(a,b,c,d)
%用途：追赶法解三对角方程组 Ax=d
%格式：[x] =cmchase(a,b,c,d)，a 为次下对角线元素向量，b 为主对角元素向量，
% c 为次上对角线元素向量，d 为右端向量，x 为返回解向量
n=length(b);
for k=2:n
    b(k)=b(k)-a(k)/b(k-1)*c(k-1);
    d(k)=d(k)-a(k)/b(k-1)*d(k-1);
end
x(n)=d(n)/b(n)
for k=n-1:-1:1
    x(k)=(d(k)-c(k)*x(k+1))/b(k);
end
```

在 MATLAB 命令窗口执行：

```
>> b=[2 3 4 5];
>> a1=0;c4=0;
>> a=[a1 -1 -2 -3];
>> c=[-1-2 -3 c4]';
>> d=[6 1 -2 1]';
>> [x] =cmchase(a,b,c,d)
```

得到结果：

```
x=
    5.0000
    4.0000
    3.0000
    2.0000
```

2.3.2 解对称正定方程组的平方根法

当线性方程组的系数矩阵对称正定时，直接三角分解法也可以简化，得到所谓的“平方根法”。方法的理论基础是下面的乔列斯基（Cholesky）分解定理（证明从略）。

定理 2.3.1 设 $\boldsymbol{A}\in\mathbf{R}^{n\times n}$ 对称正定，则存在一个实的非奇异下三角矩阵 $\boldsymbol{L}$，使得

$$\boldsymbol{A}=\boldsymbol{L}\boldsymbol{L}^{\mathrm{T}}$$

且当限定 $\boldsymbol{L}$ 的对角线元素为正时，此分解是唯一的。

平方根法就是用 $\boldsymbol{A}$ 的 $\boldsymbol{L}\boldsymbol{L}^{\mathrm{T}}$ 分解来求解对称正定方程组 $\boldsymbol{A}\boldsymbol{x}=\boldsymbol{b}$ 的，下面给出其计算过程。

（1）求 $\boldsymbol{A}$ 的 $\boldsymbol{L}\boldsymbol{L}^{\mathrm{T}}$ 分解，即求 $\boldsymbol{L}$ 的元素。令

$$\boldsymbol{A}=\boldsymbol{L}\boldsymbol{L}^{\mathrm{T}}$$

即

$$\begin{pmatrix} a_{11} & a_{21} & \cdots & a_{n1} \\ a_{21} & a_{22} & \cdots & a_{n2} \\ \vdots & \vdots & & \vdots \\ a_{n1} & a_{n2} & \cdots & a_{nn} \end{pmatrix}=\begin{pmatrix} l_{11} & & & \\ l_{21} & l_{22} & & \\ \vdots & \vdots & \ddots & \\ l_{n1} & l_{n2} & \cdots & l_{nn} \end{pmatrix}\begin{pmatrix} l_{11} & l_{21} & \cdots & l_{n1} \\ & l_{22} & \cdots & l_{n2} \\ & & \ddots & \vdots \\ & & & l_{nn} \end{pmatrix}$$

其中，$\boldsymbol{L}$ 对角线元素 $l_{ii}>0\ (i=1,2,\cdots,n)$。

逐列（每列从上到下）考虑下三角部分，比较等式两边对应元素（利用矩阵乘法规则），便可逐列确定 $\boldsymbol{L}$ 的元素。

由 $\boldsymbol{A}$ 的第 1 列元素 a_{i1} 计算 $\boldsymbol{L}$ 的第 1 列元素 l_{i1}：

$$\begin{cases} a_{11}=l_{11}\cdot l_{11}={l_{11}}^2 \\ a_{i1}=l_{i1}\cdot l_{11} \end{cases}\Rightarrow\begin{cases} l_{11}=\sqrt{a_{11}} \\ l_{i1}=a_{i1}/l_{11} \end{cases}\quad (i=2,3,\cdots,n)$$

一般地，由 $\boldsymbol{A}$ 的第 k 列元素 a_{ik} 确定 $\boldsymbol{L}$ 的第 k 列元素 $l_{ik}(i=k,k+1,\cdots,n)$：

$$\begin{cases} a_{kk}=l_{k1}^2+l_{k2}^2+\cdots+l_{kk}^2=\sum\limits_{r=1}^{k-1}l_{kr}^2+l_{kk}^2 \\ a_{ik}=l_{i1}l_{k1}+l_{i2}l_{k2}+\cdots+l_{ik}l_{kk}=\sum\limits_{r=1}^{k-1}l_{ir}l_{kr}+l_{ik}l_{kk} \end{cases}\quad (i>k)$$

$$\Rightarrow\begin{cases} l_{kk}=\sqrt{a_{kk}-\sum\limits_{r=1}^{k-1}l_{kr}{}^2} \\ l_{ik}=\dfrac{a_{ik}-\sum\limits_{r=1}^{k-1}l_{ir}l_{kr}}{l_{kk}} \end{cases}\quad(i=k+1,k+2,\cdots,n)$$

注意，这时 $\boldsymbol{L}$ 的前 $k-1$ 列元素已经算出。

这样经 n 步（$k=1,2,\cdots,n$），便可算出 $\boldsymbol{L}$ 的全部元素，从而实现了分解 $\boldsymbol{A}=\boldsymbol{L}\boldsymbol{L}^{\mathrm{T}}$。

（2）求解下三角形方程组 $\boldsymbol{L}\boldsymbol{y}=\boldsymbol{b}$，得

$$\begin{cases} y_1=b_1/l_{11} \\ y_i=\dfrac{b_i-\sum\limits_{k=1}^{i-1}l_{ik}y_k}{l_{ii}} \end{cases}\quad(i=2,3,\cdots,n)$$

（3）求解上三角形方程组 $\boldsymbol{L}^{\mathrm{T}}\boldsymbol{x}=\boldsymbol{y}$，得

$$\begin{cases} x_n=y_n/l_{nn} \\ x_i=\dfrac{y_i-\sum\limits_{k=i+1}^{n}l_{ki}x_k}{l_{ii}} \end{cases}\quad(i=n-1,n-2,\cdots,1)$$

以上就是平方根法的三个步骤。

从计算量上来讲，求 $\boldsymbol{L}\boldsymbol{L}^{\mathrm{T}}$ 分解只是求一般的 LU 分解的一半多一点。另外，由

$$a_{kk}=\sum_{r=1}^{k}l_{kr}{}^2$$

可知 $|l_{kr}|\leqslant\sqrt{a_{kk}}\ (k,r=1,2,\cdots,n)$。

这说明 $\boldsymbol{L}$ 的元素的绝对值一般不会很大，其计算是稳定的。可见，平方根是求解对称正定方程组的一种行之有效的方法。

此外，平方根法还可进一步改进，以避免开方运算，其原理是利用分解式 $\boldsymbol{A}=\boldsymbol{L}\boldsymbol{D}\boldsymbol{L}^{\mathrm{T}}$，其中 $\boldsymbol{L}$ 为单位下三角矩阵，$\boldsymbol{D}$ 为非奇异对角矩阵，具体步骤如下：

（1）将 $\boldsymbol{A}$ 直接分解为 $\boldsymbol{A}=\boldsymbol{L}\boldsymbol{D}\boldsymbol{L}^{\mathrm{T}}$，即求出 $\boldsymbol{L}$ 和 $\boldsymbol{D}$；

（2）求解下三角形方程组 $\boldsymbol{L}\boldsymbol{y}=\boldsymbol{b}$，得 $\boldsymbol{y}$；

（3）求解上三角形方程组 $\boldsymbol{L}^{\mathrm{T}}\boldsymbol{x}=\boldsymbol{D}^{-1}\boldsymbol{y}$，得 $\boldsymbol{x}$。

上述方法称为改进的平方根法，改进之处在于，一方面回避了开方运算；另一方面对满足 LU 分解条件的对称矩阵（不一定要正定）都适用。

1. 算法（乔列斯基分解法）

（1）输入对称正定矩阵 $\boldsymbol{A}$ 和右端向量 $\boldsymbol{b}$。

（2）乔列斯基分解：

$$u_{1i} = a_{1i} \quad (i = 1, \cdots, n)$$

$$l_{i1} = u_{1i} / u_{11} \quad (i = 2, \cdots, n)$$

对 $k = 2, \cdots, n$，计算：

$$u_{ki} = a_{ki} - \sum_{r=1}^{k-1} l_{kr} u_{ri} \quad (i = k, \cdots, n)$$

$$l_{ik} = u_{ki} / u_{kk} \quad (i = k+1, \cdots, n)$$

（3）用向前消去法解下三角方程组 $\boldsymbol{Ly} = \boldsymbol{b}$。

$$y_1 = b_1$$

对 $k = 2, \cdots, n$，计算：

$$y_k = b_k - \sum_{i=1}^{k-1} l_{ki} y_i$$

（4）解对角形方程组 $Dz = y$。

对 $k = 1, \cdots, n$，计算：

$$y_k = b_k - \sum_{i=1}^{k-1} l_{ki} y_i$$

（5）用回代法解上三角方程组 $\boldsymbol{L}^{\mathrm{T}} \boldsymbol{x} = \boldsymbol{z}$。

$$x_n = z_n$$

对 $k = n-1, \cdots, 1$，计算：

$$x_k = z_k - \sum_{i=k+1}^{n} l_{ik} x_i$$

2. MATLAB 程序（乔列斯基分解法）

```
%程序 2.3.2--cmchol.m
function [x,L,D]=cmchol(A,b)
%用途：用乔列斯基分解法解对称正定方程组 Ax=b
%LDL^T 分解
N=length(b);D=zeros(1,n);L=eye(n,n);
U(1,:)=A(1,:)
L=(2:n,1)=U(1,2:n)/U(1,1);
for k=2:n
      U(k,k:n)=A(k,k:n)-L(k,1:k-1)*U(1:k-1,k:n);
      L(k+1:n,k)=U(k,k+1:n)/U(k,k);
end
```

```
D=diag(diag(U));
%求解下三角方程组 Ly=b（向前消去法）
y=zeros(n,1);
y(1)=b(1);
for k=2:n
  y(k)=b(k)-L(k,1;k-1)*y(1,k-1);
end
%求解对角方程组 Dz = y
for k=1:n
  z(k)=y(k)/D(k,k);
end
%求解上三角方程组 L′x = z （回代法）
x=zeros(n,1);
U=L′;x(n)=z(n);
for k=n-1:-1:1
    x(k)=z(k)-U(k,k+1:n)*x(k+1:n);
end
```

例 2.3.2　利用 MATLAB 程序计算下列线性方程组的解。

$$\begin{pmatrix} 4 & 2 & -2 \\ 2 & 2 & -3 \\ -2 & -3 & 14 \end{pmatrix}\begin{pmatrix} x_1 \\ x_2 \\ x_3 \end{pmatrix}=\begin{pmatrix} 4 \\ 1 \\ 0 \end{pmatrix}$$

解　在 MATLAB 命令窗口执行：

```
>> A=[4 2 -2;2 2 -3;-2 -3 14];
>> b=[4 1 0]';
>> [x,L,D]=cmchol(A,b)
```

得到结果：

```
x=
    1.5000
   -1.0000
         0
L=
     1.0000          0          0
     0.5000     1.0000          0
    -0.5000    -2.0000     1.0000
D=
     4     0     0
     0     1     0
     0     0     9
```

2.4 范数和误差分析

为了研究线性代数方程组近似解的误差估计和迭代法的收敛性，我们需要引入衡量向量和矩阵“大小”的度量概念——向量和矩阵的范数概念。这些范数可以看成是实数绝对值概念的自然扩展。向量范数概念是三维欧氏空间中向量长度概念的推广，在数值分析中起着重要作用。

2.4.1 向量范数

定义 2.4.1 设对任意向量 $\boldsymbol{x}\in\mathbf{R}^n$，按一定的规则有一实数与之对应，记为 $\|\boldsymbol{x}\|$，若 $\|\boldsymbol{x}\|$ 满足：

（1）正定性：$\|\boldsymbol{x}\|\geqslant 0$，而且 $\|\boldsymbol{x}\|=0$ 当且仅当 $\boldsymbol{x}=\boldsymbol{0}$；

（2）齐次性：对任意实数 α，都有 $\|\alpha\boldsymbol{x}\|=|\alpha|\|\boldsymbol{x}\|$；

（3）三角不等式：对任意 $\boldsymbol{x},\boldsymbol{y}\in\mathbf{R}^n$，都有 $\|\boldsymbol{x}+\boldsymbol{y}\|\leqslant\|\boldsymbol{x}\|+\|\boldsymbol{y}\|$。

则称 $\|\boldsymbol{x}\|$ 为向量 $\boldsymbol{x}$ 的**范数**。

以上三个条件刻画了“长度”“大小”“距离”的本质，因此称为范数公理。

对 $\mathbf{R}^n$ 上的任一种范数 $\|\cdot\|$，$\forall\boldsymbol{x},\boldsymbol{y}\in\mathbf{R}^n$，显然有 $\|\boldsymbol{x}\pm\boldsymbol{y}\|\geqslant\|\boldsymbol{x}\|-\|\boldsymbol{y}\|$。

向量空间 $\mathbf{R}^n$ 上可以定义多种范数，常用的几种范数如下：

（1）向量的 1-范数：$\|\boldsymbol{x}\|_1=\sum\limits_{i=1}^{n}|x_i|$；

（2）向量的 2-范数：$\|\boldsymbol{x}\|_2=\left(\sum\limits_{i=1}^{n}x_i^2\right)^{\frac{1}{2}}$；

（3）向量的 ∞-范数：$\|\boldsymbol{x}\|_\infty=\max\limits_{1\leqslant i\leqslant n}|x_i|$；

（4）更一般的 p-范数：$\|\boldsymbol{x}\|_p=\left(\sum\limits_{i=1}^{n}|x_i|^p\right)^{\frac{1}{p}}$，$p\in[1,\infty)$。

容易证明，$\|\cdot\|_1$、$\|\cdot\|_2$、$\|\cdot\|_\infty$ 及 $\|\cdot\|_p$ 确实满足向量范数的三个条件，因此它们都是 $\mathbf{R}^n$ 上的向量范数。此外，前三种范数是 p-范数的特殊情况（$\|\boldsymbol{x}\|_\infty=\lim\limits_{p\to\infty}\|\boldsymbol{x}\|_p$）。

例 2.4.1 计算向量 $\boldsymbol{x}=(1,-2,3)^{\mathrm{T}}$ 的各种范数。

解 $\|\boldsymbol{x}\|_1=6,\ \|\boldsymbol{x}\|_\infty=3,\ \|\boldsymbol{x}\|_2=\sqrt{14}$。

下面讨论范数的等价性问题：

定义 2.4.2　线性空间 $\mathbf{R}^n$ 上定义了两种范数 $\|\cdot\|_\alpha$ 和 $\|\cdot\|_\beta$，如果存在常数 $C_1, C_2 > 0$，使

$$C_1\|\boldsymbol{u}\|_\alpha \leqslant \|\boldsymbol{u}\|_\beta \leqslant C_2\|\boldsymbol{u}\|_\alpha, \quad \boldsymbol{u} \in \mathbf{R}^n \tag{2.4.1}$$

则称 $\|\cdot\|_\alpha$ 和 $\|\cdot\|_\beta$ 是 $\mathbf{R}^n$ 上等价的范数。

显然，范数的等价性具有传递性，即若 $\|\cdot\|_\alpha$ 与 $\|\cdot\|_\beta$ 等价，$\|\cdot\|_\beta$ 与 $\|\cdot\|_\gamma$ 等价，则有 $\|\cdot\|_\alpha$ 与 $\|\cdot\|_\gamma$ 等价。

定理 2.4.1　$\mathbf{R}^n$ 上所有范数是彼此等价的。

2.4.2　矩阵的范数

这里主要讨论 $\mathbf{R}^{n\times n}$ 中的范数及其性质（$\mathbf{C}^{n\times n}$ 的可类似讨论），其范数要符合一般线性空间范数的定义 2.4.1，为了考虑矩阵乘法运算的性质，我们在矩阵范数的条件中多加一个条件。

定义 2.4.3　如果对 $\mathbf{R}^{n\times n}$ 上任意矩阵 $\boldsymbol{A}$，按一定的规则有一实数与之对应，记为 $\|\boldsymbol{A}\|$。若 $\|\boldsymbol{A}\|$ 满足：

（1）$\|\boldsymbol{A}\| \geqslant 0$，且 $\|\boldsymbol{A}\| = 0$ 当且仅当 $\boldsymbol{A} = 0$；

（2）对任意实数 α，都有 $\|\alpha\boldsymbol{A}\| = |\alpha|\|\boldsymbol{A}\|$；

（3）对任意的两个 n 阶方阵 $\boldsymbol{A}$ 和 $\boldsymbol{B}$，都有 $\|\boldsymbol{A}+\boldsymbol{B}\| \leqslant \|\boldsymbol{A}\| + \|\boldsymbol{B}\|$；

（4）$\|\boldsymbol{AB}\| \leqslant \|\boldsymbol{A}\|\|\boldsymbol{B}\|$（相容性条件）。

则称 $\|\boldsymbol{A}\|$ 为矩阵 $\boldsymbol{A}$ 的范数。

这里条件（1）～条件（3）与向量范数是一致的，条件（4）则使矩阵范数在数值计算中的使用更为方便。

定义 2.4.4　对于给定的 $\mathbf{R}^n$ 上一种向量范数 $\|\boldsymbol{x}\|$ 和 $\mathbf{R}^{n\times n}$ 上一种矩阵范数 $\|\boldsymbol{A}\|$，若有

$$\|\boldsymbol{Ax}\| \leqslant \|\boldsymbol{A}\|\|\boldsymbol{x}\|, \quad \forall \boldsymbol{x} \in \mathbf{R}^n, \quad \boldsymbol{A} \in \mathbf{R}^{n\times n} \tag{2.4.2}$$

则称上述矩阵范数与向量范数相容。

不难验证如下不等式：

$$\frac{1}{\sqrt{n}}\|\boldsymbol{A}\|_F = \|\boldsymbol{A}\|_1 \leqslant \sqrt{n}\|\boldsymbol{A}\|_F$$

$$\frac{1}{\sqrt{n}}\|\boldsymbol{A}\|_F = \|\boldsymbol{A}\|_\infty \leqslant \sqrt{n}\|\boldsymbol{A}\|_F$$

对于 $\mathbf{R}^n$ 上的一种向量范数$\|\cdot\|$，对任意 $\boldsymbol{A}\in\mathbf{R}^{n\times n}$，对应一个实数$\sup\limits_{\boldsymbol{x}\neq 0}\dfrac{\|\boldsymbol{Ax}\|}{\|\boldsymbol{x}\|}$，显然其是$\mathbf{R}^{n\times n}$上的一种矩阵范数。不难验证它有等价的形式：

$$\sup_{\boldsymbol{x}\neq 0}\frac{\|\boldsymbol{Ax}\|}{\|\boldsymbol{x}\|}=\sup_{\|\boldsymbol{x}\|=1}\|\boldsymbol{Ax}\| \tag{2.4.3}$$

定义 2.4.5 对于 $\mathbf{R}^n$ 上任意一种向量范数，由式（2.4.2）所确定的矩阵范数，称为从属于给定向量范数的矩阵范数，简称从属范数（也称由向量范数诱导出的矩阵范数、自然范数或算子范数）。

定理 2.4.2 设 $\boldsymbol{A}=(a_{ij})\in\mathbf{R}^{n\times n}$，则

（1）$\|\boldsymbol{A}\|_\infty=\max\limits_{1\leqslant i\leqslant n}\sum\limits_{j=1}^{n}|a_{ij}|$（称为 $\boldsymbol{A}$ 的行范数）；

（2）$\|\boldsymbol{A}\|_1=\max\limits_{1\leqslant j\leqslant n}\sum\limits_{i=1}^{n}|a_{ij}|$（称为 $\boldsymbol{A}$ 的列范数）；

（3）$\|\boldsymbol{A}\|_2=\sqrt{\lambda_1}$（称为 $\boldsymbol{A}$ 的 2-范数），其中 λ_1 是矩阵 $\boldsymbol{A}^{\mathrm{T}}\boldsymbol{A}$ 的最大特征值。

定义 2.4.6 设 $\boldsymbol{A}=(a_{ij})\in\mathbf{R}^{n\times n}$，$\lambda_1,\lambda_2,\cdots,\lambda_n$ 为 $\boldsymbol{A}$ 的特征值，称

$$\rho(\boldsymbol{A})=\max_i|\lambda_i| \tag{2.4.4}$$

为 $\boldsymbol{A}$ 的**谱半径**。

定理 2.4.3 （1）设$\|\cdot\|$为$\mathbf{R}^{n\times n}$上任意一种（从属或非从属）矩阵范数，则对任意的 $\boldsymbol{A}\in\mathbf{R}^{n\times n}$，有

$$\rho(\boldsymbol{A})\leqslant\|\boldsymbol{A}\| \tag{2.4.5}$$

（2）对任意的 $\boldsymbol{A}\in\mathbf{R}^{n\times n}$ 及实数 $\varepsilon>0$，至少存在一种从属范数$\|\cdot\|$，使

$$\|\boldsymbol{A}\|\leqslant\rho(\boldsymbol{A})+\varepsilon \tag{2.4.6}$$

例 2.4.2 设矩阵 $\boldsymbol{A}=\begin{pmatrix}1 & -2\\ -3 & 4\end{pmatrix}$，计算 $\boldsymbol{A}$ 的行范数、列范数、2-范数。

解 $\|\boldsymbol{A}\|_1=6$，$\|\boldsymbol{A}\|_\infty=7$，$\|\boldsymbol{A}\|_2\approx 5.46$。

2.5 方程组的性态与条件数

考虑线性方程组：

$$\boldsymbol{Ax}=\boldsymbol{b}$$

其中，$\boldsymbol{A}\in\mathbf{R}^{n\times n}$ 非奇异，$\boldsymbol{b}\in\mathbf{R}^n$ 且 $\boldsymbol{b}\neq\mathbf{0}$。

由于 $\boldsymbol{A}$ 和 $\boldsymbol{b}$ 的数据通常是由测量或经计算得到，或多或少总有误差，即有扰动，从而导致得不到精确解 $\boldsymbol{x}$。有时情况相当糟糕，即 $\boldsymbol{A}$ 和 $\boldsymbol{b}$ 仅有微小的扰动，但方程组的解却随之产生很大的变化。

例 2.5.1　比较下面两个方程组的解，并做进一步说明：

（1）$\begin{pmatrix} 2 & 6 \\ 2 & 6.00001 \end{pmatrix}\begin{pmatrix} x_1 \\ x_2 \end{pmatrix}=\begin{pmatrix} 8 \\ 8.00001 \end{pmatrix}$；（2）$\begin{pmatrix} 2 & 6 \\ 2 & 5.99999 \end{pmatrix}\begin{pmatrix} x_1 \\ x_2 \end{pmatrix}=\begin{pmatrix} 8 \\ 8.00002 \end{pmatrix}$。

解　容易验证，方程组(1)的解为 $\boldsymbol{x}=(1,1)^{\mathrm{T}}$，而方程组(2)的解为 $\boldsymbol{x}=(10,-2)^{\mathrm{T}}$。我们看到，虽然两个方程组系数矩阵和右端向量相差很小，但解却相差很大，即解 $\boldsymbol{x}$ 对 $\boldsymbol{A}$ 和 $\boldsymbol{b}$ 的扰动非常敏感。如果把其中一个方程组看成是另一个方程组的近似方程组，那么不管把近似方程组解得多么精确，也没有什么意义，得不出另一个方程组较好的近似解。

定义 2.5.1　若 $\boldsymbol{A}$ 与 $\boldsymbol{b}$ 的微小变化会引起线性方程组 $\boldsymbol{Ax}=\boldsymbol{b}$ 解的很大变化，则称此方程组为**病态方程组**（称 $\boldsymbol{A}$ 为**病态矩阵**），否则称方程组为**良态方程组**（称 $\boldsymbol{A}$ 为**良态矩阵**）。

应该注意，这种病态性质是方程组（矩阵）本身的固有性质，与求解方法无关，也就是说，对病态方程组，即使用最好的数值方法进行求解也徒劳无功。

下面进一步分析 $\boldsymbol{A}$ 和 $\boldsymbol{b}$ 的扰动对方程组 $\boldsymbol{Ax}=\boldsymbol{b}$ 解的影响问题，并引进刻画方程组性态（病态或良态）的量——条件数的概念。讨论中需用到在上一节“范数和误差分析”中给出的向量和矩阵的范数知识。

设方程组 $\boldsymbol{Ax}=\boldsymbol{b}$ 的扰动方程组为

$$(\boldsymbol{A}+\delta\boldsymbol{A})(\boldsymbol{x}+\delta\boldsymbol{x})=\boldsymbol{b}+\delta\boldsymbol{b}$$

即 $\boldsymbol{A}$ 有误差 $\delta\boldsymbol{A}$，$\boldsymbol{b}$ 有误差 $\delta\boldsymbol{b}$，从而引起解 $\boldsymbol{x}$ 有误差 $\delta\boldsymbol{x}$。

定义 2.5.2　称 $\dfrac{\|\delta\boldsymbol{x}\|}{\|\boldsymbol{x}\|}$、$\dfrac{\|\delta\boldsymbol{A}\|}{\|\boldsymbol{A}\|}$、$\dfrac{\|\delta\boldsymbol{b}\|}{\|\boldsymbol{b}\|}$ 分别为解向量 $\boldsymbol{x}$、系数矩阵 $\boldsymbol{A}$、右端向量 $\boldsymbol{b}$ 的相对误差（相对扰动）。

定理 2.5.1　设方程组 $\boldsymbol{Ax}=\boldsymbol{b}$ 中 $\boldsymbol{A}$ 和 $\boldsymbol{b}$ 分别有扰动 $\delta\boldsymbol{A}$ 和 $\delta\boldsymbol{b}$，因而 $\boldsymbol{x}$ 有误差 $\delta\boldsymbol{x}$；又 $\delta\boldsymbol{A}$ 足够小，使得 $\|\boldsymbol{A}^{-1}\|\|\delta\boldsymbol{A}\|<1$，则有误差估计式：

$$\frac{\|\delta\boldsymbol{x}\|}{\|\boldsymbol{x}\|}\leqslant\frac{\|\boldsymbol{A}^{-1}\|\|\boldsymbol{A}\|}{1-\|\boldsymbol{A}^{-1}\|\|\boldsymbol{A}\|\dfrac{\|\delta\boldsymbol{A}\|}{\|\boldsymbol{A}\|}}\left(\frac{\|\delta\boldsymbol{A}\|}{\|\boldsymbol{A}\|}+\frac{\|\delta\boldsymbol{b}\|}{\|\boldsymbol{b}\|}\right)$$

证明略。

定理的结果包含两种特殊情形：

（1）$\boldsymbol{A}$ 精确，即 $\delta\boldsymbol{A}=\boldsymbol{0}$，$\boldsymbol{b}$ 有扰动 $\delta\boldsymbol{b}$，这时 $\boldsymbol{A}(\boldsymbol{x}+\delta\boldsymbol{x})=\boldsymbol{b}+\delta\boldsymbol{b}$，从而误差估计式变为

$$\frac{\|\delta\boldsymbol{x}\|}{\|\boldsymbol{x}\|}\leqslant\|\boldsymbol{A}^{-1}\|\|\boldsymbol{A}\|\frac{\|\delta\boldsymbol{b}\|}{\|\boldsymbol{b}\|}$$

（2）$\boldsymbol{A}$ 有扰动 $\delta\boldsymbol{A}=0$，$\boldsymbol{b}$ 精确，即 $\delta\boldsymbol{b}=0$，这时 $(\boldsymbol{A}+\delta\boldsymbol{A})(\boldsymbol{x}+\delta\boldsymbol{x})=\boldsymbol{b}$，从而误差估计式为

$$\frac{\|\delta\boldsymbol{x}\|}{\|\boldsymbol{x}\|}\leqslant\frac{\|\boldsymbol{A}^{-1}\|\|\boldsymbol{A}\|}{1-\|\boldsymbol{A}^{-1}\|\|\boldsymbol{A}\|\dfrac{\|\delta\boldsymbol{A}\|}{\|\boldsymbol{A}\|}}\frac{\|\delta\boldsymbol{A}\|}{\|\boldsymbol{A}\|}$$

由以上推导可看出，解 $\boldsymbol{x}$ 的相对误差有可能被放大到右端向量 $\boldsymbol{b}$ 的相对误差的 $\|\boldsymbol{A}^{-1}\|\|\boldsymbol{A}\|$ 倍，而误差估计的三个式子均表明，量 $\mathrm{cond}(\boldsymbol{A})=\|\boldsymbol{A}^{-1}\|\|\boldsymbol{A}\|$ 越小，由 $\boldsymbol{A}$（或 $\boldsymbol{b}$）的相对误差引起的解的相对误差就越小；量 $\|\boldsymbol{A}^{-1}\|\|\boldsymbol{A}\|$ 越大，解的相对误差就可能越大。因此，量 $\|\boldsymbol{A}^{-1}\|\|\boldsymbol{A}\|$ 实际上刻画了解 $\boldsymbol{x}$ 对 $\boldsymbol{A}$ 和 $\boldsymbol{b}$ 扰动的敏感程度，即方程组的病态程度。为此，引进下述定义。

定义 2.5.3 设 $\boldsymbol{A}$ 为非奇异矩阵，称数 $\mathrm{cond}(\boldsymbol{A})=\|\boldsymbol{A}^{-1}\|\|\boldsymbol{A}\|$ 为矩阵 $\boldsymbol{A}$ 的**条件数**。

可见，条件数越大，方程组（矩阵 $\boldsymbol{A}$）的病态程度越严重；条件数越小（越接近于 1），方程组（矩阵 $\boldsymbol{A}$）越良态。

条件数与所取的矩阵范数有关，最常用的是对应于 $\|\bullet\|_\infty$、$\|\bullet\|_2$ 和 $\|\bullet\|_1$ 的 $\mathrm{cond}(\boldsymbol{A})_\infty$、$\mathrm{cond}(\boldsymbol{A})_2$ 和 $\mathrm{cond}(\boldsymbol{A})_1$，由

$$\mathrm{cond}(\boldsymbol{A})=\|\boldsymbol{A}^{-1}\|\|\boldsymbol{A}\|\geqslant\|\boldsymbol{A}^{-1}\boldsymbol{A}\|=\|\boldsymbol{I}\|=1$$

可见，条件数是一个放大的倍数，最理想的情形（方程组良态程度最好）是取值 1。

例如，对例 2.5.1 方程组（1）计算条件数如下：

$$\mathrm{cond}(\boldsymbol{A})_2=\|\boldsymbol{A}^{-1}\|_2\|\boldsymbol{A}\|_2\approx4.0000059998\times10^6$$

$$\mathrm{cond}(\boldsymbol{A})_\infty=\|\boldsymbol{A}^{-1}\|_\infty\|\boldsymbol{A}\|_\infty\approx4.8000100006\times10^6$$

$$\mathrm{cond}(\boldsymbol{A})_1=\|\boldsymbol{A}^{-1}\|_1\|\boldsymbol{A}\|_1\approx4.8000100002\times10^6$$

这表明该方程组相当病态。

条件数的计算工作量很大（上例利用数值软件 MATLAB 提供的内部函数算出），尤其是对高阶矩阵，在实际应用中，可将如下的一些定性的准则作为判断矩

阵病态的参考：

（1）选主元时出现绝对值很小的主元；

（2）系数矩阵行列式的绝对值相对很小；

（3）系数矩阵的某些行（列）近似线性相关，或各元素间数量级相差很大且无一定规律。

对于严重病态的方程组，至今没有什么好的处理办法；对于病态不太严重的情形，可采用双精度字长进行计算，或采用预处理方法改善条件数。

2.6　迭代法的一般理论

迭代法的一个突出的优点是算法简单，因而编制程序比较容易，计算实践表明，迭代法对于大型稀疏方程组是十分有效的，因为它可以保持系数矩阵稀疏的优点，从而节省大量的储存量和计算量。本节介绍求解线性方程组的迭代解法，并讨论各种迭代法的收敛性和误差分析。

2.6.1　迭代公式的构造

首先将 $\boldsymbol{Ax}=\boldsymbol{b}$，其中 $\boldsymbol{A}=(a_{ij})\in\mathbf{R}^{n\times n}$，$\boldsymbol{b}=(b_1,\cdots,b_n)^{\mathrm{T}}$，$\boldsymbol{x}=(x_1,\cdots,x_n)^{\mathrm{T}}$ 的系数矩阵 $\boldsymbol{Ax}=\boldsymbol{b}$ 分裂为 $\boldsymbol{A}=\boldsymbol{N}-\boldsymbol{P}$。

这里要求 $\boldsymbol{N}$ 非奇异，于是 $\boldsymbol{Ax}=\boldsymbol{b}$ 等价可写成

$$\boldsymbol{x}=\boldsymbol{N}^{-1}\boldsymbol{Px}+\boldsymbol{N}^{-1}\boldsymbol{b}$$

构造迭代公式：

$$\boldsymbol{x}^{(k+1)}=\boldsymbol{Mx}^{(k)}+\boldsymbol{f}\tag{2.6.1}$$

其中，$\boldsymbol{M}=\boldsymbol{N}^{-1}\boldsymbol{P}$，$\boldsymbol{f}=\boldsymbol{N}^{-1}\boldsymbol{b}$。$\boldsymbol{M}$ 称为**迭代矩阵**。

对于式 $\boldsymbol{Ax}=\boldsymbol{b}$ 和式 $\boldsymbol{x}^{(k+1)}=\boldsymbol{Mx}^{(k)}+\boldsymbol{f}$，若存在非奇异矩阵 $\boldsymbol{Q}$，使

$$\boldsymbol{M}=\boldsymbol{I}-\boldsymbol{QA},\ \boldsymbol{f}=\boldsymbol{Qb}$$

则称 $\boldsymbol{Q}$ 为**分裂矩阵**。

当任选一个解的初始近似 $\boldsymbol{x}^{(0)}$ 后，即可由式（2.6.1）产生一个向量序列 $\{x^{(k)}\}$，如果其是收敛的，即

$$\lim_{k\to\infty}\boldsymbol{x}^{(k)}=\boldsymbol{x}^*$$

对式 $\boldsymbol{x}^{(k+1)}=\boldsymbol{Mx}^{(k)}+\boldsymbol{f}$ 两边取极限，得

$$\boldsymbol{x}^{(*)}=\boldsymbol{Mx}^*+\boldsymbol{f}\tag{2.6.2}$$

若式 $\boldsymbol{M}=\boldsymbol{I}-\boldsymbol{QA}$，$\boldsymbol{f}=\boldsymbol{Qb}$ 成立，可得 $\boldsymbol{Ax}^*=\boldsymbol{b}$，故 $\boldsymbol{x}^*$ 满足式 $\boldsymbol{Ax}=\boldsymbol{b}$，即两式相容。

对式 $\boldsymbol{x}^{(k+1)}=\boldsymbol{Mx}^{(k)}+\boldsymbol{f}$，定义误差向量：

$$\boldsymbol{e}^{(k)}=\boldsymbol{x}^{(k)}-\boldsymbol{x}^*$$

则误差向量有如下的递推关系：

$$\boldsymbol{e}^{(k)}=\boldsymbol{Me}^{(k-1)}=\boldsymbol{M}^2\boldsymbol{e}^{(k-2)}=\cdots=\boldsymbol{M}^2\boldsymbol{e}^{(0)}$$

这里 $\boldsymbol{e}^{(0)}=\boldsymbol{x}^{(0)}-\boldsymbol{x}^*$ 是解的初始近似 $x^{(0)}$ 与精确解的误差。

引进误差向量后，迭代的收敛问题就等价于误差向量序列收敛于零向量的问题。

2.6.2 迭代的收敛性和误差估计

欲使式 $\boldsymbol{x}^{(k+1)}=\boldsymbol{Mx}^{(k)}+\boldsymbol{f}$ 对任意的初始向量 $\boldsymbol{x}^{(0)}$ 都收敛，误差向量 $\boldsymbol{e}^{(k)}$ 应对任意的初始误差 $\boldsymbol{e}^{(0)}$ 都收敛于零向量，于是式 $\boldsymbol{x}^{(k+1)}=\boldsymbol{Mx}^{(k)}+\boldsymbol{f}$ 对于任意的初始向量都收敛的充分必要条件是 $\lim\limits_{k\to\infty}\boldsymbol{M}^k=\boldsymbol{0}$。

证明 设 $\boldsymbol{x}^{(k+1)}=\boldsymbol{Mx}^{(k)}+\boldsymbol{f}$ 唯一解为 $\boldsymbol{x}^*$，令 $\boldsymbol{\varepsilon}^{(k)}=\boldsymbol{x}^{(k)}-\boldsymbol{x}^*$，则有

$$\boldsymbol{\varepsilon}^{(k)}=\boldsymbol{M\varepsilon}^{(k-1)}=\cdots=\boldsymbol{M}^k\boldsymbol{\varepsilon}^{(0)}$$

充分性：若 $\boldsymbol{M}^k\to\boldsymbol{0}(k\to\infty)$，则显然对任意的 $\boldsymbol{\varepsilon}^{(0)}$ 有

$$\boldsymbol{\varepsilon}^{(k)}=\boldsymbol{M}^k\boldsymbol{\varepsilon}^{(0)}\to\boldsymbol{0}\quad(k\to\infty)$$

即 $\boldsymbol{x}^{(k)}\to\boldsymbol{x}^*(k\to\infty)$，迭代收敛。

必要性：若迭代收敛，即对任意的 $\boldsymbol{\varepsilon}^{(0)}$，有 $\boldsymbol{\varepsilon}^{(k)}\to\boldsymbol{0}(k\to\infty)$，特殊地，取 $\boldsymbol{\varepsilon}^{(0)}=\boldsymbol{e}_j$（即 n 阶单位矩阵的第 j 列）（$j=1,2,\cdots,n$），则

$$\boldsymbol{\varepsilon}^{(k)}=\boldsymbol{M}^k\boldsymbol{\varepsilon}^{(0)}=\boldsymbol{M}^k\boldsymbol{e}_j\to\boldsymbol{0}\quad(k\to\infty)$$

即 $\boldsymbol{M}^k$ 的第 j 列（$j=1,2,\cdots,n$）趋于零向量，从而有 $\boldsymbol{M}^k\to\boldsymbol{0}\ (k\to\infty)$。证毕。

引进矩阵谱半径的概念如下：

定义 2.6.1 矩阵 $\boldsymbol{A}$ 所有特征值的模的最大值称为 $\boldsymbol{A}$ 的谱半径，记为 $\rho(\boldsymbol{A})$，即若 $\boldsymbol{A}$ 的特征值分别为 $\lambda_1,\lambda_2,\cdots,\lambda_n$，则

$$\rho(\boldsymbol{A})=\max_{1\leqslant i\leqslant n}|\lambda_i|$$

定理 2.6.1 式 $\boldsymbol{x}^{(k+1)}=\boldsymbol{Mx}^{(k)}+\boldsymbol{f}$ 对任意的初始向量 $\boldsymbol{x}^{(0)}$ 都收敛的充分必要条件是 $\rho(\boldsymbol{M})<1$，这里 $\boldsymbol{M}$ 是迭代矩阵，$\rho(\boldsymbol{M})$ 表示 $\boldsymbol{M}$ 的谱半径。

证明 必要性：设对初始变量 $\boldsymbol{x}^{(0)}$，式 $\boldsymbol{x}^{(k+1)}=\boldsymbol{Mx}^{(k)}+\boldsymbol{f}$ 是收敛的，那么

$\lim\limits_{k\to\infty} \boldsymbol{M}^k = \boldsymbol{0}$ 成立。由定理知，对于任意的矩阵范数，成立关系式：

$$\rho(\boldsymbol{M}) \leqslant \|\boldsymbol{M}\|$$

若 $\rho(\boldsymbol{M})<1$ 不成立，即 $\rho(\boldsymbol{M})\geqslant 1$，则

$$\left\|\boldsymbol{M}^k\right\| \geqslant \rho(\boldsymbol{M}^k) = \left[\rho(\boldsymbol{M})\right] \geqslant 1$$

这与式 $\lim\limits_{k\to\infty} \boldsymbol{M}^k = \boldsymbol{0}$ 矛盾。

充分性：若 $\rho(\boldsymbol{M})<1$，则存在一个正数 ε，使得

$$\rho(\boldsymbol{M}) + 2\varepsilon < 1$$

根据定理知，存在一种矩阵范数 $\|M\|$，使

$$\|\boldsymbol{M}\| < \rho(\boldsymbol{M}) + \varepsilon < 1 - \varepsilon$$

故得

$$\left\|\boldsymbol{M}^k\right\| < \|\boldsymbol{M}\|^k < (1-\varepsilon)^k$$

从而当 $k\to\infty$ 时，$\left\|\boldsymbol{M}^k\right\| \to \boldsymbol{0}$，即 $\left\|\boldsymbol{M}^k\right\| \to \boldsymbol{0}$，充分性得证。

由此可见，迭代是否收敛仅与迭代矩阵的谱半径有关，即仅与方程组的系数矩阵和迭代格式的构造有关，而与方程组的右端向量 $\boldsymbol{b}$ 及初始向量 $\boldsymbol{x}^{(0)}$ 无关。

如果迭代格式是收敛的，还可以给出近似解与准确解的误差估计。

定理 2.6.2　设 $\boldsymbol{M}$ 为迭代矩阵，若 $\|\boldsymbol{M}\|=q<1$，则对式 $\boldsymbol{x}^{(k+1)} = \boldsymbol{M}\boldsymbol{x}^{(k)} + \boldsymbol{f}$，有误差估计式：

$$\left\|\boldsymbol{x}^{(k)} - \boldsymbol{x}^*\right\| \leqslant \frac{q^k}{1-q}\left\|\boldsymbol{x}^{(0)} - \boldsymbol{x}^{(1)}\right\|$$

证明　由式 $\boldsymbol{e}^{(k)} = \boldsymbol{M}\boldsymbol{e}^{(k-1)} = \boldsymbol{M}^2\boldsymbol{e}^{(k-2)} = \cdots = \boldsymbol{M}^2\boldsymbol{e}^{(0)}$，有

$$\left\|\boldsymbol{x}^{(k)} - \boldsymbol{x}^*\right\| = \left\|\boldsymbol{e}^{(k)}\right\| \leqslant \left\|\boldsymbol{M}^k\right\| \cdot \left\|\boldsymbol{e}^{(0)}\right\| \leqslant \boldsymbol{q}^k \left\|\boldsymbol{e}^{(0)}\right\|$$

注意到 $\boldsymbol{x}^* = (\boldsymbol{I}-\boldsymbol{M})^{-1}\boldsymbol{f}$，于是

$$\begin{aligned}
\left\|\boldsymbol{e}^{(0)}\right\| &= \left\|\boldsymbol{x}^{(0)} - \boldsymbol{x}^*\right\| = \left\|\boldsymbol{x}^{(0)} - (\boldsymbol{I}-\boldsymbol{M})^{-1}\boldsymbol{f}\right\| \\
&= \left\|(\boldsymbol{I}-\boldsymbol{M})^{-1}[(\boldsymbol{I}-\boldsymbol{M})\boldsymbol{x}^{(0)} - \boldsymbol{f}]\right\| \\
&= \left\|(\boldsymbol{I}-\boldsymbol{M})^{-1}(\boldsymbol{x}^{(0)} - \boldsymbol{x}^{(1)}\right\| \\
&= \left\|(\boldsymbol{I}-\boldsymbol{M})^{-1}\right\| \cdot \left\|(\boldsymbol{x}^{(0)} - \boldsymbol{x}^{(1)}\right\|
\end{aligned}$$

因 $\|\boldsymbol{M}\|<1$，根据定理，有

$$\left\|(\boldsymbol{I}-\boldsymbol{M})^{-1}\right\| < \frac{1}{1-q}$$

于是

$$\left\|\boldsymbol{x}^{(k)}-\boldsymbol{x}^{*}\right\|<\frac{q^{k}}{1-q}\left\|\boldsymbol{x}^{(0)}-\boldsymbol{x}^{(1)}\right\|$$

在理论上，可用上述定理来估计近似解达到某一精确度所需要的迭代次数，但由于q不易计算，故计算实践中很少使用。

定理 2.6.3 若$\|\boldsymbol{M}\|<1$，则对任意初始向量$\boldsymbol{x}^{(0)}$，由式（2.6.1）产生的向量序列$\{x^{(k)}\}$收敛，且有估计式：

$$\left\|\boldsymbol{x}^{(k)}-\boldsymbol{x}^{*}\right\|<\frac{\|\boldsymbol{M}\|}{1-\|\boldsymbol{M}\|}\left\|\boldsymbol{x}^{(k)}-\boldsymbol{x}^{(k-1)}\right\|$$

证明 收敛由定理 2.6.1 是显然的。由于

$$\begin{aligned}\boldsymbol{e}^{(k)}&=\boldsymbol{x}^{(k)}-\boldsymbol{x}^{*}=(\boldsymbol{M}x^{(k-1)}+\boldsymbol{f})-(\boldsymbol{M}\boldsymbol{x}^{*}+\boldsymbol{f})\\&=\boldsymbol{M}\boldsymbol{x}^{(k-1)}-\boldsymbol{M}\boldsymbol{x}^{*}=\boldsymbol{M}\boldsymbol{x}^{(k-1)}-\boldsymbol{M}(\boldsymbol{I}-\boldsymbol{M})^{-1}\boldsymbol{f}\\&=\boldsymbol{M}(\boldsymbol{I}-\boldsymbol{M})^{-1}[(\boldsymbol{I}-\boldsymbol{M})\boldsymbol{x}^{(k-1)}\boldsymbol{f}]\\&=\boldsymbol{M}(\boldsymbol{I}-\boldsymbol{M})^{-1}(\boldsymbol{x}^{(k-1)}-\boldsymbol{x}^{(k)})\end{aligned}$$

利用定理，对上式两边取范数即得定理的结论。

由上述定理可知，只要$\|\boldsymbol{M}\|$不很接近 1，则可用$\{x^{(k)}\}$的相邻两项之差的范数$\left\|\boldsymbol{x}^{(k)}-\boldsymbol{x}^{(k-1)}\right\|$来估计$\left\|\boldsymbol{x}^{(k)}-\boldsymbol{x}^{*}\right\|$的大小。

2.7 三种经典迭代法

本节主要介绍三种经典迭代法：雅可比（Jacobi）迭代法、高斯-赛德尔（Gauss-Seidel）迭代法和逐次超松弛（SOR）迭代法，讨论它们的收敛性条件及 MATLAB 计算。

2.7.1 雅可比迭代法

雅可比迭代法是一种最简单的实用迭代法，因而也称为**简单迭代法**。

设方程组$\boldsymbol{A}\boldsymbol{x}=\boldsymbol{b}$中$\boldsymbol{A}=(a_{ij})\in\mathbf{R}^{n\times n}$，$\boldsymbol{b}=(b_i)\in\mathbf{R}^{n}$且$a_{ii}\neq 0(i=1,2,\cdots,n)$，先从矩阵形式来构造迭代公式，令

$$A = D - L - U = \begin{pmatrix} a_{11} & & & \\ & a_{22} & & \\ & & \ddots & \\ & & & a_{nn} \end{pmatrix} - \begin{pmatrix} 0 & & & & \\ -a_{21} & 0 & & & \\ -a_{31} & -a_{32} & 0 & & \\ \vdots & \vdots & \vdots & \ddots & \\ -a_{n1} & -a_{n2} & \cdots & & 0 \end{pmatrix} -$$

$$\begin{pmatrix} 0 & -a_{12} & -a_{13} & \cdots & -a_{1n} \\ & 0 & -a_{23} & \cdots & -a_{2n} \\ & & \ddots & \ddots & \vdots \\ & & & \ddots & \\ & & & & 0 \end{pmatrix}$$

方程组 $\boldsymbol{Ax} = \boldsymbol{b}$ 即

$$(\boldsymbol{D} - \boldsymbol{L} - \boldsymbol{U})\boldsymbol{x} = \boldsymbol{b} \Leftrightarrow$$
$$\boldsymbol{Dx} = (\boldsymbol{L} + \boldsymbol{U})\boldsymbol{x} + \boldsymbol{b} \Leftrightarrow$$
$$\boldsymbol{x} = \boldsymbol{D}^{-1}(\boldsymbol{L} + \boldsymbol{U})\boldsymbol{x} + \boldsymbol{D}^{-1}\boldsymbol{b}$$

构造迭代公式如下：

$$\boldsymbol{x}^{(k+1)} = \boldsymbol{D}^{-1}(\boldsymbol{L} + \boldsymbol{U})\boldsymbol{x}^{(k)} + \boldsymbol{D}^{-1}\boldsymbol{b} \quad (k = 0,1,2,\cdots) \tag{2.7.1}$$

这就是 Jacobi 迭代（简称 J 迭代）的矩阵形式，迭代矩阵为

$$\boldsymbol{B}_{\mathrm{J}} = \boldsymbol{D}^{-1}(\boldsymbol{L} + \boldsymbol{U}) = \boldsymbol{D}^{-1}(\boldsymbol{D} - \boldsymbol{A}) = \boldsymbol{I} - \boldsymbol{D}^{-1}\boldsymbol{A}$$

由

$$\boldsymbol{Dx}^{(k+1)} = (\boldsymbol{L} + \boldsymbol{U})\boldsymbol{x}^{(k)} + \boldsymbol{b} \tag{2.7.2}$$

可得等价的分量形式：

$$a_{ii}x_i^{(k+1)} = -\sum_{\substack{j=1 \\ j \neq i}}^{n} a_{ij}x_j^{(k)} + b_i \quad (i = 1,2,\cdots,n)$$

即

$$x_i^{(k+1)} = \frac{1}{a_{ii}}\left(b_i - \sum_{\substack{j=1 \\ j \neq i}}^{n} a_{ij}x_j^{(k)} \right) \quad (i = 1,2,\cdots,n; k = 1,2,\cdots) \tag{2.7.3}$$

其中，$x^{(0)} = (x_1^{(0)}, x_2^{(0)}, \cdots, x_n^{(0)})^{\mathrm{T}}$ 给定，它相当于从第 i 个方程解出 x_i，再构造迭代格式。

J 迭代公式（2.7.1）或式（2.7.3）即为

$$\boldsymbol{x}^{(k+1)} = \boldsymbol{B}_{\mathrm{J}}\boldsymbol{x}^{(k)} + \boldsymbol{f} \tag{2.7.4}$$

其中

$$\boldsymbol{B}_{\mathrm{J}}=\boldsymbol{I}-\boldsymbol{D}^{-1}\boldsymbol{A}=\begin{pmatrix} 0 & -\dfrac{a_{12}}{a_{11}} & -\dfrac{a_{13}}{a_{11}} & \cdots & -\dfrac{a_{1n}}{a_{11}} \\ -\dfrac{a_{21}}{a_{22}} & 0 & -\dfrac{a_{23}}{a_{22}} & \cdots & -\dfrac{a_{2n}}{a_{22}} \\ \vdots & \vdots & \vdots & & \vdots \\ -\dfrac{a_{n1}}{a_{nn}} & -\dfrac{a_{n2}}{a_{nn}} & -\dfrac{a_{n3}}{a_{nn}} & \cdots & 0 \end{pmatrix}$$

$$\boldsymbol{f}=\boldsymbol{D}^{-1}\boldsymbol{b}=\begin{pmatrix} \dfrac{b_1}{a_{11}} \\ \dfrac{b_2}{a_{22}} \\ \vdots \\ \dfrac{b_n}{a_{nn}} \end{pmatrix}$$

2.7.2 雅可比迭代法的算法及 MATLAB 程序

1. 算法（雅可比迭代法）

（1）取初始点 $\boldsymbol{x}^{(0)}$，精度要求 ε，最大迭代次数 N，置 $k=0$。

（2）由式（2.7.1）或式（2.7.3）计算 $\boldsymbol{x}^{(k+1)}$。

（3）若 $\|\boldsymbol{b}-\boldsymbol{A}\boldsymbol{x}^{(k+1)}\|/\|\boldsymbol{b}\|\leqslant\varepsilon$，则停止运算，输出 $\boldsymbol{x}^{(k+1)}$ 作为方程组的近似解。

（4）置 $\boldsymbol{x}^{(k)}=\boldsymbol{x}^{(k+1)}$，$k=k+1$，转步骤（2）。

2. MATLAB 程序（雅可比迭代法）

```
%程序 2.7.1--cmjacobi.m
function [x,iter]=cmjacobi(A,b,x,ep,N)
%用途：用雅可比迭代法解线性方程组 Ax=b
%格式：[x,iter]=cmjacobi(A,b,x,ep,N)，A 为系数矩阵，b 为右端向量，
%x 为初始向量（默认零向量），ep 为精度（默认 1e-6），
%N 为最大迭代次数（默认 500 次），返回参数 x、iter 分别为近似解向量和迭代次数
if nargin<5, N=500; end
if nargin<4, ep=1e-6; end
if nargin<3, x=zeros(size(b)); end
D=diag(diag(A));
for iter=1:N
    x=D\((D-A)*x+b);
    err=norm(b-A*x)/norm(b);
    if err<ep, break; end
end
```

例 2.7.1 写出下面方程组的 J 迭代格式并求解。

$$\begin{cases} 8x_1 - 3x_2 + 2x_3 = 20 \\ 4x_1 + 11x_2 - x_3 = 33 \\ 6x_1 + 3x_2 + 12x_3 = 36 \end{cases}$$

解 分别从第 i 个方程解出 $x_i (i = 1,2,3)$，得

$$\begin{cases} x_1 = \dfrac{1}{8}(20 + 3x_2 - 2x_3) \\ x_2 = \dfrac{1}{11}(33 - 4x_1 + x_3) \\ x_3 = \dfrac{1}{12}(36 - 6x_1 - 3x_2) \end{cases}$$

从而 J 迭代格式为

$$\begin{cases} x_1^{(k+1)} = \dfrac{1}{8}(20 + 3x_2^{(k)} - 2x_3^{(k)}) \\ x_2^{(k+1)} = \dfrac{1}{11}(33 - 4x_1^{(k)} + x_3^{(k)}) \quad (k = 0,1,2,\cdots) \\ x_3^{(k+1)} = \dfrac{1}{12}(36 - 6x_1^{(k)} - 3x_2^{(k)}) \end{cases} \tag{2.7.5}$$

即

$$\begin{pmatrix} x_1^{(k+1)} \\ x_2^{(k+1)} \\ x_3^{(k+1)} \end{pmatrix} = \begin{pmatrix} 0 & \dfrac{3}{8} & -\dfrac{1}{4} \\ -\dfrac{4}{11} & 0 & \dfrac{1}{11} \\ -\dfrac{1}{2} & -\dfrac{1}{4} & 0 \end{pmatrix} \begin{pmatrix} x_1^{(k)} \\ x_2^{(k)} \\ x_3^{(k)} \end{pmatrix} + \begin{pmatrix} \dfrac{5}{2} \\ 3 \\ 3 \end{pmatrix} \quad (k = 0,1,2,\cdots)$$

在 MATLAB 命令窗口执行：

```
>> A=[8 -3 2;4 11 -1;6 3 12];
>> b=[20 33 36]';
>> [x,iter]=cmjacobi(A,b)
```

得到结果：

```
x =
      3.0000
      2.0000
      1.0000
iter =
      14
```

2.7.3 高斯-赛德尔迭代法

高斯-赛德尔迭代法（简称 G-S 迭代）是对 Jacobi 迭代法的一种改进。

易见（2.7.5）式的计算次序是 $x_1^{(k+1)} \to x_2^{(k+1)} \to x_3^{(k+1)}$，但在计算 $x_2^{(k+1)}$ 时，并没有及时利用已经算出的 $x_1^{(k+1)}$，而仍用 $x_1^{(k)}$；同样，在计算 $x_3^{(k+1)}$ 时也没有利用最新算出的 $x_1^{(k+1)}$，$x_2^{(k+1)}$，而仍用 $x_1^{(k)}$，$x_2^{(k)}$，为此，将式（2.7.5）改进为

$$\begin{cases} x_1^{(k+1)} = \dfrac{1}{8}(20 + 3x_2^{(k)} - 2x_3^{(k)}) \\ x_2^{(k+1)} = \dfrac{1}{11}(33 - 4x_1^{(k+1)} + x_3^{(k)}) \quad (k = 0,1,2,\cdots) \\ x_3^{(k+1)} = \dfrac{1}{12}(36 - 6x_1^{(k+1)} - 3x_2^{(k+1)}) \end{cases}$$

这就是 G-S 迭代。

考虑一般情形，G-S 迭代也就是将 J 迭代公式（2.7.3）改进为

$$x_i^{(k+1)} = \frac{1}{a_{ii}}\left(b_i - \sum_{j=1}^{i-1} a_{ij}x_j^{(k+1)} - \sum_{j=i+1}^{n} a_{ij}x_j^{(k)}\right) \quad (i = 1,2,\cdots,n) \tag{2.7.6}$$

这是 G-S 迭代的分量形式。

G-S 迭代的矩阵形式即是将式（2.7.1）改为

$$\boldsymbol{D}\boldsymbol{x}^{(k+1)} = \boldsymbol{L}\boldsymbol{x}^{(k+1)} + \boldsymbol{U}\boldsymbol{x}^{(k)} + \boldsymbol{b}$$

于是得

$$\boldsymbol{x}^{(k+1)} = (\boldsymbol{D} - \boldsymbol{L})^{-1}\boldsymbol{U}\boldsymbol{x}^{(k)} + (\boldsymbol{D} - \boldsymbol{L})^{-1}\boldsymbol{b} \tag{2.7.7}$$

即

$$\boldsymbol{x}^{(k+1)} = \boldsymbol{B}_{\mathrm{GS}}\boldsymbol{x}^{(k)} + \boldsymbol{f} \quad (k = 0,1,2,\cdots) \tag{2.7.8}$$

其中，迭代矩阵 $\boldsymbol{B}_{\mathrm{GS}} = (\boldsymbol{D} - \boldsymbol{L})^{-1}\boldsymbol{U}$，$\boldsymbol{f} = (\boldsymbol{D} - \boldsymbol{L})^{-1}\boldsymbol{b}$。

G-S 迭代是 J 迭代的改进的原因是，当二者均收敛时，G-S 迭代比 J 迭代收敛速度更快。然而，我们可以找出这样的方程组，其 J 迭代收敛，而 G-S 迭代反而发散。

2.7.4 高斯-赛德尔迭代法的算法及其 MATLAB 程序

1. 算法（高斯-赛德尔迭代法）

（1）输出矩阵 $\boldsymbol{A}$，右端向量 $\boldsymbol{b}$，初始点 $\boldsymbol{x}^{(0)}$，精度要求 ε，最大迭代次数 N，置 $k = 0$。

（2）由式（2.7.7）或式（2.7.8）计算 $\boldsymbol{x}^{(k+1)}$。

（3）若 $\|\boldsymbol{b}-\boldsymbol{A}\boldsymbol{x}^{(k+1)}\|/\|\boldsymbol{b}\|\leqslant\varepsilon$，则停止运算，输出 $\boldsymbol{x}^{(k+1)}$ 作为方程组的近似解。

（4）置 $\boldsymbol{x}^{(k)}=\boldsymbol{x}^{(k+1)}$，$k=k+1$，转步骤（2）。

2. MATLAB 程序（高斯-赛德尔迭代法）

```
%程序 2.7.2--cmesidel.m
function [x,iter]=cmseidel(A,b,x,ep,N)
%用途：用高斯-赛德尔迭代法解线性方程组 Ax=b
%格式：[x,iter]= mseidel(A,b,x,ep,N)，A 为系数矩阵，b 为右端向量，
% x 为初始向量（默认零向量），ep 为精度（默认 1e-6），
%N 为最大迭代次数（默认 500 次），返回参数 x、iter 分别为近似解向量和迭代次数
if nargin<5, N=500; end
if nargin<4, ep=1e-6; end
if nargin<3, x=zeros(size(b)); end
D=diag(diag(A)); L=D-tril(A); U=D-triu(A);
for iter=1:N
    x=(D-L)\(U*x+b);
    err=norm(b-A*x)/norm(b);
    if err<ep, break; end
end
```

例 2.7.2　利用高斯-赛德尔迭代法求解如下方程组：

$$\begin{cases}8x_1-3x_2+2x_3=20\\4x_1+11x_2-x_3=33\\6x_1+3x_2+12x_3=36\end{cases}$$

解　在 MATLAB 命令窗口执行：

```
>> A=[8 -3 2;4 11 -1;6 3 12];
>> b=[20 33 36];
>> [x,iter]=cmseidel(A,b)
```

得到结果：

```
x =
    3.0000
    2.0000
    1.0000
iter =
    7
```

2.7.5　逐次超松弛迭代法

逐次超松弛迭代法可以看作高斯-赛德尔迭代法的加速。高斯-赛德尔迭代法

格式为$\boldsymbol{x}^{(k+1)}=\boldsymbol{D}^{-1}(\boldsymbol{L}\boldsymbol{x}^{(k+1)}+\boldsymbol{U}\boldsymbol{x}^{(k)}+\boldsymbol{b})$，可将其改写成

$$\boldsymbol{x}^{(k+1)}=\boldsymbol{x}^{(k)}+\boldsymbol{D}^{-1}(\boldsymbol{L}\boldsymbol{x}^{(k+1)}+\boldsymbol{U}\boldsymbol{x}^{(k)}-\boldsymbol{D}\boldsymbol{x}^{(k)}+\boldsymbol{b})=\boldsymbol{x}^{(k)}+\Delta\boldsymbol{x}^{(k)}$$

其中，$\Delta\boldsymbol{x}^{(k)}=\boldsymbol{D}^{-1}(\boldsymbol{L}\boldsymbol{x}^{(k+1)}+\boldsymbol{U}\boldsymbol{x}^{(k)}-\boldsymbol{D}\boldsymbol{x}^{(k)}+\boldsymbol{b})$，则$\boldsymbol{x}^{(k+1)}$可以看作由$\boldsymbol{x}^{(k)}$作$\Delta\boldsymbol{x}^{(k)}$修正而得到的。若在修正项$\Delta\boldsymbol{x}^{(k)}$中引入一个因子$\omega$，即

$$\boldsymbol{x}^{(k+1)}=\boldsymbol{x}^{(k)}+\omega\boldsymbol{D}^{-1}(\boldsymbol{L}\boldsymbol{x}^{(k+1)}+\boldsymbol{U}\boldsymbol{x}^{(k)}-\boldsymbol{D}\boldsymbol{x}^{(k)}+\boldsymbol{b}) \tag{2.7.9}$$

可得到逐次超松弛迭代格式（SOR）。由式（2.7.9）有

$$(\boldsymbol{I}-\omega\boldsymbol{D}^{-1}\boldsymbol{L})\boldsymbol{x}^{(k+1)}=[(1-\omega)\boldsymbol{I}+\omega\boldsymbol{D}^{-1}\boldsymbol{U}]\boldsymbol{x}^{(k)}+\omega\boldsymbol{D}^{-1}\boldsymbol{b}$$

即

$$(\boldsymbol{D}-\omega\boldsymbol{L})\boldsymbol{x}^{(k+1)}=[(1-\omega)\boldsymbol{D}+\omega\boldsymbol{U}]\boldsymbol{x}^{(k)}+\omega\boldsymbol{b}$$

故 SOR 迭代的计算格式为

$$\boldsymbol{x}^{(k+1)}=(\boldsymbol{D}-\omega\boldsymbol{L})^{-1}\{[(1-\omega)\boldsymbol{D}+\omega\boldsymbol{U}]\boldsymbol{x}^{(k)}+\omega\boldsymbol{b}\} \tag{2.7.10}$$

简记为

$$\boldsymbol{x}^{(k+1)}=\boldsymbol{B}_{\omega}\boldsymbol{x}^{(k)}+\boldsymbol{f}_{\omega} \tag{2.7.11}$$

其中

$$\boldsymbol{B}_{\omega}=(\boldsymbol{D}-\omega\boldsymbol{L})[(1-\omega)\boldsymbol{D}+\omega\boldsymbol{U}],\quad \boldsymbol{f}_{\omega}=\omega(\boldsymbol{D}-\omega\boldsymbol{L})^{-1}\boldsymbol{b}$$

参数ω称为**松弛因子**，当$\omega>1$时称为**超松弛**，$0<\omega<1$时称为**低松弛**，$\omega=1$时就是**高斯-赛德尔迭代法**。

用分量形式表示式（2.7.11），即

$$\begin{aligned}x_i^{(k+1)}&=x_i^{(k)}+\omega(b_i-\sum_{j=1}^{i=1}a_{ij}x_j^{(k+1)}-\sum_{j=1}^{n}a_{ij}x_j^{(k)})/a_{ii}\\&=(1-\omega)x_i^{(k)}+\omega(b_i-\sum_{j=1}^{i=1}a_{ij}x_j^{(k+1)}-\sum_{j=i+1}^{n}a_{ij}x_j^{(k)})/a_{ii}\end{aligned} \tag{2.7.12}$$

$$i=1,2,\cdots,n;\ k=0,1,2,\cdots$$

2.7.6 逐次超松弛迭代法的算法及其 MATLAB 程序

1. 算法（SOR 迭代法）

（1）输出矩阵$\boldsymbol{A}$，右端向量$\boldsymbol{b}$，初始点$\boldsymbol{x}^{(0)}$，精度要求ε，最大迭代次数N，置$k=0$。

（2）由式（2.7.11）或式（2.7.12）计算$\boldsymbol{x}^{(k+1)}$。

（3）若$\|\boldsymbol{b}-\boldsymbol{A}\boldsymbol{x}^{(k+1)}\|/\|\boldsymbol{b}\|\leqslant\varepsilon$，则停止运算，输出$\boldsymbol{x}^{(k+1)}$作为方程组的近似解。

（4）置$\boldsymbol{x}^{(k)}=\boldsymbol{x}^{(k+1)}$，$k=k+1$，转步骤（2）。

2. MATLAB 程序（SOR 迭代法）

```
%程序 2.7.3--cmsor.m
function [x,iter]=cmsor(A,b,omega,x,ep,N)
%用途：用 SOR 迭代法解线性方程组 Ax=b
%格式：[x,iter]=mseidel(A,b,omega,x,ep,N)，其中 A 为系数矩阵，b 为右端向量，
%omega 为松弛因子（默认 1.2），x 为初始向量（默认零向量），ep 为精度（默认 1e-6），
%N 为最大迭代次数（默认 500 次），返回参数 x、iter 分别为近似解向量和迭代次数
if nargin<6, N=500; end
if nargin<5, ep=1e-6; end
if nargin<4, x=zeros(size(b)); end
if nargin<3, omega=1.2; end
D=diag(diag(A)); L=D-tril(A); U=D-triu(A);
for iter=1:N
    x=(D-omega*L)\(((1-omega)*D+omega*U)*x+omega*b);
    err=norm(b-A*x)/norm(b);
    if err<ep, break; end
end
```

例 2.7.3　利用 SOR 迭代法求解如下方程组：

$$\begin{cases}8x_1-3x_2+2x_3=20\\4x_1+11x_2-x_3=33\\6x_1+3x_2+12x_3=36\end{cases}$$

解　在 MATLAB 命令窗口执行：

```
>> A=[8 -3 2;4 11 -1;6 3 12];
>> b=[20 33 36];
>> [x,iter]=cmsor(A,b,1.03)
```

得到结果：

```
x =
    3.0000
    2.0000
    1.0000
iter =
    7
```

迭代次数与松弛因子有关。

2.7.7　三种经典迭代法的收敛条件

本节讨论三种经典迭代法的收敛条件，尽管这些条件只是充分条件，但在某些特定情形下使用它们判别迭代法的收敛性是十分方便的。首先引入下面的引理。

引理 2.7.1　设 n 阶矩阵 $\boldsymbol{A}$ 是行（列）严格对角占优的，即

$$|a_{ii}|>\sum_{j=1,j\neq 1}^{n}|a_{ij}|\quad(i=1,2,\cdots,n)$$

$$\left|a_{jj}\right| > \sum_{i=1, i\neq 1}^{n} \left|a_{ij}\right| \quad (j=1,2,\cdots,n)$$

则 A 是非奇异的。

证明 仅就行严格对角占优的情形加以证明，用反证法。假定 $\boldsymbol{A}$ 奇异，则存在非零向量 $\boldsymbol{z}$ 使 $\boldsymbol{Az}=0$。不失一般性，可设 $\|\boldsymbol{z}\|_\infty=1$。若令 $\left|z_i\right|=1$，则 $\left|z_j\right|\leqslant\left|z_i\right|(j=1,\cdots,n)$。

由 $\boldsymbol{Az}=\boldsymbol{0}$ 的第 i 个方程，得

$$\left|a_{ii}\right|=\left|a_{ii}\right|\left|z_i\right|=\left|a_{ii}z_{ii}\right|\leqslant \left|\sum_{j=1, j\neq i}^{n} a_{ij}z_j\right| \leqslant \sum_{j=1, j\neq i}^{n}\left|a_{ij}\right|$$

这与 $\boldsymbol{A}$ 的行严格对角占优性矛盾。证毕。

定理 2.7.1 设有方程组 $\boldsymbol{Ax}=\boldsymbol{b}$，则

（1）若 $\boldsymbol{A}$ 严格对角占优，则解此方程组的 J 迭代和 G-S 迭代均收敛；

（2）若 $\boldsymbol{A}$ 对称正定，则解此方程组的 G-S 迭代收敛。

证明 只证（1），当 $\boldsymbol{A}=(a_{ij})^{n\times n}$ 严格对角占优时，有 $\left|a_{ii}\right|>\sum_{j\neq i}\left|a_{ij}\right|$，从而有

$$\sum_{j\neq i}\left|\frac{a_{ij}}{a_{ii}}\right|<1 \quad (i=1,2,\cdots,n)$$

而

$$\boldsymbol{B}_{\mathrm{J}}=\boldsymbol{I}-\boldsymbol{D}^{-1}\boldsymbol{A}=\begin{pmatrix} 0 & -\dfrac{a_{12}}{a_{11}} & \cdots & -\dfrac{a_{1n}}{a_{11}} \\ -\dfrac{a_{21}}{a_{22}} & 0 & \cdots & -\dfrac{a_{2n}}{a_{22}} \\ \vdots & \vdots & & \vdots \\ -\dfrac{a_{n1}}{a_{nn}} & -\dfrac{a_{n2}}{a_{nn}} & \cdots & 0 \end{pmatrix}$$

于是

$$\|\boldsymbol{B}_{\mathrm{J}}\|_\infty=\max_{1\leqslant i\leqslant n}\sum_{\substack{j=1\\ j\neq i}}^{n}\left|\frac{a_{ij}}{a_{ii}}\right|<1$$

由定理知雅可比迭代收敛。

设 $\boldsymbol{A}=\boldsymbol{D}-\boldsymbol{L}-\boldsymbol{U}$，G-S 迭代的迭代矩阵为 $\boldsymbol{B}_{\mathrm{GS}}=(\boldsymbol{D}-\boldsymbol{L})^{-1}\boldsymbol{U}$，其特征方程为

$$\left|\lambda\boldsymbol{I}-\boldsymbol{B}_{\mathrm{GS}}\right|=\boldsymbol{0}\Leftrightarrow\left|\lambda\boldsymbol{I}-(\boldsymbol{D}-\boldsymbol{L})^{-1}\boldsymbol{U}\right|=\boldsymbol{0}\Leftrightarrow$$

$$\left|(\boldsymbol{D}-\boldsymbol{L})^{-1}\right|\cdot\left|\lambda(\boldsymbol{D}-\boldsymbol{L})-\boldsymbol{U}\right|=0\Leftrightarrow\left|\lambda(\boldsymbol{D}-\boldsymbol{L})-\boldsymbol{U}\right|=\boldsymbol{0}$$

欲证$|\lambda|<1$。记$\lambda(\boldsymbol{D}-\boldsymbol{L})-\boldsymbol{U}=\boldsymbol{C}$，即证当$|\lambda|\geqslant 1$时，$|\boldsymbol{C}|\neq 0$。由引理 2.7.1，只需证当$|\lambda|\geqslant 1$时，$\boldsymbol{C}$严格对角占优，这是容易证明的。事实上，当$|\lambda|\geqslant 1$时，由

$$|c_{ii}|=|\lambda a_{ii}|=|\lambda||a_{ii}|$$

$$\sum_{j\neq i}|c_{ii}|=\sum_{j<i}|\lambda||a_{ii}|+\sum_{j>i}|a_{ij}|=|\lambda|\sum_{j<i}|a_{ij}|+\sum_{j>i}|a_{ij}|$$

得

$$|c_{ii}|=|\lambda||a_{ii}|>|\lambda|\sum_{j\neq i}|a_{ij}|=|\lambda|\sum_{j<i}|a_{ij}|+|\lambda|\sum_{j>i}|a_{ij}|\geqslant\sum_{j\neq i}|c_{ij}|$$

即$|c_{ii}|>\sum_{j\neq i}|c_{ij}|$，从而$\boldsymbol{C}$严格对角占优，所以高斯-赛德尔迭代收敛。

定理 2.7.2　对于 SOR 迭代法，有下面的收敛性结果：

（1）SOR 迭代法收敛的必要条件是$0<\omega<2$；

（2）若式$\boldsymbol{Ax}=\boldsymbol{b}$的系数矩阵$\boldsymbol{A}$对称正定，则$0<\omega<2$时，SOR 迭代法收敛。

证明　（1）SOR 迭代矩阵为$\boldsymbol{B}_\omega=(\boldsymbol{D}-\omega\boldsymbol{L})^{-1}[(1-\omega)\boldsymbol{D}+\omega\boldsymbol{U}]$，若 SOR 迭代收敛，则$\rho(\boldsymbol{B}_\omega)<1$，从而

$$|\det(\boldsymbol{B}_\omega)|=|\lambda_1\lambda_2\cdots\lambda_n|<1$$

这里$\lambda_1,\lambda_2,\cdots,\lambda_n$为$\boldsymbol{B}_\omega$的特征值，又

$$\begin{aligned}|\det(\boldsymbol{B}_\omega)|&=\left|\det[(\boldsymbol{D}-\omega\boldsymbol{L})^{-1}]\right|\cdot\left|\det[(1-\omega)\boldsymbol{D}+\omega\boldsymbol{U}]\right|\\&=\left|a_{11}^{-1}a_{22}^{-1}\cdots a_{nn}^{-1}\right|\cdot\left|(1-\omega)^n a_{11}a_{22}\cdots a_{nn}\right|=\left|(1-\omega)^n\right|<1\end{aligned}$$

故有$|1-\omega|<1$，即$0<\omega<2$。

（2）设λ是$\boldsymbol{B}_\omega$的任一特征值，对应的特征向量为$\boldsymbol{z}$，则有

$$(\boldsymbol{D}-\omega\boldsymbol{L})^{-1}[(1-\omega)\boldsymbol{D}+\omega\boldsymbol{U}]\boldsymbol{z}=\lambda\boldsymbol{z}$$

即

$$[(1-\omega)\boldsymbol{D}+\omega\boldsymbol{U}]\boldsymbol{z}=\lambda(\boldsymbol{D}-\omega\boldsymbol{L})\boldsymbol{z}$$

上式两边左乘的$\boldsymbol{z}$共轭转置$\boldsymbol{z}^{\mathrm{H}}$，得

$$(1-\omega)\boldsymbol{z}^{\mathrm{H}}\boldsymbol{D}\boldsymbol{z}+\omega\boldsymbol{z}^{\mathrm{H}}\boldsymbol{U}\boldsymbol{z}=\lambda(\boldsymbol{z}^{\mathrm{H}}\boldsymbol{D}\boldsymbol{z}-\omega\boldsymbol{z}^{\mathrm{H}}\boldsymbol{L}\boldsymbol{z})$$

即

$$\lambda=\frac{(1-\omega)\boldsymbol{z}^{\mathrm{H}}\boldsymbol{D}\boldsymbol{z}+\omega\boldsymbol{z}^{\mathrm{H}}\boldsymbol{U}\boldsymbol{z}}{\boldsymbol{z}^{\mathrm{H}}\boldsymbol{D}\boldsymbol{z}-\omega\boldsymbol{z}^{\mathrm{H}}\boldsymbol{L}\boldsymbol{z}}\tag{2.7.13}$$

设$\boldsymbol{z}^{\mathrm{H}}\boldsymbol{D}\boldsymbol{z}=\boldsymbol{d}$，$\boldsymbol{z}^{\mathrm{H}}\boldsymbol{L}\boldsymbol{z}=a+ib$，因$\boldsymbol{A}$对称，故$\boldsymbol{U}=\boldsymbol{L}^{\mathrm{T}}$，$\boldsymbol{z}^{\mathrm{H}}\boldsymbol{L}\boldsymbol{z}=a-ib$，代入式(2.7.13)，得

$$\lambda=\frac{(1-\omega)d+\omega(a-ib)}{d-\omega(a+ib)}=\frac{[(1-\omega)d+\omega a]-i\omega b}{(d-\omega a)-i\omega b}$$

因 $\boldsymbol{A}$ 正定，故 $\boldsymbol{z}^H\boldsymbol{A}\boldsymbol{z}=\boldsymbol{z}^H(\boldsymbol{D}-\boldsymbol{L}-\boldsymbol{U})\boldsymbol{z}=d-2a>0$。注意到 λ 的分子、分母虚部相等，而当 $0<\omega<2$ 时，有

$$(d-\omega a)^2-[(1-\omega)d+\omega a]^2=(2-\omega)\omega d(d-2a)>0$$

由此可得 $|\lambda|<1$，故迭代收敛。

由于当松弛因子 $\omega=1$ 时，SOR 迭代法退化为高斯-赛德尔迭代法，故有

定理 2.7.3 若式 $\boldsymbol{Ax}=\boldsymbol{b}$ 的系数矩阵 $\boldsymbol{A}$ 对称正定，则高斯-赛德尔迭代法收敛。

定理 2.7.4 若式 $\boldsymbol{Ax}=\boldsymbol{b}$ 的系数矩阵 $\boldsymbol{A}$ 对称正定，则雅可比迭代法收敛的充要条件是 $2\boldsymbol{D}-\boldsymbol{A}$ 也对称正定。

证明 由于 $\boldsymbol{A}$ 是对称正定矩阵，则 $a_{ii}>0(i=1,2,\cdots,n)$。

$$\boldsymbol{B}_{\mathrm{J}}=\boldsymbol{D}^{-1}(\boldsymbol{D}-\boldsymbol{A})=\boldsymbol{I}-\boldsymbol{D}^{-1}\boldsymbol{A}=\boldsymbol{D}^{-\frac{1}{2}}(\boldsymbol{I}-\boldsymbol{D}^{-\frac{1}{2}}\boldsymbol{A}\boldsymbol{D}^{-\frac{1}{2}})\boldsymbol{D}^{-\frac{1}{2}} \tag{2.7.14}$$

其中，$\boldsymbol{D}^{\frac{1}{2}}=\mathrm{diag}(\sqrt{a_{11},a_{22},\cdots,a_{nn}})$。从而，$\boldsymbol{B}_{\mathrm{J}}$ 相似于对称矩阵 $\boldsymbol{I}-\boldsymbol{D}^{-\frac{1}{2}}\boldsymbol{A}\boldsymbol{D}^{-\frac{1}{2}}$，故其 n 个特征值均为实数。

必要性：设雅可比迭代收敛，则有

$$\rho(\boldsymbol{B}_{\mathrm{J}})=\rho(\boldsymbol{I}-\boldsymbol{D}^{-\frac{1}{2}}\boldsymbol{A}\boldsymbol{D}^{-\frac{1}{2}})<1$$

于是 $\boldsymbol{I}-\boldsymbol{D}^{-\frac{1}{2}}\boldsymbol{A}\boldsymbol{D}^{-\frac{1}{2}}$ 的任意特征值 λ 均满足 $|1-\lambda|<1$，即 $0<\lambda<2$。注意到

$$2\boldsymbol{D}-\boldsymbol{A}=\boldsymbol{D}^{-\frac{1}{2}}(2\boldsymbol{I}-\boldsymbol{D}^{-\frac{1}{2}}\boldsymbol{A}\boldsymbol{D}^{-\frac{1}{2}})\boldsymbol{D}^{-\frac{1}{2}} \tag{2.7.15}$$

且 $2\boldsymbol{I}-\boldsymbol{D}^{-\frac{1}{2}}\boldsymbol{A}\boldsymbol{D}^{-\frac{1}{2}}$ 的特征值 $2-\lambda\in(0,2)$，故 $2\boldsymbol{I}-\boldsymbol{D}^{-\frac{1}{2}}\boldsymbol{A}\boldsymbol{D}^{-\frac{1}{2}}$ 对称正定。由式（2.7.10）即知 $2\boldsymbol{D}-\boldsymbol{A}$ 对称正定。

充分性：设 $\boldsymbol{A}$，$2\boldsymbol{D}-\boldsymbol{A}$ 均对称正定。一方面，由 $\boldsymbol{A}$ 对称正定可知 $\boldsymbol{D}^{-\frac{1}{2}}\boldsymbol{A}\boldsymbol{D}^{-\frac{1}{2}}$ 对称正定，故其任意特征值 $\lambda>0$。于是 $\boldsymbol{I}-\boldsymbol{D}^{-\frac{1}{2}}\boldsymbol{A}\boldsymbol{D}^{-\frac{1}{2}}$ 的特征值 $1-\lambda<1$，由式（2.7.14）可知 $\boldsymbol{B}_{\mathrm{J}}$ 的任一特征值 $\lambda(\boldsymbol{B}_{\mathrm{J}})<1$。

另一方面，由 $2\boldsymbol{D}-\boldsymbol{A}$ 对称正定可知 $2\boldsymbol{I}-\boldsymbol{D}^{-\frac{1}{2}}\boldsymbol{A}\boldsymbol{D}^{-\frac{1}{2}}$ 也对称正定。注意到

$$\boldsymbol{I}+(\boldsymbol{I}-\boldsymbol{D}^{-\frac{1}{2}}\boldsymbol{A}\boldsymbol{D}^{-\frac{1}{2}})$$

由此可知，$\boldsymbol{I}-\boldsymbol{D}^{-\frac{1}{2}}\boldsymbol{A}\boldsymbol{D}^{-\frac{1}{2}}$ 的特征值全大于 -1，由式（2.7.14）可知 $\boldsymbol{B}_{\mathrm{J}}$ 的任一特征值 $\lambda(\boldsymbol{B}_{\mathrm{J}})>-1$。于是 $\rho(\boldsymbol{B}_{\mathrm{J}})<1$，故雅可比迭代法收敛。

2.8 基于 MATLAB 的线性方程组的解法

MATLAB 系统提供了一个左除运算符“\”用于求解线性方程组，它是根据

选主元高斯消去法编制的一个 MATLAB 内部命令，使用起来十分方便。设 $\boldsymbol{A}\in \mathbf{R}^{n\times n}$，$\boldsymbol{b}\in \mathbf{R}^{n}$，对于方程组 $\boldsymbol{Ax}=\boldsymbol{b}$，只需在 MATLAB 命令窗口键入“x=A\b”，回车即可得到方程组的解 $\boldsymbol{x}$。对于 n 阶方阵 $\boldsymbol{A}$，MATLAB 系统提供了一个 LU 分解函数 lu(A)，这个函数是根据列主元 LU 分解算法编制的，具有较好的数值稳定性，其调用格式如下：

[L,U,P]=lu(A)

该函数返回一个下三角阵 $\boldsymbol{L}$、一个上三角阵 $\boldsymbol{U}$ 和一个置换阵 $\boldsymbol{P}$，使之满足 $\boldsymbol{PA}=\boldsymbol{LU}$。这样，线性方程组 $\boldsymbol{Ax}=\boldsymbol{b}$ 的求解可以转化为求解两个三角形方程组：$\boldsymbol{Ly}=\boldsymbol{Pb}$ 和 $\boldsymbol{Ux}=\boldsymbol{y}$。

例 2.8.1　求解以下方程组：

$$\begin{cases}2x_1+3x_2-x_3+4x_4=10\\x_1+x_2+2x_3+x_4=6\\3x_1+2x_2+3x_3+x_4=14\\x_1+4x_2+x_3+2x_4=8\end{cases}$$

可以将其转换为矩阵形式 $\boldsymbol{Ax}=\boldsymbol{b}$，其中矩阵 $\boldsymbol{A}$ 和向量 $\boldsymbol{b}$ 分别如下：

```
>> A = [2, 3, -1, 4;1, 1, 2, 1;3, 2, 3, 1;1, 4, 1, 2];
>> b = [10; 6; 14; 8]';
```

然后，可以使用相同的左除运算符“\”来求解这个方程组。以下是完整的 MATLAB 脚本：

```
>> % 定义系数矩阵 A
>> A = [2,3, -1, 4;1, 1, 2, 1; 3,2, 3,1;1,4,1,2];
>> %定义常数向量 b
>> b = [10;6;14;8]';
>> %使用左除运算符求解线性方程组 Ax = b
>> x = A\b;
>> %显示结果
>> disp('解向量 x 是：');
>> disp(x);
```

把这段代码复制到 MATLAB 的编辑器中，保存后运行，你就会得到一个 4×1 的解向量 $\boldsymbol{x}$，它包含了方程组的解。

得到结果：

```
解向量 x 是：
        3.2500
        0.7500
        0.7500
        0.5000
```

如果这个方程组有解（即矩阵 $\boldsymbol{A}$ 是非奇异的），则 MATLAB 将会给出一个精确的解。如果矩阵 $\boldsymbol{A}$ 是奇异的或接近奇异的，则 MATLAB 将会给出一个警告，并尝试计算一个近似解。如果这个系统没有唯一解（即有无穷多个解），MATLAB 也会给出提示。

此外，也可以使用 linsolve 函数来求解线性方程组，它可以提供更多关于解的信息，并允许用户指定不同的求解选项。例如：

```
>> %使用 linsolve 函数求解线性方程组
>> [x,R]=linsolve(A,b);
>> %显示结果
>> disp('解向量 x 是：');
>> disp(x);
```

数学家和数学家精神

钟万勰（1934—2023 年），中国科学院院士，工程力学、计算力学专家。钟万勰长期从事工程力学研究与应用，结合中国国情，发展了多种先进软件技术；在群论、极限分析、参变量变分原理等方面提出了重要的理论与方法，并组织开发了多种大型结构分析系统。

钟万勰提出了弹性力学求解新体系与精细积分的方法论。他提出的结构力学与最优控制的相互模拟理论，揭示了一系列基本问题的对应关系；他提出的辛几何空间中新的求解体系，突破了传统的铁木辛柯理论，覆盖了弹性力学、分析力学、断裂力学、振动理论、波动力学、流体力学、电磁波导等多个分支领域，对传统理论难以解决的若干问题给出了新的求解方法和原创性结果。钟万勰创建了结构力学与控制理论的模拟关系，证明了数学与力学、物理学之间存在着一致性，力学中各门学科之间相互关联的公共理论体系初步形成。之后他用交叉学科的视角看问题，用状态空间法来解决问题，又取得了新的突破，诞生了中国自己研究出来的鲁棒控制 H∞理论。钟万勰认为：科学研究要有道路自信、理论自信、体系自信，自信的底气来自科学研究适应时代发展，不是看谁先发明的，故步自封、没有超越是不行的。

习 题 2

1．用列主元高斯消去法解方程组 $\begin{cases}-3x_1+2x_2+6x_3=4\\10x_1-7x_2=7\\5x_1-x_2+5x_3=6\end{cases}$。

2．顺序高斯消去法可行的条件是 $a_{11}^{(1)},a_{22}^{(2)},\cdots,a_{n-1,n-1}^{(n-1)}$ 都不为零。试证明顺序高斯消去法可行的充要条件是 $\boldsymbol{A}$ 的顺序主子式 $D_k\neq 0\ \ (1\leqslant k\leqslant n)$。

3．设 $\boldsymbol{A}=(a_{ij})(a_{11}\neq 0)$ 对称正定，$\boldsymbol{A}$ 经过高斯顺序消去法一步后变为 $\boldsymbol{A}^{(2)}=\begin{pmatrix} a_{11} & a_1^{\mathrm{T}} \\ 0 & \boldsymbol{A}_2 \end{pmatrix}$，证明 $n-1$ 阶矩阵 $\boldsymbol{A}_2$ 仍对称正定。

4．对于 n 阶矩阵 $\boldsymbol{A}=(a_{ij})$，若

$$|a_{ii}|>\sum_{j=1,j\neq i}^{n}|a_{ij}|\quad (i=1,2,\cdots n)$$

则称 $\boldsymbol{A}$ 是严格对角占优矩阵，证明：若 $\boldsymbol{A}$ 是严格对角占优矩阵，则经一步顺序高斯消元过程后，得到的 $\boldsymbol{A}^{(1)}$ 仍为严格对角占优矩阵。

5．用平方根法求解如下方程组：

$$\boldsymbol{A}=\begin{pmatrix} 2 & -1 & 1 \\ -1 & 4.25 & 2.75 \\ 1 & 2.75 & 3.5 \end{pmatrix},\quad \boldsymbol{f}=\begin{pmatrix} 6 \\ -0.5 \\ 1.25 \end{pmatrix}$$

6．用追赶法求解如下方程组：

$$\boldsymbol{A}=\begin{pmatrix} 2 & -1 & 0 & 0 \\ -1 & 2 & -1 & 0 \\ 0 & -1 & 2 & -1 \\ 0 & 0 & -1 & 2 \end{pmatrix},\quad \boldsymbol{f}=\begin{pmatrix} 0 \\ 0 \\ 0 \\ 5 \end{pmatrix}$$

7．用 LU 分解法求解线性方程组 $\begin{cases} 2x_1+x_2+x_3=0 \\ x_1+x_2+x_3=3 \\ x_1+x_2+2x_3=1 \end{cases}$。

8．证明：非奇异矩阵 $\boldsymbol{A}$ 不一定有 LU 分解。

9．用雅可比迭代法和高斯-赛德尔迭代法解线性方程组 $\begin{cases} 20x_1+2x_2+3x_3=25 \\ x_1+8x_2+x_3=10 \\ 2x_1-3x_2+15x_3=14 \end{cases}$。

10．取原点为初值，分别由高斯-赛德尔迭代格式与 $\omega=0.9$ 时逐次超松弛迭代格式解线性方程组（精度 0.5×10^{-2}）$\begin{cases} 5x_1+2x_2+x_3=-12 \\ -x_1+3x_2+2x_3=17 \\ 2x_1-3x_2+4x_3=-9 \end{cases}$。

实 验 题

1. 利用顺序高斯消去法的 MATLAB 程序求解方程组$\begin{pmatrix} 2 & 3 & 4 & 5 \\ 3 & 5 & 2 & 1 \\ 4 & 3 & 12 & 5 \\ 5 & 6 & 7 & 8 \end{pmatrix}\begin{pmatrix} x_1 \\ x_2 \\ x_3 \\ x_4 \end{pmatrix}=\begin{pmatrix} 24 \\ -5 \\ 34 \\ 33 \end{pmatrix}$的近似解。

2. 利用列主元高斯消去法的 MATLAB 程序求解方程组$\begin{pmatrix} 3 & -1 & 4 \\ -1 & 2 & -2 \\ 2 & -3 & -2 \end{pmatrix}\begin{pmatrix} x_1 \\ x_2 \\ x_3 \end{pmatrix}=\begin{pmatrix} 5 \\ 2 \\ 7 \end{pmatrix}$的近似解。

3. 利用追赶法的 MATLAB 程序求解方程组$\begin{pmatrix} 4 & 1 & 0 & 0 \\ 1 & 4 & 1 & 0 \\ 0 & 1 & 4 & 1 \\ 0 & 0 & 1 & 4 \end{pmatrix}\begin{pmatrix} x_1 \\ x_2 \\ x_3 \\ x_4 \end{pmatrix}=\begin{pmatrix} 9 \\ 10 \\ 20 \\ 16 \end{pmatrix}$的近似解。

4. 利用 LU 分解法的 MATLAB 程序求解方程组$\begin{pmatrix} 1 & 2 & 3 \\ 5 & 4 & 10 \\ 3 & 0.2 & 2 \end{pmatrix}\begin{pmatrix} x_1 \\ x_2 \\ x_3 \end{pmatrix}=\begin{pmatrix} 1 \\ 0 \\ 2 \end{pmatrix}$的近似解。

5. 利用乔列斯基分解法的 MATLAB 程序求解方程组$\begin{pmatrix} 1 & 1 & 1 & 1 \\ 1 & 2 & 2 & 2 \\ 1 & 2 & 3 & 3 \\ 1 & 2 & 3 & 4 \end{pmatrix}\begin{pmatrix} x_1 \\ x_2 \\ x_3 \\ x_4 \end{pmatrix}=\begin{pmatrix} 4 \\ 3 \\ 2 \\ 1 \end{pmatrix}$的近似解。

第3章　非线性方程的数值解法

在科学研究和工程设计中常常遇到非线性方程的求解问题。若方程是未知量 x 的多项式，则称为**代数方程**；若方程包含 x 的超越函数，则称为**超越方程**。一元非线性方程的一般形式为 $f(x)=0$ ，$f(x)$ 是连续的非线性函数。若对于数 a 有 $f(a)=0$ ，则称 a 为 $f(x)=0$ 的解或根，也称为函数 $f(x)$ 的零点。对于高次代数方程，其根的个数与其次数相同，如三次方程在复数范围内必有三个根（包括重根）。而超越方程，其解可能是一个或几个甚至无穷多个，也可能无解。除少数特殊的方程可以利用公式直接求根外，一般方程都没有解析求根方法，只能采用数值方法求得近似解。

本章主要讨论非线性方程求根的二分法、迭代法及其加速方法、牛顿法和割线法等，并讨论算法的收敛性、收敛速度和计算效率等问题。

3.1　二　分　法

3.1.1　根的估计

定理 3.1.1（连续函数的介值定理）　设 $f(x)$ 在有限闭区间 $[a,b]$ 上连续，且 $f(a)f(b)<0$ ，则存在 $\xi\in[a,b]$，使得 $f(\xi)=0$ 。

定理 3.1.1 是微分学的一个基本定理，利用该定理，可以对一元函数的零点作出粗略的估计。

3.1.2　二分法及其收敛性

设函数 $f(x)$ 在区间 $[a,b]$ 上连续，且 $f(a)\cdot f(b)<0$ ，根据连续函数的性质可知方程 $f(x)=0$ 在 $[a,b]$ 内一定有实根，并称 $[a,b]$ 为方程 $f(x)=0$ 的有根区间。为明确起见，不妨假设它在 $[a,b]$ 内有唯一的实根 x^* 。

记 $[a,b]=[a_0,b_0]$ ，计算中点 $x_1=\dfrac{a_0+b_0}{2}$ 的函数值 $f(x_1)$ ，这时如果 $f(a_0)\cdot f(x_1)<0$ ，则得新的有根区间 $[a_0,x_1]=[a_1,b_1]$ ，且 $b_1-a_1=\dfrac{b-a}{2}$ 。

再计算新的有根区间中点 $x_2=\frac{a_1+b_1}{2}$ 的函数值 $f(x_2)$，这时如果有 $f(a_1)\cdot f(x_2)<0$，则又得新的有根区间 $[a_1,x_2]=[a_2,b_2]$，否则得到新的有根区间为 $[x_2,b_1]=[a_2,b_2]$，且 $b_2-a_2=\frac{b-a}{2^2}$。

如此继续，第 n 次计算中点 $x_n=\frac{a_{n-1}+b_{n-1}}{2}$ 的函数值 $f(x_n)$ 后，可得新的有根区间 $[a_n,b_n]$，且 $b_n-a_n=\frac{b-a}{2^n}$。

于是在 $[a_n,b_n]$ 内任取一点，比如记为 x_{n+1}（不一定要为中点），作为方程准确根 x^* 的近似值，则有误差估计 $\left|x^*-x_{n+1}\right|\leqslant\frac{b-a}{2^n}$（若 x_{n+1} 是中点，则 $\left|x^*-x_{n+1}\right|\leqslant\frac{b-a}{2^n}$），可见 x_{n+1} 必收敛于 x^*。

3.1.3 二分法的算法及其 MATLAB 程序

1. 算法（二分法）

（1）确定有根区间 $[a,b]$，设定精度要求 ε；

（2）置 $x=(a+b)/2$；

（3）若 $f(x)=0$，输出 x，停止运算；否则，转步骤（4）；

（4）若 $f(a)\cdot f(x)<0$，则置 $b=x$；否则，置 $a=x$；

（5）置 x_{n+1}，若 $|b-a|<\varepsilon$，输出 x，停止运算；否则，转步骤（3）。

2. MATLAB 程序（二分法）

```
%程序 3.1.1--cmbisec.m
function [x,k]=cmbisec(f,a,b,ep)
%用途：用二分法求非线性方程 f(x)=0 有根区间[a,b]中的一个根
%格式：[x,k]=cmbisec(f,a,b,ep)，f 为函数表达式，a 和 b 为区间左右端点，
%ep 为精度，x 和 k 分别为返回近似根和二分次数
if nargin<4,ep=1e-4;
end
fa=f(a);fb=f(b);
if fa*fb>0,error('函数在两端点值必须异号');
end
x=(a+b)/2; k=0;
while (b-a)>(2*ep)
    fx=f(x);
    if fa*fx<0,b=x;fb=fx;
    else a=x;fa=fx;
```

```
    end
    x=(a+b)/2;k=k+1;
end
```

例 3.1.1　用二分法求方程 $x^3+x-3=0$ 在区间 $[1,2]$ 内的根，使其精度达到两位有效数字。

解　根据

$$\left|x^*-x_{n+1}\right|\leqslant\frac{b-a}{2^n}\leqslant\varepsilon$$

可以估计二分次数 n 的大小。其中，$a=1$，$b=2$，精度 $\varepsilon=0.05$，那么可求得 $n\geqslant(\ln 20/\ln 2)-1\approx 3.3219$，取 $n=4$ 即可求解得 $x^*\approx x_4=1.9063$，具体过程见表 3.1.1。

表 3.1.1　二分法的计算结果

n	a_n	b_n	x_n	b_n-a_n	$f(a_n)f(x_n)$
0	1	2	1.5	1	−
1	1.5	2	1.75	0.5	+
2	1.75	2	1.875	0.25	+
3	1.875	2	1.9375	0.125	−
4	1.875	1.9375	1.90625	0.0675	+

MATLAB 程序：

```
>> f=@(x)x^3-3*x-1;
>> [x,k]=cmbisec(f,1,2,0.05)
```

得到结果：

```
x = 1.9063；k =4
```

二分法的优点是算法简单可靠，只要求 $f(x)$ 连续，收敛性总能得到保证，是求解低精度问题的一种好方法。但缺点是对区间两端点选取条件苛刻，不能用来求重根，且收敛速度较慢。

3.2　迭代法的基本原理

3.2.1　迭代法的基本思想

迭代法是求解一元非线性方程

$$f(x)=0\tag{3.2.1}$$

的主要方法。其做法是将式（3.2.1）改写成等价方程：

$$x=\varphi(x) \tag{3.2.2}$$

这时，式（3.2.2）成为“隐式”形式，除非 φ 是 x 线性函数，否则不能直接算出它的根。对此，我们从某个初始值 x_0 开始，对应式（3.2.2）构造迭代公式：

$$x_{k+1}=\varphi(x_k) \quad (k=0,1,2,\cdots) \tag{3.2.3}$$

计算得到序列 $\{x_k\}$，称为**迭代序列**。显然，如果 $\varphi(x)$ 连续，且序列 $\{x_k\}$ 收敛到 x^*，则有

$$x^*=\lim_{k\to\infty} x_{k+1}=\lim_{k\to\infty}\varphi(x_k)=\varphi(\lim_{k\to\infty} x_k)=\varphi(x^*)$$

可知 x^* 就是式（3.2.2）的根。称迭代公式（3.2.3）为一个**迭代格式**，且是收敛的。$\varphi(x)$ 称为迭代函数，x^* 称为迭代函数 $\varphi(x)$ 的一个不动点。显然，$\varphi(x)$ 依赖于函数 $f(x)$，用不同的方程构造迭代函数就得到不同的迭代方法。

3.2.2 迭代法的算法及其 MATLAB 程序

1. 算法（迭代法）

（1）取初始点 x_0，最大迭代次数 N 和精度要求 ε，置 $k=0$；

（2）根据式（3.2.3）计算 x_{k+1}；

（3）若 $|x_{k+1}-x_k|<\varepsilon$，则停止运算；

（4）若 $k=N$，则停止运算；否则，置 $k=k+1$，转步骤（2）。

2. MATLAB 程序（迭代法）

```
%程序 3.2.1--cmiter.m
function[x,k]=cmiter(phi,x0,ep,N)
%用途：用简单迭代法求非线性方程 f(x)=0 有根区间[a,b]中的一个根
%格式：[x,k] =cmiter(phi,x0,ep,N)，phi 为迭代函数，x0 为初值，ep 为精度(默认 1e-4)，
%N 为最大迭代次数（默认 500 次），x、k 分别为返回近似根
%和迭代次数
if nargin<4, N=500;
end
if nargin<3, ep=1e-4;
end
k=0;
while k<N
x=feval(phi,x0);
if   abs(x-x0)<ep
break;
end
      x0=x; k=k+1;
end
```

3.2.3　迭代公式的收敛性

用简单迭代法求解非线性方程的关键在于适当地构造迭代公式，不同的迭代公式收敛的速度不同，有的迭代公式甚至不收敛。那么，当迭代公式（或迭代函数）满足什么样的条件时，才能保证所产生的迭代序列收敛？下面给出一个包含存在唯一性、收敛性和误差估计的定理。

定理 3.2.1（收敛性定理）　设方程 $x=\varphi(x)$ 中的函数 $\varphi(x)$ 在 $[a,b]$ 上具有连续的一阶导数，且满足条件：

（1）当 $a \leqslant x \leqslant b$ 时，也有

$$a \leqslant \varphi(x) \leqslant b$$

（2）存在常数 $0<L<1$，使对任意 $x \in [a,b]$，有

$$|\varphi'(x)| \leqslant L < 1$$

成立，则

（1）函数 $\varphi(x)$ 在 $[a,b]$ 上存在唯一的不动点 x^*；

（2）对任意初值 $x_0 \in [a,b]$，迭代公式 $x_{k+1}=\varphi(x_k)(k=0,1,2,\cdots)$ 收敛于不动点 x^*；

（3）有误差估计式：

$$\left|x^* - x_k\right| \leqslant \frac{L}{1-L}\left|x_k - x_{k-1}\right|$$

$$\left|x^* - x_k\right| \leqslant \frac{L^k}{1-L}\left|x_1 - x_0\right|$$

证明　（1）先证存在性：由于在 $[a,b]$ 上 $\varphi'(x)$ 存在，所以 $\varphi(x)$ 连续。做辅助函数：

$$\psi(x)=\varphi(x)-x$$

显然 $\psi(x) \in \mathbf{C}[a,b]$，且有 $\psi(a)=\varphi(a)-a \geqslant 0$，$\psi(b)=\varphi(b)-b \leqslant 0$，于是根据连续函数性质，至少存在一点 $x^* \in [a,b]$ 满足 $\psi(x^*)=0$，即 $x^*=\varphi(x^*)$。这就说明方程 $x=\varphi(x)$ 的根存在。

再证唯一性：若方程 $x=\varphi(x)$ 有两个不同的根 $x_1^*, x_2^* \in [a,b]$，则由已知条件 $|\varphi'(x)| \leqslant L < 1$ 可得

$$\left|x_1^* - x_2^*\right| = \left|\varphi(x_1^*) - \varphi(x_2^*)\right| = \left|\varphi'(\xi)\right|\left|x_1^* - x_2^*\right| \leqslant L\left|x_1^* - x_2^*\right| < \left|x_1^* - x_2^*\right|$$

其中，ξ 在 x_1^* 与 x_2^* 之间。矛盾，可知方程 $x=\varphi(x)$ 只能有一个根。

（2）证明迭代公式 $x_{k+1}=\varphi(x_k)(k=0,1,2,\cdots)$ 收敛，即要证序列 $\{x_k\}_{k=0}^{\infty} \subset [a,b]$

且 $\lim\limits_{k\to\infty} x_k = x^*$。由已知条件 $a \leqslant \varphi(x) \leqslant b$，显然每一个 $x_k \in [a,b]$，故 $\{x_k\}_{k=0}^{\infty} \subset [a,b]$，再由条件 $|\varphi'(x)| \leqslant L < 1$，可得

$$\left|x^* - x_k\right| = \left|\varphi(x^*) - \varphi(x_{k-1})\right| \leqslant L\left|x^* - x_{k-1}\right| \leqslant L^2\left|x^* - x_{k-2}\right| \leqslant \cdots \leqslant L^k\left|x^* - x_0\right|$$

因 $0 < L < 1$，故有 $\lim\limits_{k\to\infty}\left|x^* - x_k\right| = 0$，即 $\lim\limits_{k\to\infty} x_k = x^*$。

（3）类似（2）的推导，有

$$\left|x_{k+1} - x_k\right| = \left|(x^* - x_k) - (x^* - x_{k+1})\right| \geqslant \left|x^* - x_k\right| - \left|x^* - x_{k+1}\right| \geqslant$$
$$\left|x^* - x_k\right| - L\left|x^* - x_k\right| = (1-L)\left|x^* - x_k\right|$$

于是可得

$$\left|x^* - x_k\right| \leqslant \frac{1}{1-L}\left|x_{k+1} - x_k\right|$$

又注意到

$$\left|x_{k+1} - x_k\right| = \left|\varphi(x_k) - \varphi(x_{k-1})\right| \leqslant L\left|x_k - x_{k-1}\right|$$

故可得

$$\left|x^* - x_k\right| \leqslant \frac{1}{1-L}\left|x_{k+1} - x_k\right| \leqslant \frac{L}{1-L}\left|x_k - x_{k-1}\right|$$

继续利用上述递推式，于是可得

$$\left|x^* - x_k\right| \leqslant \frac{L^k}{1-L}\left|x_1 - x_0\right|$$

上述定理所讨论的收敛性是在整个求解区间 $[a,b]$ 上论述的，这种收敛性称为全局收敛性。在实际使用迭代法时，有时候不方便验证整个区间上的收敛条件，而实际上只考查不动点 x^* 附近的收敛性，因此称为局部收敛性。

定义 3.2.1 设 x^* 是迭代函数 $\varphi(x)$ 的不动点，若存在 x^* 的某个邻域 $N(x^*,\delta) = (x^* - \delta, x^* + \delta)$，使得对任意的 $x_0 \in N(x^*,\delta)$，由 $x_{k+1} = \varphi(x_k)(k = 0,1,2,\cdots)$ 产生的序列 $\{x_k\} \subset N(x^*,\delta)$，且收敛到 x^*，则称式 $x_{k+1} = \varphi(x_k)(k = 0,1,2,\cdots)$ 局部收敛。

定理 3.2.2（局部收敛性定理） 设 x^* 是 $\varphi(x)$ 的一个不动点，$\varphi'(x)$ 在根 x^* 的某个邻域上存在、连续且 $\left|\varphi'(x^*)\right| < 1$，则迭代式 $x_{k+1} = \varphi(x_k)(k = 0,1,2,\cdots)$ 局部收敛。

证明 因为 $\varphi'(x)$ 在根 x^* 的邻域连续，且 $\left|\varphi'(x^*)\right| < 1$，那么，由连续函数的性质可知，必存在 x^* 的一个邻域 $\delta = \{x \mid \left|x - x^*\right| < \varepsilon\}$，当 $x \in \delta$ 时，不等式 $\left|\varphi'(x)\right| \leqslant L < 1$ 成立，且有

$$\left|\varphi(x) - x^*\right| = \left|\varphi(x) - \varphi(x^*)\right| \leqslant L\left|x - x^*\right| < \left|x - x^*\right| < \varepsilon$$

即对任意 $x \in \delta$，有 $\varphi(x) \in \delta$。于是由定理 3.2.2 可知，对任意的初值 $x_0 \in \delta$，迭代公式 $x_{k+1} = \varphi(x_k)\ (k = 0,1,2,\cdots)$ 收敛，即局部收敛。证毕。

例 3.2.1　用局部收敛定理讨论下列求 $x^3 - x - 1 = 0$ 在 $[1,2]$ 内根的迭代格式的合理性和收敛性。

（1）$x_k = x_{k-1}^3 - 1$；（2）$x_k = (x_{k-1} + 1)^{\frac{1}{3}}$。

解　（1）因 $x^* \in (1,2)$，得 $g'(x^*) > 1$，所以无法保证格式 $x_k = x_{k-1}^3 - 1$ 的收敛性。

（2）因 $x^* \in (1,2)$，得

$$\left|g'(x^*)\right| = \frac{1}{3} \times \frac{1}{(x^* + 1)^{\frac{2}{3}}} < \frac{1}{3 \times 2^{\frac{2}{3}}} < 1$$

从而根据局部收敛定理，可选取 x_0 充分靠近 x^*，使得 $x_k = (x_{k-1} + 1)^{\frac{1}{3}}$ 收敛于 x^*。事实上，满足全局收敛性定理一定能保证局部收敛定理。

定义 3.2.2　设序列 $\{x_k\}$ 是收敛于方程 $f(x) = 0$ 的根 x^* 的迭代序列，若存在常数 $p \geqslant 1$ 和 $c \neq 0$，使得

$$\lim_{k \to \infty} \frac{\left|x_{k+1} - x^*\right|}{\left|x_k - x^*\right|^p} = c$$

则称序列 $\{x_k\}$ 是 p 阶收敛的。当 $p = 1$ 时称为线性收敛，当 $p > 1$ 时称为超线性收敛，当 $p = 2$ 时称为平方收敛或二阶收敛。

定理 3.2.3　设迭代函数 $\varphi(x)$ 满足：

（1）$x^* = \varphi(x^*)$，且在 x^* 附近有 p 阶导数；

（2）$\varphi'(x^*) = \varphi''(x^*) = \cdots = \varphi^{p-1}(x^*) = 0$；

（3）$\varphi^{(p)}(x^*) \neq 0$；

那么，式 $x_{k+1} = \varphi(x_k)(k = 0,1,2,\cdots)$ 是 p 阶收敛的。

例 3.2.1 的问题（2）中，由 $x^* \in (1,2)$，得

$$\varphi'(x) = \frac{1}{3} \times \frac{1}{(x + 1)^{\frac{2}{3}}} \Rightarrow \varphi'(x^*) > \frac{1}{3 \times 3^{\frac{2}{3}}} > 0$$

从而此格式只有线性收敛速度。

3.3 迭代法的加速技巧

3.3.1 迭代法加速的基本思想

对于一个收敛的迭代过程，只要迭代足够多次，就可以使结果达到任意精度，但有时迭代过程收敛缓慢，有必要改进迭代方法。下面介绍一种较常用的加速方法。

设 x_k 是第 k 次迭代近似值，利用迭代公式计算得到第 $k+1$ 次迭代近似值，这里记作 $\overline{x}_{k+1}$，即

$$\overline{x}_{k+1}=\varphi(x_k)$$

假如 $\varphi'(x)$ 在根 x^* 的附近变化不大，估计其值大约为 L，由微分中值定理，得

$$x^*-\overline{x}_{k+1}=\varphi'(\xi)(x^*-x_k)\approx L(x^*-x_k)$$

整理得 $\overline{x}_{k+1}$ 的估计式：

$$x^*-\overline{x}_{k+1}\approx\frac{L}{1-L}(\overline{x}_{k+1}-x_k)$$

记

$$x_{k+1}=\overline{x}_{k+1}+\frac{L}{1-L}(\overline{x}_{k+1}-x_k)=\frac{1}{1-L}[\varphi(x_k)-Lx_k]$$

上式称为迭代加速公式。一般来说，x_{k+1} 将比 $\overline{x}_{k+1}$ 具有更高的精度。

例 3.3.1 用迭代加速公式求方程 $x^3-x-1=0$ 在 $x=1.5$ 附近的根。

解 取迭代初值 $x_0=1.5$，迭代函数是

$$\varphi(x)=x^3-1$$

而 $\varphi'(x)=3x^2$，其在 $x=1.5$ 附近的估计值是

$$\varphi'(x)\approx 6.75$$

由迭代加速公式得

$$x_{k+1}=\frac{1}{1-6.75}[(x_k^3-1)-6.75x_k]=0.1739+1.174x_k-0.1739x_k^3$$

经过 7 次迭代得近似根 $x_7=1.3247$。

MATLAB 程序：

```
%程序 3.3.1--cmiter.m
function [x,k]=cmiter(phi,x0,ep,N)
%用途：用简单迭代法求非线性方程有根区间中的一个根
%格式：[x,k] =cmiter(phi,x0,ep,N)，phi 为迭代函数，x0 为初值，ep 为精度（默认 1e-4），
```

```
%N 为最大迭代次数（默认 500 次），x、k 分别为返回近似根和迭代次数
if nargin<4, N=500;end
if nargin<3, ep=1e-4;end
k=0;
while k<N
    x=feval(phi,x0);
if  abs(x-x0)<ep
break;
end
    x0=x;k=k+1;
end
```

在 MATLAB 命令窗口执行：

```
>> phi=@(x)((x^3)-1-6.75*x)/(1-6.75);
>> [x,k]=cmiter(phi,1.5,1e-4)
```

得到结果：

```
x =
    1.3247
k =
     7
```

加速迭代公式虽然可以减少迭代次数，但使用起来却很不方便，因为常数 L 一般是很难确定的。

3.3.2　艾特金（Aitken）加速方法

加速迭代公式虽然可以减少迭代次数，但使用起来却很不方便，因为常数 L 一般是很难确定的。为避免对导数 $\varphi'(x)$ 的估计，可采用以下改进方法进行迭代加速。

记 $\bar{x}_{k+1}=\varphi(x_k)$，对 $\bar{x}_{k+1}$ 再进行一次迭代，得

$$\tilde{x}_{k+1}=\varphi(\bar{x}_{k+1})$$

且有

$$x^*-\tilde{x}_{k+1}\approx L(x^*-\bar{x}_{k+1})$$

将上式代入式 $x^*-\bar{x}_{k+1}=\varphi'(\xi)(x^*-x_k)\approx L(x^*-x_k)$，消去 L，有

$$\frac{x^*-\bar{x}_{k+1}}{x^*-\tilde{x}_{k+1}}\approx\frac{x^*-x_k}{x^*-\bar{x}_{k+1}}$$

解出 x^* 为

$$x^*\approx\tilde{x}_{k+1}-\frac{(\tilde{x}_{k+1}-\bar{x}_{k+1})^2}{\tilde{x}_{k+1}-2\bar{x}_{k+1}+x_k}$$

由此得下列艾特金迭代加速公式：

$$\begin{cases} \overline{x}_{k+1} = \varphi(x_k) \\ \tilde{x}_{k+1} = \varphi(\overline{x}_{k+1}) \\ x_{k+1} = \tilde{x}_{k+1} - \dfrac{(\tilde{x}_{k+1} - \overline{x}_{k+1})^2}{\tilde{x}_{k+1} - 2\overline{x}_{k+1} + x_k} \end{cases}$$

1. 算法（Aitken 加速方法）

（1）取初始点 x_0，最大迭代次数 N 和精度要求 ε，置 $k=0$。

（2）计算 $y_k = \varphi(x_k)$，$z_k = \varphi(y_k)$，及

$$x_{k+1} = x_k - \frac{(y_k - x_k)^2}{z_k - 2y_k + x_k}$$

（3）若 $|x_{k+1} - x_k| < \varepsilon$，则停止运算。

（4）若 $k = N$，则停止运算；否则，置 $k = k+1$，转步骤（2）。

例 3.3.2 用迭代加速公式求方程 $x^3 - x - 1 = 0$ 在 $x = 1.5$ 附近的根。

解 取迭代初值 $x_0 = 1.5$，迭代公式为

$$x_{k+1} = x_k^3 - 1$$

以该迭代公式为基础形成艾特金迭代公式：

$$\begin{cases} \overline{x}_{k+1} = x_k^3 - 1 \\ \tilde{x}_{k+1} = \overline{x}_{k+1}^3 - 1 \\ x_{k+1} = \tilde{x}_{k+1} - \dfrac{(\tilde{x}_{k+1} - \overline{x}_{k+1})^2}{\tilde{x}_{k+1} - 2\overline{x}_{k+1} + x_k} \end{cases}$$

取初始值 $x_0 = 1.5$，经过 4 次迭代得 $x_4 = 1.3247$。

2. MATLAB 程序（Aitken 加速方法）

```
%程序 3.3.2--cmaitken.m
function [x,k]=cmaitken(phi,x0,ep,N)
%用途：用 Aitken 加速方法求 f(x)=0 的解
%格式：[x,k]=cmaitken(phi,x0,ep,N)，phi 为迭代函数，x0 为迭代初值，ep 为精度（默认 1e-4），
%N 为最大迭代次数（默认 500 次），x、k 分别为返回近似根
%和迭代次数
if nargin<4,N=500;end
if nargin<3,ep=1e-4;end
k=0;
while k<N
    y=feval(phi,x0);
    z=feval(phi,y);
```

```
        x=x0-(y-x0)^2/(z-2*y+x0);
        if abs(x-x0)<ep,break;end
        x0=x;k=k+1;
    end
```

在 MATLAB 命令窗口执行：

```
>> phi=@(x)(x^3)-1;
>> [x,k]=cmaitken(phi,1.5,1e-4)
```

得到结果：

```
x =
    1.3247
k =
    4
```

由此看出，艾特金加速法将一个原本发散的过程改造成了一个迭代收敛过程，并且运行次数也降低了。

3.4　牛　顿　法

3.4.1 牛顿迭代法

牛顿（Newton）迭代法是求解一元非线性方程 $f(x)=0$ 的一种常用且重要的迭代法，它的基本思想是，将非线性函数在方程的某个近似根处按照泰勒公式展开，截取其线性部分作为函数的一个近似，通过求解一个一元一次方程来获得原方程的一个新的近似根。

设方程 $f(x)=0$ 的根 x^* 的一个近似值 x_0，将 $f(x)$ 在 x_0 附近作泰勒展开，如下：

$$0=f(x)=f(x_0)+f'(x_0)(x-x_0)+\frac{f''(\xi)}{2!}(x-x_0)^2$$

或表示为

$$x=x_0-\frac{f(x_0)}{f'(x_0)}-\frac{f''(\xi)}{2f'(x_0)}(x-x_0)^2$$

其中，设 $f'(x_0)\neq 0$，$f''(x_0)$ 存在、连续，而 ξ 在 x 与 x_0 之间。忽略上式最后一项，则可得 x^* 的一个新的近似值为

$$x_1=x_0-\frac{f(x_0)}{f'(x_0)}$$

把 x_1 代替上式右端的 x_0，并设 $f'(x_1)\neq 0$，于是又得新的近似值为

$$x_2=x_1-\frac{f(x_1)}{f'(x_1)}$$

如此继续下去，可知当 $f'(x_k) \neq 0 \ (k=0,1,\cdots)$ 时，可得

$$x_{k+1} = x_k - \frac{f(x_k)}{f'(x_k)} \quad (k=0,1,\cdots)$$

由此产生迭代序列 $\{x_k\}$，该迭代公式称为牛顿迭代法。

从几何上理解，牛顿迭代法的本质是一个不断用切线来近似曲线的过程，故牛顿迭代法也称为切线法。

算法（牛顿迭代法）：

（1）取初始点 x_0，最大迭代次数 N 和精度要求 ε，置 $k=0$。

（2）计算 $x_{k+1} = x_k - \dfrac{f(x_k)}{f'(x_k)}$。

（3）若 $|x_{k+1} - x_k| < \varepsilon$，则停止运算。

（4）若 $k=N$，则停止运算；否则，置 $k=k+1$，转步骤（2）。

3.4.2 牛顿迭代法的收敛性

定理 3.4.1 设函数 $f(x)$ 二次连续可导，x^* 满足 $f(x^*)=0$ 及 $f'(x^*) \neq 0$，则存在 $\varepsilon > 0$，当 $x_0 \in [x_0 - \delta, x_0 + \delta]$ 时，牛顿迭代法是收敛的，且收敛阶至少是 2（即至少是平方收敛的）。

证明 不难发现，牛顿迭代法的本质相当于迭代函数为

$$\varphi(x) = x - \frac{f(x)}{f'(x)}$$

的迭代法，于是

$$\varphi'(x) = 1 - \frac{[f'(x)]^2 - f(x)f''(x)}{[f'(x)]^2} = \frac{f(x)f''(x)}{[f'(x)]^2}$$

由题设 $f(x^*)=0$ 及 $f'(x^*) \neq 0$ 可得 $\varphi'(x^*)=0$，从而由定理 3.4.1 可知，存在 $\delta > 0$，当 $x_0 \in N(x^*, \delta)$ 时，牛顿迭代法收敛，再由定理 3.4.1 可知，其收敛阶至少是二阶的。

注意：①牛顿迭代法具体计算序列是否收敛还取决于初值 x_0 的选取，如果初值 x_0 的选取不恰当，牛顿迭代法产生的迭代序列则可能发散；②由于牛顿迭代法对单根具有平方阶收敛速度，特别适合求高精度的单根问题；③牛顿迭代法也可用于求解方程的重根，但只是线性收敛速度。

例 3.4.1 取 $x_0 = 1.5$，用牛顿迭代法求解 $x^3 - x - 1 = 0$，使计算结果有 4 位有效数字。

解　这里精度要求 $\varepsilon = 0.5 \times 10^{-3}$，根据牛顿迭代法

$$x_{k+1} = x_k - \frac{x_k^3 - x_k - 1}{3x_k^2 - 1} \quad (k = 1, 2, \cdots)$$

计算得 $x_1 = 1.3478$，$x_2 = 1.3252$，$x_3 = 1.3247$。由于 $|x_3 - x_2| \leqslant \varepsilon$，所以 x_3 已有 4 位有效数字。

MATLAB 程序：

```
%程序 3.4.1--cmnewton.m
function[x,k]=cmnewton(f,df,x0,ep,N)
%用途：用牛顿迭代法求解非线性方程 f(x)=0
%格式：[x,k]=cmnewton(f,df,x0,ep,N)，f 和 df 分别表示为 f(x) 及其导数，
% x0 为迭代初值，ep 为精度（默认 1e-4），
% N 为最大迭代次数（默认为 500），x、k 分别为返回近似根和迭代次数
if nargin<5,N=500;end
if nargin<4,ep=1e-4;end
k=0;
while k<N
        x=x0-feval(f,x0)/feval(df,x0);
        if abs(x-x0)<ep
                break;
          end
          x0=x;k=k+1;
end
```

在 MATLAB 命令窗口执行：

```
>> f=@(x)(x^3)-x-1;
>> df=@(x)3*(x^2)-1;
>> [x,k]=cmnewton(f,df,1.5,1e-4)
```

得到结果：

```
x =
     1.3247
k =
     3
```

3.4.3　牛顿下山法

从前面讨论的可知，牛顿迭代法的收敛性依赖于初值的选取，如果初值的选取离所求根 x^* 较远，则可能导致迭代过程发散。

如上述例 3.4.1 求方程 $x^3 - x - 1 = 0$ 在 $x_0 = 1.5$ 附近的根，当设初值 $x_0 = 1.5$ 时，按牛顿迭代法 $x_{k+1} = x_k - \dfrac{x_k^3 - x_k - 1}{3x_k^2 - 1}$，迭代结果为 $x_1 = 1.3478$，$x_2 = 1.3252$，$x_3 = 1.3247$，迭代过程收敛。

如果选取初值 $x_0 = 0.6$（离所求根 x^* 较远），按牛顿迭代法求得第一步迭代值是 $x_1 = 17.9$，这个结果比 x_0 更远离所求根 x^*，因此迭代过程发散。

在实际应用牛顿迭代法时，往往很难找到一个较好的初值 x_0 保证迭代过程收敛。通常，对于一个收敛的迭代过程来说，在根 x^* 的附近区域内，若迭代值 x_k 越接近 x^*，则其函数值的绝对值 $|f(x_k)|$ 越小。基于这点，在迭代过程中附加一项 $|f(x)|$ 函数值单调下降的条件，即

$$|f(x_k)| > |f(x_{k+1})|$$

强制使迭代过程收敛，这种算法称作**牛顿下山法**。

其具体做法是，把牛顿迭代法的迭代公式修改为

$$x_{k+1} = x_k - \lambda \frac{f(x_k)}{f'(x_k)}$$

其中，λ $(0 < \lambda \leqslant 1)$ 称作**下山因子**，为保证迭代过程中下山成功，必须选取适当的下山因子 λ。

下山因子的选取是个搜索试探过程，可先从 $\lambda = 1$ 开始试探条件式 $|f(x_k)| > |f(x_{k+1})|$ 是否成立，若不成立，则将 λ 逐步分半减小，即可选取 $\lambda = 1, \frac{1}{2}, \frac{1}{4}, \cdots, \frac{1}{2^n}, \cdots$，直至找到某个使单调条件式 $|f(x_k)| > |f(x_{k+1})|$ 成立的下山因子。如果在上述过程中挑选的 λ 已非常小，但仍无法使 $|f(x_k)| > |f(x_{k+1})|$ 成立，这时应考虑重新选取初值 x_0，然后进行新一轮的迭代。

在例 3.4.1 中，取初值 $x_0 = 0.6$，经过几次试算后，可找到 $\lambda = \frac{1}{32}$，且由 $x_{k+1} = x_k - \lambda \frac{f(x_k)}{f'(x_k)}$ 可得 $x_1 = 1.1406$，这时 $|f(x_1)| < |f(x_0)|$（称下山成功）。显然 $x_1 = 1.1406$ 比 $x_0 = 0.6$ 更接近于根 $x^* = 1.3247$，因此迭代过程收敛了。

3.4.4 重根情形的牛顿迭代法

由定理 3.4.1 的条件可知，当 x^* 是方程 $f(x) = 0$ 的单根时，收敛阶至少是二阶的，当 x^* 是方程 $f(x) = 0$ 的重根时，牛顿迭代法失去了快速收敛的优点而变得不再实用。为改善重根时牛顿迭代法的收敛速度，可以采用下面两种方法。

（1）当根的重数 $m \geqslant 2$ 时，将迭代公式改为

$$\varphi(x) = x - \frac{mf(x)}{f'(x)}$$

容易验证由上式定义的 $\varphi(x)$ 满足 $\varphi'(x^*)=0$，因此迭代公式，即

$$x_{k+1}=x_k-\frac{mf(x_k)}{f'(x_k)}\quad(k=0,1,\cdots)$$

至少是二阶收敛的。

由于事先并不知道根的重数 m，故这一方法只具有理论上的意义，下面的方法才是求重根时比较实用的加速方法。

（2）若 x^* 是 $f(x)=0$ 的 m 重根，则必为

$$\mu(x)=\frac{f(x)}{f'(x)}$$

的单根，因此可以将牛顿迭代公式修改为

$$\varphi(x)=x-\frac{\mu(x)}{\mu'(x)}=x-\frac{f(x)f'(x)}{[f'(x)]^2-f(x)f''(x)}$$

根据定理 3.4.1，关于 $\mu(x)$ 的牛顿迭代公式，即

$$x_{k+1}=x_k-\frac{f(x_k)f'(x_k)}{[f'(x_k)]^2-f(x_k)f''(x_k)}\quad(k=0,1,\cdots)$$

至少是二阶收敛的。该式称为**求重根的牛顿加速公式**。

例 3.4.2　当初始点为 $x_0=1.5$，用求重根的牛顿加速公式计算如下方程的根。

$$x^3-x^2-x+1=0$$

解　容易发现 $x=1$ 是二重根。由式

$$x_{k+1}=x_k-\frac{f(x_k)f'(x_k)}{[f'(x_k)]^2-f(x_k)f''(x_k)}\quad(k=0,1,\cdots)$$

构造的迭代公式为

$$x_{k+1}=\frac{x_k^2+6x_k+1}{3x_k^2+2x_k+3}$$

迭代 3 次即可得到十分精确的结果：$x_1=0.9608$，$x_2=0.9996$，$x_3=1.0000$。

3.5　割　线　法

3.5.1　割线法的迭代公式

用牛顿迭代法解方程 $f(x)=0$ 的优点是收敛速度快，但牛顿迭代法有一个明显的缺点，即每次迭代除需计算函数值 $f(x_k)$ 外，还需计算导数 $f'(x_k)$ 的值，如果 $f(x)$ 比较复杂，计算 $f'(x_k)$ 就可能十分麻烦。尤其当 $|f'(x_k)|$ 很小时，计算须十

分精确，否则会产生较大的误差。

为避开计算导数，可以改用差商代替导数，即

$$f'(x_k) \approx \frac{f(x_k) - f(x_{k-1})}{x_k - x_{k-1}}$$

得到牛顿迭代公式的离散化形式：

$$x_{k+1} = x_k - \frac{f(x_k)}{f(x_k) - f(x_{k-1})}(x_k - x_{k-1})$$

此式称为**割线法的迭代公式**，其几何意义是用过曲线 $y = f(x)$ 上两点的割线与 x 轴的交点去逼近 $f(x)$ 的零点。

定理 3.5.1 设函数 $f(x)$ 在其零点 x^* 的某个邻域 $S = \{x \mid |x - x^*| \leqslant \delta\}$ 内有二阶连续导数，且对任意 $x \in S$，有 $f'(x) \neq 0$，则当 $\delta > 0$ 充分小时，对 S 中任意 x_0 和 x_1，由割线法的迭代公式产生的序列 $\{x_k\}$ 收敛到方程 $f(x) = 0$ 的根 x^*，且具有超线性收敛速度，其收敛阶 $p \approx 1.618$。

由于割线法不需要计算导数且具有超线性收敛速度，因此，割线法在非线性方程的求根中得到广泛的应用，也是工程计算中的常用方法之一。

3.5.2 割线法的算法及其 MATLAB 程序

1. 算法（割线法）

（1）取初始点 x_0 和 x_1，最大迭代次数 N 和精度要求 ε，置 $k = 1$。

（2）计算 $f(x_k)$ 及 $f(x_{k-1})$。

（3）由公式 $x_{k+1} = x_k - \dfrac{f(x_k)}{f(x_k) - f(x_{k-1})}(x_k - x_{k-1})$ 计算 x_{k+1}。

（4）若 $|x_{k+1} - x_k| < \varepsilon$，则停止运算。

（5）若 $k = N$，则停止运算；否则，置 $x_{k-1} = x_k$，$x_k = x_{k+1}$，$k = k + 1$，转步骤（2）。

2. MATLAB 程序（割线法）

```
%程序 3.5.1--cmqnewt.m
function [x,k]=cmqnewt(f,x0,x1,ep,N)
%用途：用割线法求解非线性方程 f(x)=0
%格式：[x,k]=cmqnewt(f,x0,x1,ep,N)，f 为 f(x)的表达式，
%x0、x1 为迭代初值，ep 为精度（默认 1e-4），N 为最大迭代次数
%（默认为 500），x、k 分别为返回近似根和迭代次数
if nargin<5,N=500;end
if nargin<4,ep=1e-4;end
k=0;
while k<N
```

```
x=x1-(x1-x0)*feval(f,x1)/(feval(f,x1)-feval(f,x0));
if abs(x-x1)<ep
break;
end
x0=x1;x1=x;
k=k+1;
end
```

例 3.5.1　用割线法求方程 $f(x)=e^x+x^2-2=0$ 的实根，精度设置为10^{-5}，取不同的初始点，记录程序运行的结果。

解　在 MATLAB 命令窗口执行：

```
>> f=@(x)exp(x)+x^2-2;
>> [x,k]=cmqnewt(f,0.0,1.0,1e-5)
```

得到结果：

```
x=
   0.5373
k=
   5
```

对于其他初始点，可进行类似的操作，数值结果见表 3.5.1。

表 3.5.1　割线法的计算结果

初始值 (x_0)	初始点 (x_1)	迭代次数 (k)	近似根 (x_k)	$\|f(x_k)\|$ 的值
0.0	1.0	5	0.5373	2.2073e–010
1.0	10.0	7	0.5373	9.0994e–013
9.10	1.0	6	0.5373	3.5219e–011
–10	–1.0	5	–1.316	1.7276e–010
-10^2	-10^3	15	–1.316	1.9036e–011
-10^3	-10^4	20	–1.316	1.0867e–012

3.6　基于 MATLAB 的非线性方程求根的解法

在 MATLAB 中提供了一个求单变量非线性方程根 $f(x)=0$ 的函数 fzero，该函数的调用格式如下：

```
z=fzero(f,x0,tol)
```

其中，f 是待求根方程左端的函数表达式，x0 是初始点，tol 是近似根的相对精度（默认为 eps）。由于一个方程可能有多个根，该函数给出离初始点 x0 最近的那个根。

在 MATLAB 优化工具箱中还提供了一个功能更强的方程求根函数 fsolve，其调用格式如下：

```
z=fsolve(f,x0, options)
```

其中，z 是返回的近似根，f 是待求根方程左端的函数表达式，x0 是初始点，options 是优化工具箱的选项设定，用户可以使用 optimset 命令将这些选项显示出来。如果想改变其中某个选项，则可以调用 optimset 函数来完成。例如，Display 选项决定函数调用时中间结果的显示方式，其中 off 表示不显示，iter 表示每步都显示，final 则只显示最终结果。

对多项式方程 $P_n(x)=a_nx^n+a_{n-1}x^{n-1}+\cdots+a_1x+a_0$，可以用多项式求根函数 roots 求解，其调用格式如下：

```
x=roots(p)
```

其中，p 为输入的参量，是多项式 $P_n(x)$ 的系数向量。按回车键执行后可得出多项式方程的所有实数和复数根。

求多项式 p 在 x 处的值 y（x 可以是一个或多个点）可以用函数 polyval，其调用格式如下：

```
y=polyval(p,x)
```

在 MATLAB 软件中，除了可以用函数求出非线性代数方程组 $f(x)=0$ 的数值解外，还设有求方程组解析解的函数 solve。该函数要求把 $f(x)$ 转换成字符或符号表达式，然后用它求出其符号解（即解析解）。其调用格式如下：

```
solve('eqn1','eqn2','…','eqnN')
('eqn1','eqn2','…','eqnN','var1','var2','…','varN')
```

其中，eqn 为输入的参量，是待解方程组 $f(x)=0$ 或函数 $f(x)$ 的字符或符号表达式或者是代表它们的变量名，被解方程可以是线性、非线性或超越方程；var 是输入的参量，是与方程对应的未知量名称，其数目必须与方程数目相等。

例 3.6.1 求方程 $x^2+4\sin x=25$ 在区间 $(-2\pi,2\pi)$ 的根。

解 在 MATLAB 中，可以使用 fzero 函数来求解非线性方程组的根。代码及运行结果如下：

```
>> x1=fzero('x^2+4*sin(x)-25',-4)
x1 =
   -4.5861
>> x2=fzero('x^2+4*sin(x)-25',5)
x2 =
   5.3186
```

例 3.6.2 求解方程 $x^3=x^2+1$。

解 将方程变换成 $P(x)=x^3-x^2-1=0$，左边多项式 $P(x)$ 的系数向量为 [1 -1 0 –1]。代码及运行结果如下：

```
>> x=roots([1 -1 0 -1])
x =
   1.4656 + 0.0000i
```

```
-0.2328 + 0.7926i
-0.2328 - 0.7926i
```

例 3.6.3 求解如下非线性方程组

$$\begin{cases} x^2 + y^2 = 25 \\ x - y = 1 \end{cases}$$

解 在 MATLAB 中，可以使用 fsolve 函数来求解非线性方程组的根。代码如下：

```
>> %定义非线性方程组函数
>> fun=@(x)[x(1)^2 + x(2)^2 - 25; x(1) - x(2) - 1];
>> %初值
>> x0 = [1; 1];
>> %求解非线性方程组
>> x = fsolve(fun, x0);
>> %显示结果
>> disp('解为：');
>> disp(x);
```

将以上代码保存为一个“.m”文件，然后在 MATLAB 中运行该文件，即可得到非线性方程组的解。这里 fun 是一个匿名函数，其中定义了非线性方程组的表达式，fsolve 函数会尝试找到满足这些方程的解。

得到结果：

```
x=
    4.0000
    3.0000
```

数学家和数学家精神

徐宗本（1955 年至今），中国科学院院士，数学家，信号与信息处理专家。他主要从事智能信息处理、大数据与人工智能基础研究、机器学习、数据建模等方面的研究，为中国的数据科学与数学技术发展做出了重大贡献。他发现并证明机器学习的“徐-罗奇”定理，提出了基于视觉认知的数据建模新原理与新方法，在科学与工程领域形成了一系列数据挖掘核心算法。他注重团队协作，纪律严明，严谨治学，为国家培养了大量的人才。

习 题 3

1．用区间二分法求方程 $f(x) = x^3 - x - 1 = 0$ 在区间 $[1,2]$ 上的近似根。误差小于 10^{-3} 至少要二分多少次？

2．给出计算 $x = \sqrt{2 + \sqrt{2 + \sqrt{2 + \cdots}}}$ 的迭代公式，讨论迭代过程的收敛性并证

明 $x=2$。

3．给定函数 $f(x)$，设对一切 x，$f'(x)$ 存在且 $0<m\leqslant f'(x)\leqslant M$，试证明对 $\forall\beta\in(0,2/M)$，迭代过程 $x_{k+1}=x_k-\beta f(x_k)$ 均收敛于方程 $f(x)=0$ 的根 x^*。

4．用牛顿迭代法解方程 $xe^x-1=0$。

5．验证 $x_k=e^{-x_{k-1}}$ 为 $[0.36,1]$ 上解 $xe^x=1$ 收敛的迭代格式，由 $(e^{-x})'\approx-0.5$ 建立其迭代-加速格式，并比较它们的速度。

6．用牛顿法和求重根迭代法公式计算方程 $f(x)=\left(\sin x-\dfrac{x}{2}\right)^2=0$ 的一个近似根，准确到 10^{-5}，初始值 $x_0=\dfrac{\pi}{2}$。

7．设方程 $2x-\sin x-4=0$ 的迭代公式 $x_{k+1}=2+0.5\sin x_k$。

（1）证明对任意的 $x_0\in\mathbf{R}$ 均有 $\{x_k\}\to x^*(k\to\infty)$，其中 x^* 是方程的根；

（2）取 $x_0=2$，求此方程的近似根，使误差不超过 10^{-3}；

（3）证明此迭代法是线性收敛的。

8．用下列方法求 $f(x)=x^3-3x-1=0$ 在 $x_0=2$ 附近的根，根的准确值 $x^*=1.87938524\cdots$，要求计算结果准确到四位有效数字。

（1）用牛顿迭代法；（2）用割线法，取 $x_0=2$，$x_1=1.9$。

9．设 $a>0$，写出牛顿迭代法解方程 $x^2-a=0$ 的迭代公式，证明全局收敛性：当 $x_0\in(0,+\infty)$ 时，$\lim\limits_{k\to\infty}x_k=\sqrt{a}$；当 $x_0\in(-\infty,0)$ 时，$\lim\limits_{k\to\infty}x_k=-\sqrt{a}$。

实 验 题

1．利用二分法的 MATLAB 程序求方程 $\cos x-3x+1=0$ 在 $[0,1]$ 内的一个根，精度为 10^{-5}。

2．适当选取迭代格式，利用简单迭代法的 MATLAB 程序，求方程 $10^x-x-2=0$ 在 $[0.3,0.4]$ 内的一个根，精度为 10^{-5}。

3．利用牛顿迭代法的 MATLAB 程序，求方程 $x^5-x-0.2=0$ 在 $[0,1]$ 内的一个根，精度为 10^{-5}。

4．利用割线法的 MATLAB 程序，求方程 $e^x+10x-2=0$ 在 $[0,1]$ 内的一个根，精度为 10^{-5}。

第 4 章　插值法与曲线拟合

在科学研究与工程技术中，常常遇到这样的问题：由实验或测量得到一批离散样点，要求画出一条通过这些点的光滑曲线，以便满足设计要求或进行加工。反映在数学上，即已知函数在一些点上的值，寻求它的分析表达式。此外，一些函数虽有表达式，但因式子复杂，不易计算其值和进行理论分析，也需要构造一个简单函数来近似它。

建立函数表达式、计算函数值等问题，都是数学中最基础同时也很有实际需要的问题。插值问题和拟合问题就是这种问题中的一类近似处理方法。已知函数 $y=f(x)$ 的一批数据 $(x_1,y_1),(x_2,y_2),\cdots,(x_n,y_n)$，而函数的表达式未知，要从某类函数（如多项式、分式线性函数及三角多项式等）中求得一个函数 $\varphi(x)$ 作为 $f(x)$ 的近似，使它通过已知样点，由此确定函数 $\varphi(x)$ 作为 $f(x)$ 的近似，这就是插值法；另一类方法在选定近似函数的形式后，从数据集中找规律，并构造一条能较好反映这种规律的曲线，不要求近似函数过已知样点，只要求在某种意义下在这些样点上的总偏差最小，这类方法称为曲线（数据）拟合法。

4.1　插值法的基本理论

4.1.1　插值多项式的概念

设函数 $y=f(x)$ 在区间 $[a,b]$ 连续，给定 $n+1$ 个点 $a\leqslant x_0\leqslant x_1<\cdots<x_n\leqslant b$，已知 $f(x_i)=y_i(i=0,1,\cdots,n)$，在函数类 $\{p(x)\}$ 中找到一个函数 $p(x)$ 作为 $f(x)$ 的近似表达式，使满足：

$$p(x_i)=f(x_i)\quad(i=0,1,\cdots,n)\tag{4.1.1}$$

这时，称 f 为**被插值函数**，$p(x)$ 为**插值函数**，x_i 为**插值节点**，$[a,b]$ 为**插值区间**，式（4.1.1）为**插值条件**。求函数 $f(x)$ 的近似表达式 $p(x)$ 的方法就称为**插值法**。

在构造插值函数时，选取不同的函数类 $\{p(x)\}$，对应各种不同的插值法。在众多的函数中，多项式最简单、最容易计算，所以这里主要研究函数类 $\{p(x)\}$ 是代数多项式的情形，即**多项式插值**，或称**代数插值**。

代数插值有明确的几何意义，就是通过平面上给定的 $n+1$ 个互异点 (x_i, y_i) $(i=0,1,\cdots,n)$ 作一条次数不超过 n 次的代数曲线 $y=p(x)$，近似地表示曲线 $y=f(x)$，如图 4.1.1 所示。

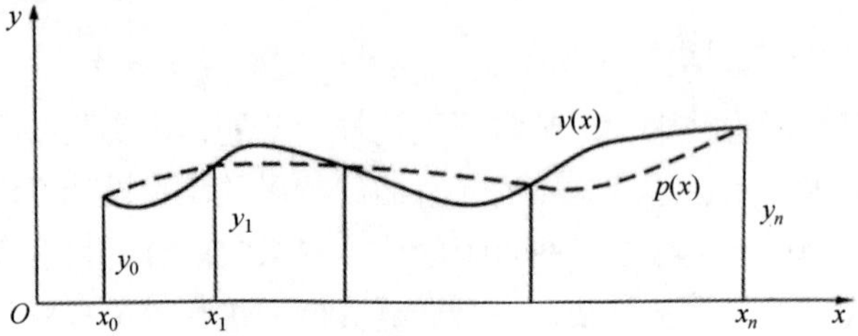

图 4.1.1　用 $p(x)$近似表示 $f(x)$示意图

设 n 次多项式 $p(x)=a_0+a_1x+a_2x^2+\cdots+a_nx^n$ 是函数 $y=f(x)$ 在 $[a,b]$ 上的 $n+1$ 个互不相同的节点 $x_i(i=0,1,\cdots,n)$ 上的插值多项式，则求 $p(x)$ 的问题就可归结为求它的系数 $a_i(i=0,1,\cdots,n)$。由插值条件：$p(x_i)=y_i(i=0,1,\cdots,n)$ 可得以系数 $a_0,a_1,\cdots,a_n$ 为未知元的 $n+1$ 阶线性代数方程组：

$$\begin{cases} a_0+a_1x_0+a_2x_0^2+\cdots a_nx_0^n=y_0 \\ a_0+a_1x_1+a_2x_1^2+\cdots a_nx_1^n=y_1 \\ \qquad\vdots \\ a_0+a_1x_n+a_2x_n^2+\cdots a_nx_n^n=y_n \end{cases} \tag{4.1.2}$$

其系数行列式就是范德蒙德（Vandermonde）行列式：

$$V(x_0,x_1,\cdots,x_n)=\begin{vmatrix} 1 & x_0 & x_0^2 & \cdots & x_0^n \\ 1 & x_1 & x_1^2 & \cdots & x_1^n \\ \vdots & \vdots & \vdots & & \vdots \\ 1 & x_n & x_n^2 & \cdots & x_n^n \end{vmatrix}=\prod_{0\leqslant i<j\leqslant n}^{n}(x_j-x_i) \tag{4.1.3}$$

因为 x 互不相同，所以上式不为零。根据解线性方程组的克莱姆（Cramer）法则，式（4.1.2）的解 a_i 存在且唯一，从而 $p(x)$ 被唯一确定，这就说明了 n 次代数插值问题的解是存在且唯一的。

4.1.2　插值基函数

所要求的插值多项式 $P_n(x)$ 是线性空间（次数小于等于 n 的代数多项式的全体）中的一个点，根据线性空间的有关理论，全体次数小于等于 n 的多项式构成的 $n+1$ 维线性空间的基底是不唯一的，即一个 n 次多项式 $P_n(x)$ 可以写成多种形式。所谓基函数法，就是从线性空间的不同基底出发，构造满足插值条件的插值多项式的方法。

用基函数法求插值多项式一般分为两个步骤：

（1）定义一个 n 次线性无关的特殊多项式；

（2）利用插值条件，确定插值基函数的线性组合表示的 n 次插值多项式

$$P_n(x)=a_0\varphi_0(x)+a_1\varphi_1(x)+\cdots+a_n\varphi_n(x) \tag{4.1.4}$$

的系数 $a_0,a_1,\cdots,a_n$。

4.1.3 插值多项式的截断误差

可以证明，如果被插值函数 $y=f(x)$ 在包含插值节点 $x_0,x_1,\cdots,x_n$ 的区间 $[a,b]$ 上存在 $n+1$ 阶导数，则在区间 $[a,b]$ 任意点 x 处，被插值函数 $f(x)$ 与插值多项式 $P_n(x)$ 的截断误差为（利用泰勒公式）

$$R_n(x)=f(x)-P_n(x)=\frac{f^{(n+1)}(\xi)}{(n+1)!}\omega(x) \tag{4.1.5}$$

其中，$\omega(x)=(x-x_0)(x-x_1)\cdots(x-x_n)=\prod_{j=0}^{n}(x-x_j)$，$\xi$ 介于 x 与节点 $x_0,x_1,\cdots,x_n$ 之间。事实上，当 x 为节点时，式（4.1.5）两边皆为零，等式显然成立。下面假定 x 不是节点，作辅助函数：

$$\varphi(t)=R_n(t)-\frac{R_n(x)}{\omega(x)}\omega(t)$$

不难发现

$$\varphi(x)=R_n(x)-\frac{R_n(x)}{\omega(x)}\omega(x)=0$$

$$\varphi(x_i)=f(x_i)-P_n(x_i)-\frac{R_n(x)}{\omega(x)}\omega(x_i)=0 \quad (i=0,1,\cdots,n)$$

即 $\varphi(t)$ 存在 $n+2$ 个零点，$x_0,x_1,\cdots,x_n$ 以及 x。由微分学的罗尔中值定理知 $\varphi'(t)$ 存在 $n+1$ 个零点。同样，对 $\varphi'(t)$ 使用罗尔中值定理，知 $\varphi''(t)$ 存在 n 个零点。依此递推最后得 $\varphi^{(n+1)}(t)$ 存在 1 个零点，记为 ξ（介于 x 与 $x_0,x_1,\cdots,x_n$ 之间）。直接计算，得

$$\varphi^{(n+1)}(t)=R_n^{(n+1)}(t)-\frac{R_n(x)}{\omega(x)}\omega^{(n+1)}(t)=f^{(n+1)}(t)-\frac{R_n(x)}{\omega(x)}(n+1)!$$

从而由 $\varphi^{(n+1)}(\xi)=0$ 立刻得到式（4.1.5）。

例 4.1.1 已知 $\omega(x)=\prod_{i=0}^{n}(x-x_i)$，求证：

$$\omega'(x_k)=\prod_{i=0,i\neq k}^{n}(x_k-x_i)\quad(k=1,2,\cdots,n)$$

证明 因为

$$\omega(x)=\prod_{i=0}^{n}(x-x_i)=(x-x_k)\prod_{i=0,i\neq k}^{n}(x-x_i)\quad(k=1,2,\cdots,n)$$

求导数得

$$\omega'(x)=\prod_{i=0,i\neq k}^{n}(x-x_i)+(x-x_k)\frac{\mathrm{d}}{\mathrm{d}x}\left[\prod_{i=0,i\neq k}^{n}(x-x_i)\right]$$

由此即得

$$\omega'(x_k)=\prod_{i=0,i\neq k}^{n}(x_k-x_i)\quad(k=1,2,\cdots,n)$$

4.2 拉格朗日插值

4.2.1 拉格朗日插值基函数

拉格朗日插值是多项式插值中最基础的一种。为了便于理解基函数的概念，接下来从简单到一般的情形来描述基函数及拉格朗日插值多项式。

线性插值 已知函数的两个点 (x_0,y_0) 和 (x_1,y_1)，求满足插值条件 $p_1(x_i)=y_i(i=0,1)$ 的插值多项式 $p_1(x)$。其几何意义，就是通过两点 $A(x_0,y_0)$ 和 $B(x_1,y_1)$ 的一条直线，如图 4.2.1 所示。

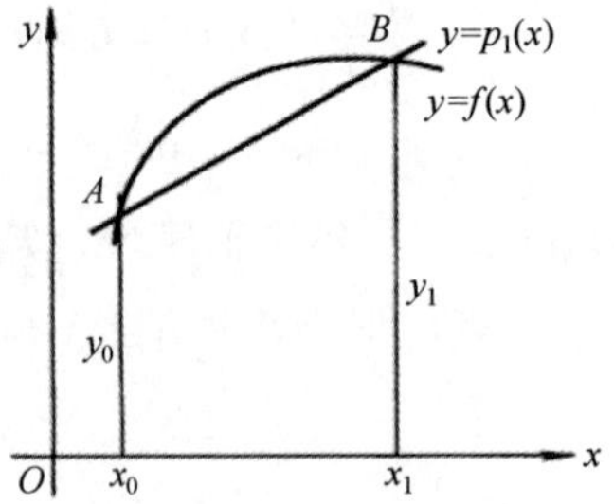

图 4.2.1 线性插值的几何意义

所求的 $p_1(x)$ 为过 $(x_0,\ y_0)$，$(x_1,\ y_1)$ 的直线，即

$$p_1(x)=y_0+\frac{y_1-y_0}{x_1-x_0}(x-x_0)$$

整理后得

$$p_1(x)=\frac{x-x_1}{x_0-x_1}y_0+\frac{x-x_0}{x_1-x_0}y_1=l_0(x)y_0+l_1(x)y_1$$

上式中，$l_0(x)=\dfrac{x-x_1}{x_0-x_1}$ 和 $l_1(x)=\dfrac{x-x_0}{x_1-x_0}$ 是两个一次函数，注意它们的构造方法。

显然有

$$l_0(x_0)=l_1(x_1)=1，\ l_0(x_1)=l_1(x_0)=0，\ p_1(x_0)=y_0，\ p_1(x_1)=y_1$$

即

$$l_k(x_i)=\begin{cases}1, i=k\\0, i\neq k\end{cases}\quad (i,k=0,1)$$

称 $l_0(x)$ 和 $l_1(x)$ 为**线性插值基函数**。

当给定 $n+1$ 个插值点后，可以类似地定义 n 次插值基函数，并以此为基础构造 n 次拉格朗日插值多项式 $p_n(x)$。

为求一个 n 次插值多项式 $l_k(x)$，使它在各节点 $x_i(i=0,1,\cdots,n)$ 上的值为

$$l_k(x_i)=\begin{cases}1, i=k\\0, i\neq k\end{cases}\quad (i,k=0,1,2,\cdots,n)\tag{4.2.1}$$

由条件 $l_k(x_i)=0(i\neq k)$，易知 $x_0,x_1,\cdots,x_{i-1},x_i,x_{i+1},\cdots,x_n$ 都是 $l_i(x)$ 的零点，因此可设

$$l_k(x)=C_k(x-x_0)(x-x_1)\cdots(x-x_{k-1})(x-x_{k+1})\cdots(x-x_n)$$

其中，C_k 为待定系数，由条件 $l_k(x_i)=1$ 且 x_i 互异可确定系数 C_k，于是得

$$\begin{aligned}l_k(x)&=\frac{(x-x_0)(x-x_1)\cdots(x-x_{k-1})(x-x_{k+1})\cdots(x-x_n)}{(x_k-x_0)(x_k-x_1)\cdots(x_k-x_{k-1})(x_k-x_{k+1})\cdots(x_k-x_n)}\\&=\prod_{\substack{j=0\\j\neq k}}^{n}\frac{x-x_j}{x_k-x_j}\end{aligned}\tag{4.2.2}$$

由式（4.2.2）所表示的 n 次多项式 $l_k(x)(k=0,1,2,\cdots,n)$ 称为以 $x_0,x_1,\cdots,x_n$ 为节点的 ***n* 次基本插值多项式**或 ***n* 次拉格朗日插值基函数**。

4.2.2　拉格朗日插值多项式

以 $n+1$ 个 n 次基本插值多项式 $l_k(x)(k=0,1,2,\cdots,n)$ 为基础，就能直接写出满足插值条件式（4.1.1）的 n 次代数插值多项式。

定理 4.2.1　n 次代数插值问题的解可表示为

$$p_n(x) = l_0(x)y_0 + l_1(x)y_1 + \cdots + l_n(x)y_n = \sum_{k=0}^{n} l_k(x)y_k \tag{4.2.3}$$

证明 由于 $l_k(x)(k=0,1,2,\cdots,n)$ 都是 n 次多项式，所以 $p_n(x) = \sum_{k=0}^{n} l_k(x)y_k$ 是次数不超过 n 次的多项式，且由

$$l_k(x_i) = \delta_{ki} = \begin{cases} 1, i = k \\ 0, i \neq k \end{cases} \quad (i,k = 0,1,2,\cdots,n)$$

得

$$p_n(x_i) = \sum_{k=0}^{n} l_k(x_i)y_k = \sum_{k=0}^{n} \delta_{ki}y_k \quad (i = 0,1,2,\cdots,n)$$

所以式（4.2.3）就是满足要求的 n 次代数插值多项式。

我们称形如式（4.2.3）的插值多项式为**拉格朗日插值多项式**，并记为 $L_n(x)$，即

$$L_n(x) = \sum_{k=0}^{n} l_k(x)y_k \tag{4.2.4}$$

由于式（4.2.4）必定与解方程组（4.1.2）所确定的插值多项式相同，因而，它只是插值多项式的另一种表示形式。上述构造插值多项式的方法称为**基函数法**。

例如，当 $n=1$ 时，拉格朗日插值多项式（4.2.4）为

$$L_1(x) = l_0(x)y_0 + l_1(x)y_1 \tag{4.2.5}$$

用 $L_1(x)$ 近似代替 $f(x)$ 称为线性插值，式（4.2.5）称为**线性插值多项式**或**一次插值多项式**。当 $n=2$ 时，拉格朗日插值多项式（4.2.4）为

$$L_2(x) = l_0(x)y_0 + l_1(x)y_1 + l_2(x)y_2 \tag{4.2.6}$$

即

$$L_2(x) = \frac{(x-x_1)(x-x_2)}{(x_0-x_1)(x_0-x_2)}y_0 + \frac{(x-x_0)(x-x_2)}{(x_1-x_0)(x_1-x_2)}y_1 + \frac{(x-x_0)(x-x_1)}{(x_2-x_0)(x_2-x_1)}y_2 \tag{4.2.7}$$

用 $L_2(x)$ 近似代替 $f(x)$ 称为**二次插值**或**抛物线插值**，称式（4.2.7）为**二次插值多项式**。

从式（4.2.2）看到，拉格朗日插值基函数 $l_k(x)(k=0,1,2,\cdots,n)$ 仅与节点有关，与被插值函数 $f(x)$ 无关。从式（4.2.4）则可看到，拉格朗日插值多项式仅由数据 $(x_i, y_i)(i=0,1,\cdots,n)$ 确定，而与数据的排列次序无关。

理论分析中为了使形式简明，常引入记号 $\varpi_{n+1} = \prod_{j=0}^{n}(x-x_j)$，并对其求导数可

推得 $\overline{\omega}'_{n+1}(x_i)=\prod_{\substack{j=0\\j\neq k}}^{n}(x_i-x_j)(i=0,1,2,\cdots,n)$。这时 n 次插值多项式也可表示成

$$L_n(x)=\sum_{i=0}^{n}\frac{\overline{\omega}_{n+1}(x)}{(x-x_i)\overline{\omega}'_{n+1}(x_i)}y_i$$

下面讨论拉格朗日插值的误差，由式（4.1.5）的推导，有如下定理：

定理4.2.2　设 $f(x)$ 在包含插值节点 $x_0,x_1,\cdots,x_n$ 的区间 $[a,b]$ 上 $n+1$ 次连续可微，$L_2(x)$ 是相应的 n 次拉格朗日插值多项式，则对任意的 $x\in[a,b]$，存在与 x 有关的 $\xi\in[a,b]$，使得

$$R_n(x)=\frac{f^{(n+1)}(\xi)}{(n+1)!}\omega(x) \tag{4.2.8}$$

其中

$$\omega(x)=(x-x_0)(x-x_1)\cdots(x-x_n)=\prod_{j=0}^{n}(x-x_j) \tag{4.2.9}$$

式（4.2.8）中的 $f^{(n+1)}(\xi)$ 难以确定，但其在 $[a,b]$ 的上界往往可以估计。记

$$M_{n+1}=\max_{a\leqslant\xi\leqslant b}\left|f^{(n+1)}(\xi)\right|$$

则

$$\left|R_n(x)\right|\leqslant\frac{M_{n+1}}{(n+1)!}\left|\omega(x)\right| \tag{4.2.10}$$

例 4.2.1　已给 $\sin 0.32=0.314567$，$\sin 0.34=0.333487$，$\sin 0.36=0.352274$，用线性插值及抛物线插值计算 $\sin 0.3367$ 的值，并估计截断误差。

解　由题意取 $x_0=0.32$，$y_0=0.314567$，$x_1=0.34$，$y_1=0.333487$，$x_2=0.36$，$y_2=0.352274$，用线性插值计算，取 $x_0=0.32$ 及 $x_1=0.34$，由式（4.2.5）得

$$\sin(0.3367)\approx L_1(0.3367)=y_0\frac{0.3367-x_1}{x_0-x_1}+y_1\frac{0.3367-x_0}{x_1-x_0}=0.330365$$

其截断误差由式（4.2.8）得

$$\left|R_1(x)\right|\leqslant\frac{M_2}{2}\left|(x-x_0)(x-x_1)\right|$$

其中，$M_2=\max\limits_{x_0\leqslant x\leqslant x_1}\left|f''(x)\right|$。因 $f''(x)=-\sin x$，可取 $M_2=\max\limits_{x_0\leqslant x\leqslant x_1}\left|\sin x\right|=\sin x_1\leqslant 0.3335$，有

$$\begin{aligned}\left|R_1(0.3367)\right|&=\left|\sin 0.3367-L_1(0.3367)\right|\\&\leqslant\frac{1}{2}\times 0.3335\times 0.0167\times 0.0033\leqslant 0.92\times 10^{-5}\end{aligned}$$

用抛物插值计算 $\sin 0.3367$ 时，由式（4.2.7）得

$$L_2(x)=y_0\frac{(x-x_1)(x-x_2)}{(x_0-x_1)(x_0-x_2)}+y_1\frac{(x-x_0)(x-x_2)}{(x_1-x_0)(x_1-x_2)}+y_2\frac{(x-x_0)(x-x_1)}{(x_2-x_0)(x_2-x_1)}$$

有

$$\sin(0.3367)\approx L_2(0.3367)=0.330374$$

这个结果与 6 位有效数字的正弦函数表完全一样，这说明查表时用二次插值的精度已相当高了。其截断误差限由式（4.2.8）得

$$|R_2(x)|\leqslant\frac{M_3}{6}|(x-x_0)(x-x_1)(x-x_2)|$$

其中，$M_3=\max\limits_{x_0\leqslant x\leqslant x_2}|f'''(x)|=\cos x_0\leqslant 0.828$，于是

$$|R_2(0.3367)|=|\sin(0.3367)-L_2(0.3367)|\leqslant 0.178\times10^{-6}$$

例 4.2.2 已知函数表 $\sin\frac{\pi}{6}=0.5000$，$\sin\frac{\pi}{4}=0.7071$，$\sin\frac{\pi}{3}=0.8660$，分别由线性插值和抛物插值求 $\sin\frac{2\pi}{9}$ 的近似值，并估计其精度。

解 （1）线性插值只需要两个节点，根据余项公式选取前两个节点，有

$$\sin\frac{2\pi}{9}\approx L_1\left(\frac{2\pi}{9}\right)=\frac{\frac{2\pi}{9}-\frac{\pi}{4}}{\frac{\pi}{6}-\frac{\pi}{4}}\times0.5000+\frac{\frac{2\pi}{9}-\frac{\pi}{6}}{\frac{\pi}{4}-\frac{\pi}{6}}\times0.7071$$

$$=\frac{1}{3}\times0.5000+\frac{2}{3}\times0.7071=0.6381$$

截断误差为

$$\left|R_1\left(\frac{2\pi}{9}\right)\right|=\left|\frac{(\sin x)''}{2!}\left(\frac{2\pi}{9}-\frac{\pi}{6}\right)\left(\frac{2\pi}{9}-\frac{\pi}{4}\right)\right|\leqslant\frac{1}{2}\times\frac{\pi}{18}\times\frac{\pi}{36}=7.615\times10^{-3}$$

得 $\varepsilon=7.615\times10^{-3}<0.5\times10^{-1}$，因此计算结果至少有 1 位有效数字。

（2）由式（4.2.7），得

$$\sin\left(\frac{2\pi}{9}\right)\approx L_2\left(\frac{2\pi}{9}\right)=\frac{\left(\frac{2\pi}{9}-\frac{\pi}{4}\right)\left(\frac{2\pi}{9}-\frac{\pi}{3}\right)}{\left(\frac{\pi}{6}-\frac{\pi}{4}\right)\left(\frac{\pi}{6}-\frac{\pi}{3}\right)}\times0.5000+$$

$$\frac{\left(\frac{2\pi}{9}-\frac{\pi}{6}\right)\left(\frac{2\pi}{9}-\frac{\pi}{3}\right)}{\left(\frac{\pi}{4}-\frac{\pi}{6}\right)\left(\frac{\pi}{4}-\frac{\pi}{3}\right)}\times0.7071+$$

$$\frac{\left(\frac{2\pi}{9}-\frac{\pi}{6}\right)\left(\frac{2\pi}{9}-\frac{\pi}{4}\right)}{\left(\frac{\pi}{3}-\frac{\pi}{6}\right)\left(\frac{\pi}{3}-\frac{\pi}{4}\right)}\times 0.8660$$

$$=\frac{2}{9}\times 0.5+\frac{8}{9}\times 0.7071-\frac{1}{9}\times 0.866=0.6434$$

截断误差为

$$\left|R_2\left(\frac{2\pi}{9}\right)\right|=\left|\frac{(\sin x)'''}{3!}\left(\frac{2\pi}{9}-\frac{\pi}{6}\right)\left(\frac{2\pi}{9}-\frac{\pi}{4}\right)\left(\frac{2\pi}{9}-\frac{\pi}{3}\right)\right|$$

$$\leqslant\frac{1}{6}\times\frac{\pi}{18}\times\frac{\pi}{36}\times\frac{3\pi}{36}=6.646\times 10^{-4}$$

得 $\varepsilon=6.646\times 10^{-4}<0.5\times 10^{-2}$，因此计算结果至少有 2 位有效数字。

MATLAB 程序：

```
%程序 4.2.1--cmlagr.m
function yy=cmlagr(x,y,xx)
%用途：拉格朗日插值法数值求解
%格式：yy=cmlagr(x,y,xx)，x 是节点向量，y 是节点上的函数值，
%xx 是插值点（可以是多个），yy 是返回插值结果
m=length(x);n=length(y);
if m~=n, error('向量 x 与 y 的长度必须一致');end
s=0;
for i=1:n
    t=ones(1,length(xx));
    for j=1:n
        if j~=i
            t=t.*(xx-x(j))/(x(i)-x(j));
        end
    end
    s=s+t*y(i);
end
```

在 MATLAB 命令窗口执行：

```
>> x=pi*[1/6   1/4];
>> y=[0.5   0.7071];
>> xx=2*pi/9;
>> yy1=cmlagr(x,y,xx)
yy1=
    0.6381
>> x=pi*[1/6   1/4   1/3];
>> y=[0.5   0.7071   0.8660];
```

```
>> xx=2*p1/9;
>> yy2=cmlagr(x,y,xx)
```

得到结果：

```
yy2=
    0.6434
```

4.3 牛顿插值

拉格朗日插值多项式作为一种计算方案，公式简单，理论方法也简单易用。但缺点是当改变节点或增加节点时，必须全部重新计算，从而整个插值公式的结构将发生变化，这在实际计算中不是很方便。为此，我们介绍另一种形式的插值多项式——牛顿插值多项式以克服上述缺点。

4.3.1 差商及其性质

定义 4.3.1 设函数 $f(x)$ 在互异点 $x_0,x_1,\cdots$ 上的值为 $f(x_0),f(x_1),\cdots$，定义：

（1）$f(x)$ 在 x_i,x_j 上的一阶差商为

$$f[x_i,x_j]=\frac{f(x_j)-f(x_i)}{x_j-x_i}$$

（2）$f(x)$ 在 x_i,x_j,x_k 上的二阶差商为

$$f[x_i,x_j,x_k]=\frac{f[x_j,x_k]-f[x_i,x_j]}{x_k-x_i}$$

（3）递推下去，$f(x)$ 在 $x_0,x_1,\cdots,x_k$ 上的 k 阶差商为

$$f[x_0,x_1,\cdots,x_k]=\frac{f[x_1,x_2,\cdots,x_k]-f[x_0,x_1,\cdots,x_{k-1}]}{x_k-x_0}$$

同时规定 $f(x)$ 在 x_i 上的零阶差商为 $f[x_i]=f(x_i)$。

差商的一些较常用的性质如下。

性质 4.3.1 k 阶差商可以表示成 $k+1$ 个节点上函数值的线性组合，即

$$f[x_0,x_1,\cdots,x_k]=\sum_{j=0}^{k}\frac{1}{\overline{\omega}'_{k+1}(x_j)}f(x_j)$$

性质 4.3.2 差商对其节点具有对称性，即

$$f[x_{i_0},x_{i_1},\cdots,x_{i_k}]=f[x_0,x_1,\cdots,x_k]$$

其中，$x_{i_0},x_{i_1},\cdots,x_{i_k}$ 是 $x_0,x_1,\cdots,x_k$ 的任意排列。

性质 4.3.3 若 $f(x)$ 具有 k 阶连续导数，则

$$f[x_0,x_1,\cdots,x_k]=\frac{f^{(k)}(\xi)}{k!}$$

其中，ξ 在 $k+1$ 个节点之间。

给定节点 $x_0,x_1,\cdots,x_n$ 和函数值 $f(x_0),f(x_1),\cdots,f(x_n)$，可按表 4.3.1 逐次计算各阶差商值。

表 4.3.1　差商表

节点	零阶差商	一阶差商	二阶差商	三阶差商	…	n 阶差商
x_0	$f(x_0)$	—	—	—	…	—
x_1	$f(x_1)$	$f[x_0,x_1]$	—	—	…	—
x_2	$f(x_2)$	$f[x_1,x_2]$	$f[x_0,x_1,x_2]$	—	…	—
x_3	$f(x_3)$	$f[x_2,x_3]$	$f[x_1,x_2,x_3]$	$f[x_0,x_1,x_2,x_3]$	…	—
⋮	⋮	⋮	⋮	⋮		⋮
x_n	$f(x_n)$	$f[x_{n-1},x_n]$	$f[x_{n-2},x_{n-1},x_n]$	$f[x_{n-3},x_{n-2},x_{n-1},x_n]$	…	$f[x_0,x_1,\cdots,x_n]$

例 4.3.1　设已知 $f(0)=1$，$f(-1)=5$，$f(2)=-1$，分别求 $f[0,-1,2]$ 和 $f[-1,2,0]$。

解　因

$$f[0,-1]=\frac{f(-1)-f(0)}{-1-0}=-4,\quad f[0,2]=\frac{f(2)-f(0)}{2-0}=-1$$

故

$$f[0,-1,2]=\frac{f[0,2]-f[0,-1]}{2-(-1)}=\frac{(-1)-(-4)}{3}=-4$$

又

$$f[-1,2]=\frac{f(2)-f(-1)}{2-(-1)}=-2,\quad f[-1,0]=\frac{f(0)-f(-1)}{0-(-1)}=1$$

所以

$$f[-1,2,0]=\frac{f[-1,0]-f[-1,2]}{0-2}=\frac{(-4)-(-2)}{-2}=1$$

4.3.2　牛顿插值多项式及其余项

由差商的定义，把 x 看成 $[a,b]$ 上一点，依次可得

$$f(x)=f(x_0)+(x-x_0)f[x_0,x]$$

$$f[x_0,x]=f[x_0,x_1]+(x-x_1)f[x_0,x_1,x]$$

$$f[x_0,x_1,x]=f[x_0,x_1,x_2]+(x-x_2)f[x_0,x_1,x_2,x]$$

$$\vdots$$

$$f[x_0,x_1,\cdots,x_{n-1},x]=f[x_0,x_1,\cdots,x_n]+(x-x_n)f[x_0,x_1,\cdots,x_n,x]$$

只要把后一式代入前一式，就得到

$$\begin{aligned}f(x)=f(x_0)+(x-x_0)f[x_0,x_1]+\\(x-x_0)(x-x_1)f[x_0,x_1,x_2]+\cdots+\\(x-x_0)(x-x_1)\cdots(x-x_{n-1})f[x_0,x_1,\cdots,x_n]+\\(x-x_0)(x-x_1)\cdots(x-x_n)f[x_0,x_1,\cdots,x_n,x]\end{aligned}$$

若记

$$\begin{aligned}N_n(x)=f(x_0)+(x-x_0)f(x_0,x_1)+\\(x-x_0)(x-x_1)f[x_0,x_1,x_2]+\cdots+\\(x-x_0)(x-x_1)\cdots(x-x_{n-1})f[x_0,x_1,\cdots,x_n]\end{aligned}\tag{4.3.1}$$

$$\begin{aligned}R_n(x)&=(x-x_0)(x-x_1)\cdots(x-x_n)f[x_0,x_1,\cdots,x_n,x]\\&=\overline{\omega}_{n+1}(x)f[x_0,x_1,\cdots,x_n,x]\end{aligned}\tag{4.3.2}$$

则有

$$f(x)=N_n(x)+R_n(x)$$

易见，$N_n(x)$是n次多项式，而且满足$N_n(x_i)=f(x_i)(i=0,1,\cdots,n)$。由插值多项式的唯一性可知，$N_n(x)$是$f(x)$满足条件$N_n(x_i)=f(x_i)(i=0,1,\cdots,n)$的$n$次插值多项式，所以称$N_n(x)$为 ***n* 次牛顿插值多项式**。再由插值多项式的唯一性知$N_n(x)=L_n(x)$，因此$N_n(x)$的插值余项为

$$R_n(x)=f(x)-N_n(x)=\overline{\omega}_{n+1}(x)f[x_0,x_1,\cdots,x_n,x]=\frac{f^{(n+1)}(\xi)}{(n+1)!}\overline{\omega}_{n+1}(x)$$

从而有

$$f[x_0,x_1,\cdots,x_n,x]=\frac{f^{(n+1)}(\xi)}{(n+1)!}$$

也就有

$$f[x_0,x_1,\cdots,x_n]=\frac{f^{(n+1)}(\xi)}{n!}$$

若ξ在$x_0,x_1,\cdots,x_n$之间，就是前述的性质 4.3.3。

如果插值过程中增加节点，如由$x_0,x_1,\cdots,x_n$增加x_{n+1}，即相当于增加插值条件$N_{n+1}(x_{n+1})=f(x_{n+1})$，这时只要在式（4.3.2）增加一项：

$$(x-x_0)(x-x_1)\cdots(x-x_n)f[x_0,x_1,\cdots,x_n,x_{n+1}]$$

即可满足插值条件，于是可得新的牛顿插值公式：

$$N_{k+1}(x)=N_k(x)+\overline{\omega}_{k+1}(x)f[x_0,x_1,\cdots,x_{k+1}]$$

另外，牛顿插值余项也可以用函数差商来表示。

例 4.3.2　用牛顿插值法求解 4.2 的例 4.2.2，若进一步利用 $\sin\frac{\pi}{2}=1$ 应如何计算？

解　$f(x)$ 关于节点 $\frac{\pi}{6}$，$\frac{\pi}{4}$，$\frac{\pi}{3}$ 的各阶差商结果计算见表 4.3.2。

表 4.3.2　各阶差商计算结果

x_k	$f(x_k)$	$f[x_0,x_k]$	$f[x_0,x_1,x_k]$
$\pi/6$	0.5000	—	—
$\pi/4$	0.7071	0.7911	—
$\pi/3$	0.8660	0.6990	-0.3518

从而由式（4.3.2），得

线性插值：

$$\sin\frac{2\pi}{9}\approx N_1\left(\frac{2\pi}{9}\right)=0.5000+0.7911\times\left(\frac{2\pi}{9}-\frac{\pi}{6}\right)=0.6381$$

抛物插值：

$$\sin\frac{2\pi}{9}\approx N_2\left(\frac{2\pi}{9}\right)=N_1\left(\frac{2\pi}{9}\right)-0.3518\times\left(\frac{2\pi}{9}-\frac{\pi}{6}\right)\times\left(\frac{2\pi}{9}-\frac{\pi}{4}\right)$$

$$=0.6381+0.3518\times\frac{\pi}{18}\times\frac{\pi}{36}=0.6434$$

进一步利用 $\sin\frac{\pi}{2}$ 得三阶差商见表 4.3.3。

表 4.3.3　三阶差商计算结果

x_k	$f(x_k)$	$f[x_0,x_k]$	$f[x_0,x_1,x_k]$	$f[x_0,x_1,x_2,x_k]$
$\pi/6$	0.5000	—	—	—
$\pi/4$	0.7071	0.7911	—	—
$\pi/3$	0.8660	0.6990	–0.3518	—
$\pi/2$	1.0000	0.4775	–0.3993	–0.0907

得

$$\sin\frac{2\pi}{9}\approx N_3\left(\frac{2\pi}{9}\right)=N_2\left(\frac{2\pi}{9}\right)-0.09072\times\left(\frac{2\pi}{9}-\frac{\pi}{6}\right)\times\left(\frac{2\pi}{9}-\frac{\pi}{4}\right)\times\left(\frac{2\pi}{9}-\frac{\pi}{3}\right)$$

$$=0.6434-0.09072\times\frac{\pi}{18}\times\frac{\pi}{36}\times\frac{\pi}{9}=0.6429$$

MATLAB 程序：

```
%程序 4.3.1--cmnewp.m
function    yy=cmnewp(x,y,xx)
%用途：牛顿插值法求解
%格式：yy=cmnewp(x,y,xx)，x 是节点向量，y 是节点对应的函数值向量，
%xx 是插值点（可以是多个），yy 是返回插值结果
n=length(x);
syms t;yy=y(1);
y1=0;lx=1;
for i=1:n-1
    for j=i+1:n
        y1(j)=(y(j-1)-y(j))/(x(j-1)-x(j));          %计算差商
    end
    c(i)=y1(i+1);lx=lx*(t-x(j));
    yy=yy+c(i)*lx;                                   %计算牛顿插值多项式的值
    y=y1;
end
if nargin==3
    yy=subs(yy,'t',xx);
else
    yy=collect(yy);
    yy=vap(yy,6);
end
```

在 MATLAB 命令窗口执行：

```
>> x=pi*[1/6 1/4 1/3 1/2];
>> y=[0.5 0.7071 0.8660 1];
>> xx=2*pi/9;
>> yy=cmnewp(x,y,xx)
```

得到结果：

```
yy=
    0.6429
```

4.4 厄尔米特插值及分段插值

拉格朗日插值仅考虑节点的函数值约束，然而，不少实际问题不但要求在节点上函数值相等，而且还要求它的导数值也相等（即要求在节点上具有一阶光滑度），甚至要求高阶导数也相等，满足这种要求的插值多项式称厄尔米特（Hermite）插值多项式。

现代的仿生学就是一个典型的例子。在设计交通工具的外形时，就是参照海

豚的标本上已知点及已知点的导数，做插值在计算机上模拟海豚的外形制成飞机、汽车等的外形。

4.4.1　两点三次厄尔米特插值

拉格朗日插值仅考虑节点的函数值约束，而一些插值问题还需要在某些节点具有插值函数与被插值函数的导数值的一致性。具有节点的导数值约束的插值称为 Hermite 插值。下面采取与拉格朗日插值完全平行的过程讨论一种特殊的三次厄尔米特插值多项式的构造及其余项，它与样条插值有密切联系。

已知 x_0， x_1， $y_0 = f(x_0)$， $y_1 = f(x_1)$ 及 $y_0' = f'(x_0)$， $y_1' = f'(x_1)$，求不超过三次的多项式 $H_3(x)$ 使满足：

$$H_3(x_0) = y_0,\quad H_3(x_1) = y_1,\quad H_3'(x_0) = y_0',\quad H_3'(x_1) = y_1' \tag{4.4.1}$$

首先，当 $x_0 \neq x_1$ 时，不难证明， $H_3(x)$ 存在且唯一。

其次，用基函数法导出 $H_3(x)$ 的计算公式。记 $h = x_1 - x_0$，引入变量代换：

$$\overline{x} = \frac{x - x_0}{h}$$

并令 $\overline{f}(\overline{x}) = f(x)$，则 $\overline{f}(0) = y_0$， $\overline{f}(1) = y_1$ 及 $\overline{f}'(0) = y_0'$， $\overline{f}'(1) = y_1'$。参照 n 阶拉格朗日插值多项式的基函数法，令

$$H_3(x) = \alpha_0(\overline{x})y_0 + \alpha_1(\overline{x})y_1 + h\beta_0(\overline{x})y_0' + h\beta_1(\overline{x})y_1' \tag{4.4.2}$$

式中， $\alpha_0(\overline{x})$， $\alpha_1(\overline{x})$， $\beta_0(\overline{x})$， $\beta_1(\overline{x})$ 均为三次多项式，且满足：

$$\begin{aligned}
&\alpha_0(0) = 1,\quad \alpha_1(0) = 0,\quad \beta_0(0) = 0,\quad \beta_1(0) = 0\\
&\alpha_0(1) = 0,\quad \alpha_1(1) = 1,\quad \beta_0(1) = 0,\quad \beta_1(1) = 0\\
&\alpha_0'(0) = 0,\quad \alpha_1'(0) = 0,\quad \beta_0'(0) = 1,\quad \beta_1'(0) = 0\\
&\alpha_0'(1) = 0,\quad \alpha_1'(1) = 0,\quad \beta_0'(1) = 0,\quad \beta_1'(1) = 1
\end{aligned}$$

由 $\alpha_0(\overline{x})$ 的第二个和第四个约束条件，可设 $\alpha_0(\overline{x}) = (a\overline{x} + b)(\overline{x} - 1)^2$，再利用第一个和第三个约束条件可得 $a = 2$， $b = 1$。这样， $\alpha_0(\overline{x}) = (2\overline{x} + 1)(\overline{x} - 1)^2$。类似可求出 $\alpha_1(\overline{x})$， $\beta_0(\overline{x})$， $\beta_1(\overline{x})$ 的表达式。有

$$\begin{aligned}
&\alpha_0(\overline{x}) = 2\overline{x}^3 - 3\overline{x}^2 + 1,\quad \alpha_1(\overline{x}) = -2\overline{x}^3 + 3\overline{x}^2\\
&\beta_0(\overline{x}) = \overline{x}^3 - 2\overline{x}^2 + \overline{x},\quad \beta_1(\overline{x}) = \overline{x}^3 - \overline{x}^2
\end{aligned} \tag{4.4.3}$$

故所求的三次厄尔米特插值多项式 $H_3(x)$ 为

$$\begin{aligned}
H_3(x) = {}&\alpha_0\left(\frac{x - x_0}{h}\right)y_0 + \alpha_1\left(\frac{x - x_0}{h}\right)y_1 + \\
&h\beta_0\left(\frac{x - x_0}{h}\right)y_0' + \beta_1\left(\frac{x - x_0}{h}\right)y_1'
\end{aligned} \tag{4.4.4}$$

最后，导出 $H_3(x)$ 的余项 $R_3(x)=f(x)-H_3(x)$，构造辅助函数：

$$\varphi(t)=R_3(t)-\frac{R_3(x)}{\pi(x)}\pi(t),\ \pi(t)=(t-x_0)^2(t-x_1)^2$$

类似于拉格朗日插值余项的推导过程，并注意到 $\varphi'(x_0)=\varphi(x_1)=0$，可导出

$$R_3(x)=f(x)-H_3(x)=\frac{f^{(4)}(\xi)}{4!}(x-x_0)^2(x-x_1)^2 \tag{4.4.5}$$

其中，$x_0,x_1,x\in[a,b]$，$f(x)$ 在 $[a,b]$ 上有四阶连续导数，ξ 介于 x 及 x_0，x_1 之间。

例 4.4.1 设 $f(x)=\ln x$，给定 $f(1)=0$，$f(2)=0.69315$，$f'(1)=1$，$f'(2)=0.5$。用三次厄尔米特插值多项式 $H_3(x)$ 来计算 $f(1.5)$ 的近似值。

解 这里 $x_0=1$，$x_1=2$，$h=x_1-x_0=1$，则由式（4.4.3）和式（4.4.4）得

$$\begin{aligned}H_3(1.5)&=\alpha_0\left(\frac{1.5-1}{1}\right)\times 0+\alpha_1\left(\frac{1.5-1}{1}\right)\times 0.69315+\\&\quad 1\times\beta_0\left(\frac{1.5-1}{1}\right)\times 1+1\times\beta_1\left(\frac{1.5-1}{1}\right)\times 0.5\\&=0.69315\times\alpha_1(0.5)+\beta_0(0.5)+0.5\times\beta_1(0.5)\end{aligned}$$

注意到

$$\begin{aligned}&\alpha_1(0.5)=-2\times 0.5^3+3\times 0.5^2=0.5\\&\beta_0(0.5)=0.5^3-2\times 0.5^2+0.5=0.125\\&\beta_1(0.5)=0.5^3-0.5^2=-0.125\end{aligned}$$

故

$$f(1.5)\approx H_3(1.5)=0.69315\times 0.5+0.125-0.5\times 0.125=0.409075$$

例 4.4.2 求一个次数不高于三的多项式 $H_3(x)$，使得 $H_3(x)$ 满足 $H_3(0)=0$，$H_3'(0)=1$，$H_3(1)=1$，$H_3'(1)=2$。

解 令 $x_0=0$，$x_1=1$，则

$$\begin{aligned}H(x)&=f(x_0)\frac{(x-x_1)^2}{(x_1-x_0)^2}\left[1+2\frac{x-x_0}{x_1-x_0}\right]+f'(x_0)\frac{(x-x_1)^2}{(x_1-x_0)^2}(x-x_0)+\\&\quad f(x_1)\frac{(x-x_0)^2}{(x_1-x_0)^2}\left[1-2\frac{x-x_1}{x_1-x_0}\right]+\\&\quad f'(x_1)\frac{(x-x_0)^2}{(x_1-x_0)^2}(x-x_1)=x^3-x^2+1\end{aligned}$$

4.4.2 高阶插值的龙格现象

由插值问题的提出，通常我们会认为当节点越来越密时，插值函数越来越接

近于原函数。但是结果并非如此，因为多项式是上下震荡的，震荡的幅度不尽相同，不同区段的震荡密度也不一样，由此导致利用较高阶的插值多项式所计算的结果，与原来的函数值相差甚远。这说明高次插值未必可行。同时从拉格朗日插值余项公式的分母部分可以发现，节点数的增加对提高插值精度是有利的，但这只是问题的一个方面。以下讨论的著名例子揭示了问题的另一方面，即并非插值节点越多精度越高。

结果表明，并不是插值多项式的次数越高，插值效果越好，精度也不一定是随次数的提高而升高，这种现象在 20 世纪初由龙格（Runge）发现，故称为龙格现象。

例 4.4.3　设 $f(x)=\dfrac{1}{1+x^2}$，分别讨论将区间 $[-5,5]$ 用拉格朗日插值多项式 $L_n(x)$ 拟合的效果。

解　取 $x_i=-5+\dfrac{10}{n}i\ (i=0,\cdots,n)$，根据拉格朗日插值法程序 clagrangen.m，编写下面的 MATLAB 程序：

```
%程序 4.4.1--clagrangen.m
function y=clagrangen(x0,y0,x)
n=length(x0);m=length(x);
for i=1:m
    z=x(i);s=0;
    for k=1:n
        L=1;
        for j=1:n
            if j~=k
                L=L*(z-x0(j))/(x0(k)-x0(j));
            end
        end
        s=s+L*y0(k);
    end
    y(i)=s;
end
y;
%chazhibijiao.m
x=-5:0.1:5;z=0*x;y=1./(1+x.^2);
plot(x,z,'k',x,y,'r')
axis([-5 5 -1.5 2]);pause,hold on
for n=2:2:10
    x0=linspace(-5,5,n+1);      y0=1./(1+x0.^2);
    x=-5:0.1:5; y1=clagrangen(x0,y0,x);
    plot(x,y1), pause
```

```
end
y2=1./(1+x0.^2);y=interp1(x0,y2,x);
plot (x,y,'k'),hold off
gtext('n=2'),gtext('n=4'),gtext('n=6'),
gtext('n=8'),gtext('n=10'),
gtext('f(x)=1/(1+x^2)')
```

得到插值多项式的龙格图像，如图 4.4.1 所示。

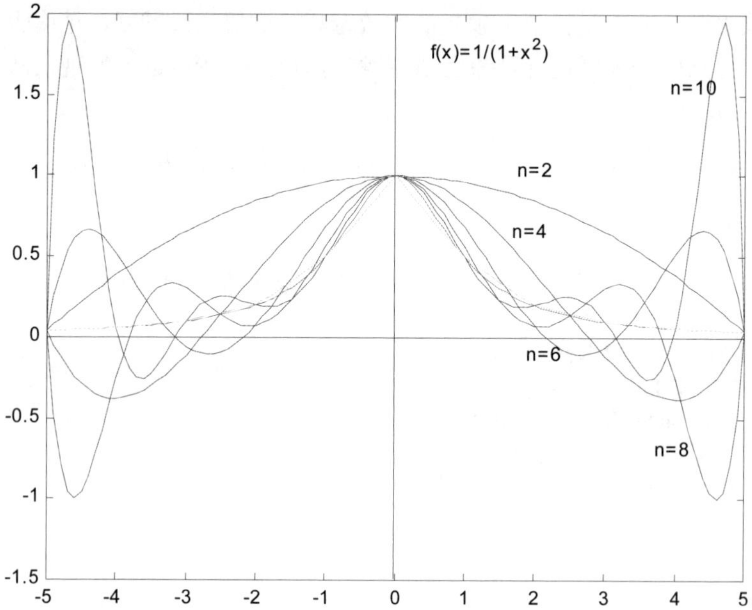

图 4.4.1　高阶插值的龙格现象

分析插值结果可以发现，n 越大，在$[-5,-4]\cup[5,4]$部分附近抖动越大，产生了龙格现象。

4.4.3　分段线性插值

避免高阶插值龙格现象的基本方法是使用分段函数进行分段插值。本节和 4.4.4 节分别介绍分段线性插值 $I_1(x)$ 和分段三次厄尔米特插值 $I_3(x)$。

设已知 $x_0 < x_1 < \cdots < x_n$ 及 $y_i = f(x_i)(i = 0,1,\cdots,n)$ 为区间 $[x_{i-1}, x_i]$ 上不超过一次的多项式，且满足 $I_1(x_{i-1}) = y_{i-1}$，$I_1(x_i) = y_i(i = 0,1,\cdots,n)$。由线性插值公式，得

$$I_1(x) = \frac{x - x_i}{x_{i-1} - x_i} y_{i-1} + \frac{x - x_{i-1}}{x_i - x_{i-1}} y_i \quad (x_{i-1} \leqslant x \leqslant x_i) \tag{4.4.6}$$

可以证明，分段线性插值是收敛的。事实上，分段线性插值的余项为

$$R_1(x)=f(x)-I_1(x)=\frac{f''(\xi)}{2}(x-x_{i-1})(x-x_i) \tag{4.4.7}$$

其中，$x_{i-1}\leqslant x\leqslant x_i$，$\xi$ 介于 x_{i-1} 与 x_i 之间。

由于

$$\max_{1\leqslant i\leqslant n}\left|(x-x_{i-1})(x-x_i)\right|=\frac{(x_i-x_{i-1})^2}{4}$$

故由式（4.4.7）得误差上界：

$$\left|R_1(x)\right|=\left|f(x)-I_1(x)\right|\leqslant\frac{h^2}{8}M_2 \tag{4.4.8}$$

其中

$$h=\max_{1\leqslant i\leqslant n}(x_i-x_{i-1}),\ M_2=\max_{x_0\leqslant x\leqslant x_n}\left|f''(x)\right|$$

由式（4.4.8）知，当 $h\to 0$ 时，$I_1(x)\to f(x)$。

MATLAB 程序：

```
%程序 4.4.2--cmpiece1.m
function yy=cmpiece1(x,y,xx)
%用途：分段线性插值
%格式：yy=cmpiece1(x,y,xy)，x 是节点向量，y 是节点对应的函数值向量，
%xx 是插值点（可以是多个），yy 是返回插值结果
n=length(x);
for j=1:length(xx)
for i=2:n
if xx(j)<x(1)
yy(j)=y(i-1)*(xx(j)-x(i))/(x(i-1)-x(1))+y(i)*(xx(j)-x(i-1))/(x(i)-x(i-1));
break;
end
end
end
```

例 4.4.4　利用分段线性插值的 MATLAB 程序求解 4.3 的例 4.3.2。

解　在 MATLAB 命令窗口执行：

```
>> x=pi*[1/6   1/4   1/3   1/2];
>> y=[0.5   0.7071   0.8660   1];
>> xx=2*pi/9;
>> yy=cmpiece1(x,y,xx)
```

得到结果：

```
yy=
    0.6381
```

分段线性插值简单，易于应用。同时由式（4.4.8）可知，可通过选取适当的步长 h 控制精度，但它不具有光滑性，使用厄尔米特插值原理可得到具有光滑性的分段插值。

4.4.4 分段三次厄尔米特插值

设已知 $x_0 < x_1 < \cdots < x_n$，$y_i = f(x_i)$ 及 $y_i' = f'(x_i)(i = 0,1,\cdots,n)$，$I_3(x)$ 为区间上不超过三次的多项式，且满足：

$$\begin{cases} I_3(x_{i-1}) = y_{i-1}, & I_3(x_i) = y_i \\ I_3'(x_{i-1}) = y_{i-1}', & I_3'(x_i) = y_i' \end{cases} \quad (i = 1,\cdots,n)$$

由式（4.4.4），得

$$I_3(x) = \alpha_0\left(\frac{x - x_{i-1}}{h_i}\right)y_i + \alpha_1\left(\frac{x - x_{i-1}}{h_i}\right)y_{i-1} + h_i\beta_0\left(\frac{x - x_{i-1}}{h_i}\right)y_{i-1}' + \beta_1\left(\frac{x - x_{i-1}}{h_i}\right)y_i' \tag{4.4.9}$$

$$x_{i-1} \leqslant x \leqslant x_i,\ i = 1,\cdots,n$$

式中，$h_i = x_i - x_{i-1}$；基函数 $\alpha_0(x)$，$\alpha_1(x)$，$\beta_0(x)$，$\beta_1(x)$ 的表达式见式（4.4.3）。

再来看看分段三次厄尔米特插值的截断误差。由式（4.4.5），得

$$R_3(x) = f(x) - I_3(x) = \frac{f^{(4)}(\xi)}{4!}(x - x_{i-1})^2(x - x_i)^2 \tag{4.4.10}$$

$$x_{i-1} \leqslant x \leqslant x_i,\ i = 1,\cdots,n$$

由此得误差估计式：

$$|R_3(x)| = |f(x) - I_3(x)| \leqslant \frac{h^2}{384}M_4 \tag{4.4.11}$$

其中

$$h = \max_{1\leqslant i\leqslant n}(x_i - x_{i-1}),\ M_4 = \max_{x_0\leqslant x\leqslant x_n}\left|f^{(4)}(x)\right|$$

由式（4.4.11）知，当 $h \to 0$ 时，$I_3(x) \to f(x)$，即分段三次厄尔米特插值是收敛的。

分段三次厄尔米特插值多项式显然有一阶连续导数，但在实际应用中一般不知道可以利用这一自由度得到光滑性更好的、应用更广泛的三次样条插值。

4.5 三次样条插值

样条（Spline）在英语中是指富有弹性的细长木条，在飞机或轮船等的制造过程中，是为描绘出光滑的外形曲线（放样）所用的工具。样条曲线是指工程师在制图时，用压铁将样条固定在样点上，其他地方让它自由弯曲，然后画下的长条

曲线。样条曲线是一段一段的三次多项式函数的曲线拼合而成的曲线。1946 年，斯科伯格（Schoenberg）将样条引入数学，即所谓的样条函数，样条函数的数学实质是由一些按照某种光滑性条件分段拼接起来的多项式组成的函数。最常用的样条函数是三次样条：将一些三次多项式拼接在一起使所得到的样条函数处处二次连续可导。

4.5.1　分段插值法

根据区间 $[a,b]$ 上给出的节点可以得到函数 $f(x)$ 的插值多项式，但并非插值多项式的次数越高，逼近函数 $f(x)$ 的精度就越好。主要原因是对任意的插值节点，当 $n \to \infty$ 时，插值多项式 $p_n(x)$ 不一定能收敛到 $f(x)$。1901 年龙格就给出了下述等距节点插值多项式 $L_n(x)$ 不收敛到 $f(x)$ 的例子。

例如 4.4.2 节中给定函数 $f(x)=\dfrac{1}{1+x^2}$，它在 $[-5,5]$ 上各阶导数均存在，但在 $[-5,5]$ 上取 $n+1$ 个等距节点 $x_i=-5+10\dfrac{i}{n}(i=1,2,\cdots,n)$ 所做的拉格朗日插值多项式 $L_n(x)$，当 $n \to \infty$ 时，只在 $|x| \leqslant 3.36$ 内收敛，而在这个区间外是发散的。图 4.4.1 给出了 $n=10$ 时，$y=L_{10}(x)$ 与 $f(x)=\dfrac{1}{1+x^2}$ 的图形。从图上可见，在 $x=\pm 5$ 附近，$L_{10}(x)$ 与 $f(x)$ 偏离很远，例如 $L_{10}(4.8)=1.8044$，$f(4.8)=0.4160$。这种高次插值不准确的现象称为**龙格现象**。

上述结果提醒我们，不能盲目地使用太多的插值节点去构造高次的插值多项式。实践表明，四次以上的插值已很少使用，为此人们往往采用分段插值的方法，即将插值区间分为若干个小区间，在每个小区间上运用前面介绍的插值法构造低次插值多项式，常用的分段插值法有分段线性插值、分段二次插值及分段三次厄尔米特插值。

4.5.2　三次样条插值法

分段插值法具有一致的收敛性，但它只保证插值函数的整体连续性，在各小段的连接处虽然左右导数均存在，但不一定相等，因而在连接处不光滑，不能够满足精密机械设计（如船体、飞机、汽车等的外形曲线设计）对函数光滑性的要求。早期的工程技术人员在绘制经过给定点的曲线时使用一种有弹性的细长木条（或金属条），称之为样条，强迫它弯曲通过已知点，弹性力学理论指出样条的挠度曲线具有二阶连续的导函数。从数学上抽象就得到三次样条函数这一概念。

定义 4.5.1 设函数$S(x)$在区间$[a,b]$上为二阶导数存在且连续的函数，且在每个小区间$[x_i,x_{i+1}]$上是三次多项式，其中$a=x_0<x_1<x<\cdots<x_n=b$是给定节点，则称$S(x)$是节点$x_0,x_1,\cdots,x_n$上的**三次样条函数**。若在节点x_i上给定函数值$y_i=f(x_i)(i=1,2,\cdots,n)$，并成立$S(x_i)=y_i\ (i=1,2,\cdots,n)$，则称$S(x)$为**三次样条插值函数**。

由于$S(x)$在每个小区间上为三次多项式，故总计有$4n$个待定系数。而根据$S(x)$在$[a,b]$上二阶导数连续，那么在内节点$x_i\ (i=1,2,\cdots,n-1)$处应满足连续性条件：

$$\begin{cases} S(x_i-0)=S(x_i+0) \\ S'(x_i-0)=S'(x_i+0) \quad (i=1,2,\cdots,n-1) \\ S''(x_i-0)=S''(x_i+0) \end{cases}$$

有$3n-3$个条件，再加上插值条件$S(x_i)=y_i\ (i=1,2,\cdots,n)$，共有$4n-2$个条件。因此还需附加 2 个条件才可确定三次样条插值函数$S(x)$，通常在区间$[a,b]$两个端点加上所谓的边界条件，视具体情况而定。

常见的边界条件有以下几种：

（1）$S'(x_0)=y_0'$，$S'(x_n)=y_n'$；

（2）$S''(x_0)=y_0''$，$S''(x_n)=y_n''$；

（3）假定函数$y=f(x)$是以$b-a$为周期的周期函数，这时要求$S(x)$也是周期函数，即

$$\begin{cases} S(x_0+0)=S(x_n-0) \\ S'(x_0+0)=S'(x_n-0) \\ S''(x_0+0)=S''(x_n-0) \end{cases}$$

这时有$y_0=y_n$，这样确定的$S(x)$为周期样条函数。

由于三次样条函数在每一小区间$[x_i,x_{i+1}]$上是三次多项式，所以它的二阶导数是一次多项式。如果用$M_i\ (i=1,2,\cdots,n-1)$表示$S(x)$的二阶导数在点x_i上的值$S''(x_i)$，则$S''(x_i)$在$[x_i,x_{i+1}]$上可表示为

$$S''(x)=M_i\frac{x_{i+1}-x}{h_i}+M_{i+1}\frac{x-x_i}{h_i}$$

式中，$h_i=x_{i+1}-x_i$对$S''(x_i)$积分两次，并利用$S(x_i)=y_i$及$S(x_{i+1})=y_{i+1}$，可求得$[x_i,x_{i+1}]$上的三次样条插值函数表达式：

$$S(x)=M_i\frac{(x_{i+1}-x)^3}{6h_i}+M_i\frac{(x-x_i)^3}{6h_i}+\left(y_i-M_i\frac{h_i^2}{6}\right)\frac{x_{i+1}-x}{h_i}+\left(y_{i+1}-M_{i+1}\frac{h_i^2}{6}\right)\frac{x-x_i}{h_i} \tag{4.5.1}$$

$$S'(x) = -M_i \frac{(x_{i+1}-x)^2}{2h_i} + M_{i+1}\frac{(x-x_i)^2}{2h_i} + \frac{y_{i+1}-y_i}{h_i} + \frac{M_{i+1}-M_i}{6}h_i \tag{4.5.2}$$

至此，三次样条插值函数 $S(x)$ 还有 $n+1$ 个未知参数 $M_i\,(i=1,2,\cdots,n-1)$ 需要确定，利用 $S'(x_i+0)=S'(x_i-0)$ 及

$$S'(x_i+0) = S'(x)\big|_{x=x_i} = -\frac{h_i}{3}M_i - \frac{h_i}{6}M_{i+1} + \frac{y_{i+1}-y_i}{h_i} \quad (x\in[x_i,x_{i+1}])$$

$$S'(x_i-0) = S'(x)\big|_{x=x_i} = \frac{h_{i-1}}{6}M_{i-1} + \frac{h_{i-1}}{3}M_i + \frac{y_i-y_{i-1}}{h_{i-1}} \quad (x\in[x_{i-1},x_i])$$

可得

$$\mu_i M_{i-1} + 2M_i + \lambda_i M_{i+1} = d_i \quad (i=1,2,\cdots,n-1) \tag{4.5.3}$$

其中

$$\mu_i = \frac{h_{i-1}}{h_{i-1}+h_i},\quad \lambda_i = \frac{h_i}{h_{i-1}+h_i}$$

$$d_i = 6\frac{f[x_i,x_{i+1}]-f[x_{i-1},x_i]}{h_{i-1}+h_i} = 6f[x_{i-1},x_i,x_{i+1}] \quad (i=1,2,\cdots,n-1) \tag{4.5.4}$$

式（4.5.3）是关于 $M_i\,(i=1,2,\cdots,n-1)$ 的线性方程组，共有 $n-1$ 个方程，因而还需要有两个方程才能唯一地确定 $S(x)$，若加上适合的边界条件可给出所需的两个方程，从而得到 $n+1$ 个方程的线性方程组。

对第一种边界条件 $S'(x_0)=y'_0, S'(x_n)=y'_n$，可导出

$$\begin{cases} 2M_0 + M_1 = \dfrac{6}{h_0}(f[x_0,x_1]-y'_0) & (4.5.5) \\ M_{n-1} + 2M_n = \dfrac{6}{h_{n-1}}(y'_0 - f[x_{n-1},x_n]) & (4.5.6) \end{cases}$$

于是式（4.5.5）与式（4.5.6）一起构成关于 $M_0,M_1,\cdots,M_n$ 的线性方程组：

$$\begin{pmatrix} 2 & 1 & & & \\ \mu_1 & 2 & \lambda_1 & & \\ & \ddots & \ddots & \ddots & \\ & & \mu_{n-1} & 2 & \lambda_{n-1} \\ & & & 1 & 2 \end{pmatrix}\begin{pmatrix} M_0 \\ M_1 \\ \vdots \\ M_{n-1} \\ M_n \end{pmatrix} = \begin{pmatrix} d_0 \\ d_1 \\ \vdots \\ d_{n-1} \\ d_n \end{pmatrix} \tag{4.5.7}$$

其中，$d_0 = \dfrac{6}{h_0}(f[x_0,x_1]-y'_0)$，$d_n = \dfrac{6}{h_{n-1}}(y'_0 - f[x_{n-1},x_n])$。此线性方程组是三对角方程组，可用追赶法求其唯一解。

对于第二种边界条件，即 $S''(x_0)=y''_0$，$S''(x_n)=y''_n$，直接代入式（4.5.3）得方程组：

$$\begin{pmatrix} 2 & 1 & & & \\ \mu_1 & 2 & \lambda_2 & & \\ & \ddots & \ddots & \ddots & \\ & & \mu_{n-2} & 2 & \lambda_{n-2} \\ & & & \mu_{n-1} & 2 \end{pmatrix} \begin{pmatrix} M_1 \\ M_2 \\ \vdots \\ M_{n-2} \\ M_{n-1} \end{pmatrix} = \begin{pmatrix} d_1 - \mu_1 y_0'' \\ d_2 \\ \vdots \\ d_{n-2} \\ d_{n-1} - \lambda_{n-1} y_n'' \end{pmatrix} \tag{4.5.8}$$

并且 $M_0 = y_0''$，$M_n = y_n''$。

对于第三种边界条件，即周期边界条件，可得两个方程：

$$M_0 = M_n，\lambda_n M_1 + \mu_n M_{n-1} + 2M_n = d_n$$

其中，$\lambda_n = \dfrac{h_0}{h_{n-1} + h_0}$，$\mu_n = 1 - \lambda_n = \dfrac{h_{n-1}}{h_{n-1} + h_0}$，$d_n = 6\dfrac{f[x_0, x_1] - f[x_{n-1}, x_n]}{h_0 + h_{n-1}}$，与式（4.5.3）一起得方程组：

$$\begin{pmatrix} 2 & \lambda_1 & & & \\ \mu_1 & 2 & \lambda_2 & & \\ & \ddots & \ddots & \ddots & \\ & & \mu_{n-1} & 2 & \lambda_{n-1} \\ & & & \mu_n & 2 \end{pmatrix} \begin{pmatrix} M_1 \\ M_2 \\ \vdots \\ M_{n-1} \\ M_n \end{pmatrix} = \begin{pmatrix} d_1 \\ d_2 \\ \vdots \\ d_{n-1} \\ d_n \end{pmatrix} \tag{4.5.9}$$

而且 $M_0 = M_n$。

上述各线性方程组系数矩阵是严格对角占优矩阵，都有唯一解。把解得的 $M_0, M_1, \cdots, M_n$ 代入式（4.5.1），便得三次样条插值函数 $S(x)$ 的分段表达式。

例 4.5.1 设 $f(x)$ 是定义在区间 $[0,3]$ 上的函数，且有下列数据，见表 4.5.1。

表 4.5.1 某函数 $f(x)$ 的部分数据

x	0	1	2	3
$f(x)$	0	0.5	2	1.5
$f'(x)$	0.2	—	—	–1

试求区间 $[0,3]$ 上满足上述条件的三次样条函数。

解 已知 $x_0 = 0$，$x_1 = 1$，$x_2 = 2$，$x_3 = 3$，$y_0 = 0$，$y_1 = 0.5$，$y_2 = 2.0$，$y_3 = 1.5$，$m_0 = y_0' = 0.2$，$m_3 = y_3' = -1$。

可知 $h_1 = h_2 = h_3 = 1$，由式（4.5.4）计算 λ_i，μ_i，$d_i (i = 1, 2)$，得

$$\lambda_1 = \lambda_2 = 0.5，\mu_1 = \mu_2 = 0.5，d_1 = 3.0，d_2 = 1.5$$

于是有

$$\begin{pmatrix} 2 & 0.5 \\ 0.5 & 2 \end{pmatrix} \begin{pmatrix} m_1 \\ m_2 \end{pmatrix} = \begin{pmatrix} 3.0 - 0.5 \times 0.2 \\ 1.5 - 0.5 - (-1) \end{pmatrix} = \begin{pmatrix} 2.9 \\ 2.0 \end{pmatrix}$$

解得 $m_1 = 1.28$，$m_2 = 0.68$，于是可以逐段写出样条函数：

（1）当 $x_0 \leqslant x \leqslant x_1$ 时，有

$$
\begin{aligned}
S(x) &= a_0(x)y_0 + a_1(x)y_1 + \beta_0(x)m_0 + \beta_1(x)m_1 \\
&= 0.5a_1(x) + 0.2\beta_0(x) + 1.28\beta_1(x) \\
&= 0.5(-2x^3 + 3x^2) + 0.2(x^3 - 2x^2 + x) + 1.28(x^3 - x^2) \\
&= 0.48x^3 - 0.18x^2 + 0.2x
\end{aligned}
$$

（2）当 $x_1 \leqslant x \leqslant x_2$ 时，有

$$
\begin{aligned}
S(x) &= a_0(x-1)y_1 + a_1(x-1)y_2 + \beta_0(x-1)m_1 + \beta_1(x-1)m_2 \\
&= 0.5a_0(x-1) + 2a_1(x-1) + 1.28\beta_0(x-1) + 0.68\beta_1(x-1) \\
&= 0.5[2(x-1)^3 - 3(x-1)^2 + 1] + 2[-2(x-1)^3 + 3(x-1)^2] + \\
&\quad 1.28[(x-1)^3 - 2(x-1)^2 + (x-1)] + 0.68[(x-1)^3 - (x-1)^2] \\
&= -1.04(x-1)^3 + 1.26(x-1)^2 + 1.28(x-1) + 0.5
\end{aligned}
$$

（3）当 $x_2 \leqslant x \leqslant x_3$ 时，有

$$
\begin{aligned}
S(x) &= a_0(x-2)y_2 + a_1(x-2)y_3 + \beta_0(x-2)m_2 + \beta_1(x-1)m_3 \\
&= 2a_0(x-2) + 1.5a_1(x-2) + 0.68\beta_0(x-2) - \beta_1(x-2) \\
&= 2[2(x-2)^3 - 3(x-2)^2 + 1] + 1.5[-2(x-2)^3 + 3(x-2)^2] + \\
&\quad 0.68[(x-2)^3 - 2(x-2)^2 + (x-2)] - [(x-2)^3 - (x-2)^2] \\
&= 0.68(x-2)^3 - 1.86(x-2)^2 + 0.68(x-2) + 2
\end{aligned}
$$

故所求的样条函数为

$$
S(x) = \begin{cases}
0.48x^3 - 0.18x^2 + 0.2x & (x \in [0,1]) \\
-1.04(x-1)^3 + 1.26(x-1)^2 + 1.28(x-1) + 0.5 & (x \in [1,2]) \\
0.68(x-2)^3 - 1.86(x-2)^2 + 0.68(x-2) + 2 & (x \in [2,3])
\end{cases}
$$

MATLAB 程序：

```
%程序 4.5.1--cmspline.m
function m=cmspline(x,y,dy0,dyn,xx)
%用途：三次样条插值（一阶导数边界条件）
%格式：m=maspline(x,y,dy0,dyn,xx)，
%x、y 分别为 n 个节点的横坐标所组成的向量及纵坐标所组成的向量，
%dy0、dyn 为左右两端点的一阶导数，如果 xx 缺省，则输出各节点的一阶导数值；
%否则，m 为 xx 的三次样条插值
n=length(x)-1;    %计算小区间的个数
h=diff(x); lambda=h (2: n). / (h (1: n-1) +h (2: n)): mu=1-lambda;
theta=3*(lambda.*diff(y(1:n))./h(1:n-1)+mu.*diff(y(2:n+1))./b(2:n));
theta(1)=theta(1)-lambda(1)*dy0;
theta(n-1)=theta(n-1)-lambda(n-1)*dyn;
```

```
%追赶法解三对角方程组
dy-machase(lambda,2*ones(1:n-1),mu,theta);
%若给出插值点，计算相应的插值
m=[dy0;dy;dyn];
if nargin>=5
s=zeros(size(xx));
for i=1:n
if i==1
kk=find(xx<=x(2));
else if i==n
kk=find(xx>x(n));
else
kk=find(xx>x(i)&xx<=x(i+1));
end
xbar=(xx(kk)-x(i))/h(i);
s(kk)=alpha0(xbar)*y(i)+alpha1(xbar)*y(i+1)++h(i)*beta0(xbar)*m(i)+h(i)*
beta1(xbar)*m(i+1);
end
m=s;
end
%追赶法
function x= machase (a, b ,c, d)
n=length(a);
for k=2:n
b(k)=b(k)-a(k)/b(k-1)*c(k-1);
d(k)=d(k)-a(k)/b(k-1)*d(k-1);
end
x(n)=d(n)/b(n);
for k=n-1:-1:1
x(k)=(d(k)-c(k)*x(k+1))/b(k);
end
x=x(:);
%基函数
function y=alpha0(x)
y=2*x.^3-3*x.^2+1;
function y=alpha1(x)
y=-2*x.^3+3*x.^2;
function y=beta0(x)
y=x.^3-2*x.^2+x;
function y=beta1(x)
y=x.^3-x.^2;
```

例 4.5.2 利用程序 cmaspline.m，求满足下列数据（表 4.5.2）的三次样条插值。

表 4.5.2　某函数 $f(x)$ 的部分数据

x	0	1	2	3
$f(x)$	0	0.5	2	1.5
$f'(x)$	0.2	—	—	–1

其中，插值点为–0.8，–0.3，0.2，0.7，1.2，1.7。

解　在 MATLAB 命令窗口执行：

```
>> x=[-1 0 1 2];y=[-1 0 1 0];
>> xx=[-0.8 -0.3 0.2 0.7 1.2 1.7];
>> yy=cmspline(x,y,0,-1,xx)
```

得到结果：

```
yy=
   -0.9451   -0.4414   0.3045   0.9002   0.9109   0.3546
```

对三次样条插值函数来说，当插值节点逐渐加密时，可以证明：不但样条插值函数收敛于函数本身，而且其导数也收敛于函数的导数。这是三次样条插值函数的一个优点。

4.6　曲线拟合的最小二乘法

4.6.1　最小二乘法

前面介绍的插值法，要求插值函数和被插值函数在节点处的函数值甚至导数值完全相同，这实际上是假定了已知数据相当准确。但在实际问题中，当数据量特别大时一般不用插值法。这是因为数据量很大时所求插值曲线中的未知参数就很多，而且数据量很大时，多项式插值会出现高次插值（效果不理想）或分段低次插值（精度不高）；另外，测量数据本身往往就有误差，所以使插值曲线刻意经过这些点也不必要，有时还会出现龙格现象，所以最好采用曲线拟合的最小二乘法。该过程首先根据物理规律或描点画草图确定一条用来拟合的函数曲线形式，也可选择低次多项式形式（所含参数比较少），然后按最小二乘法求出该曲线，它未必经过所有已知点，但能反映出数据的基本趋势，且误差最小，效果比较好。

假定通过观测得到函数 $y=f(x)$ 的 m 个函数值：

$$y_i \approx f(x_i) \quad (i=1,2,\cdots,m)$$

所谓最小二乘法就是求 $f(x)$ 的简单近似式 $\varphi(x)$，使 $\varphi(x_i)$ 与 y_i 的差（称为残差或偏差）

$$e_i = \varphi(x_i) - y_i \quad (i = 1,2,\cdots,m)$$

的平方和最小，即使

$$S = \sum_{i=1}^{m} e_i^2 = \sum_{i=1}^{m} \left[\varphi(x_i) - y_i\right]^2 \tag{4.6.1}$$

最小。$\varphi(x)$ 称为 m 个数据 $(x_i, y_i)(i = 1,2,\cdots,m)$ 的**最小二乘拟合函数**，$f(x)$ 称为**被拟合函数**。$y \approx \varphi(x)$ 近似反映了 x 与 y 之间的函数关系 $y = f(x)$，称为**经验公式**或**数学模型**。

例 4.6.1（线性拟合） 已知 $x_1, x_2, \cdots x_n$ 及 $y_i = f(x_i)(i = 1,2,\cdots,m)$，由最小二乘法求 $f(x)$ 的拟合直线 $\varphi(x) = a + bx$。

解 记

$$S(a,b) = \sum_{i=1}^{m} \left[y_i - \varphi(x_i)\right]^2 = \sum_{i=1}^{m} \left[y_i - (a + bx_i)\right]^2$$

由取极值的必要条件

$$\frac{\partial S}{\partial a} = \frac{\partial S}{\partial b} = 0$$

得

$$\begin{cases} -2\sum_{i=1}^{n} [y_i - (a + bx_i)]^2 = 0 \\ -2\sum_{i=1}^{n} x_i [y_i - (a + bx_i)]^2 = 0 \end{cases}$$

即

$$\begin{cases} na + \left(\sum_{i=1}^{n} x_i\right) b = \sum_{i=1}^{n} y_i, \\ \left(\sum_{i=1}^{n} x_i\right) a + \left(\sum_{i=1}^{n} x_i^2\right) b = \sum_{i=1}^{n} x_i y_i \end{cases}$$

当 $n > 1$ 时，式（4.6.1）的系数行列式为

$$D = \begin{vmatrix} n & \sum_{i=1}^{n} x_i \\ \sum_{i=1}^{n} x_i & \sum_{i=1}^{n} x_i^2 \end{vmatrix} = n\sum_{i=1}^{n} x_i^2 - \left(\sum_{i=1}^{n} x_i\right)^2 = n\sum_{i=1}^{n} (x_i - \overline{x})^2 \neq 0$$

其中

$$\overline{x} = \frac{1}{n}\sum_{i=1}^{n} x_i$$

从而式（4.6.1）有唯一解。

例 4.6.2（非线性拟合）　已知 $x_1, x_2, \cdots, x_n$ 及 $y_i = f(x_i)(i = 1, 2, \cdots, m)$，由最小二乘法求 $f(x)$ 的拟合曲线 $\varphi(x) = a\mathrm{e}^{bx}$。

解　这里若与例 4.6.1 一样，记 $S(a,b) = \sum_{i=1}^{m}[y_i - \varphi(x_i)]^2$，则由取极值的必要条件 $S'_a(a,b) = S'_b(a,b) = 0$ 得到一个非线性方程组，难以求解。为此，考虑用对数将"曲丝拉直"。记

$$z_i = \ln y_i \quad (i = 1, \cdots n)$$

$$\psi(x) = \ln \varphi(x) = \overline{a} + bx(\overline{a} = \ln a)$$

则可用式（4.6.1）求得 $\overline{a}$ 及 b，从而 $\varphi(x) = \mathrm{e}^{\psi(x)} = a\mathrm{e}^{bx}$，$a = \mathrm{e}^{\overline{a}}$。

注意上述例子都只是通过取极值的必要条件求出了误差函数的稳定点，并没有证明它们就是所求的最小值点。下面建立最小二乘拟合的一般理论。

例 4.6.3　已知一组试验数据，见表 4.6.1。

表 4.6.1　一组试验数据

x_k	2	2.5	3	4	5	5.5
y_k	4	4.5	6	8	8.5	9

试用直线拟合这组数据（计算过程保留 3 位小数）。

解　设直线 $y = a_0 + a_1 x$，那么 a_0 和 a_1 满足的法方程组公式为

$$\begin{cases} na_0 + \left(\sum_{k=1}^{n} x_k\right)a_1 = \sum_{k=1}^{n} y_k \\ \left(\sum_{k=1}^{n} x_k\right)a_0 + \left(\sum_{k=1}^{n} x_k^2\right)a_1 = \sum_{k=1}^{n} x_k y_k \end{cases}$$

计算数据见表 4.6.2。

表 4.6.2　计算数据

k	x_k	y_k	${x_k}^2$	$x_k y_k$
1	2	4	4	8
2	2.5	4.5	6.25	11.25
3	3	6	9	18
4	4	8	16	32
5	5	8.5	25	42.5
6	5.5	9	30.25	49.5
Σ	22	40	90.5	161.25

故法方程组为

$$\begin{cases}6a_0+22a_1=40\\22a_0+90.5a_1=161.25\end{cases}$$

解得：$a_0=1.229$，$a_1=1.483$。

所求直线方程为 $y=1.229+1.483x$。

例 4.6.4 求数据表 4.6.3 的最小二乘二次拟合多项式。

表 4.6.3 一组数据

i	1	2	3	4	5	6	7	8	9
x_i	–1	–0.75	–0.5	–0.25	0	0.25	0.5	0.75	1
y_i	–0.2209	0.3295	0.8826	1.4329	2.0003	2.5645	3.1334	3.7601	4.2836

解 设二次拟合多项式为 $P_2(x)=a_0+a_1x+a_2x^2$，将数据代入正则方程组，可得

$$\begin{cases}9a_0+0+3.75a_2=18.1724\\0+3.75a_1+0=8.4842\\3.75a_0+0+2.7656a_2=7.6173\end{cases}$$

其解为

$$a_0=2.0034，\ a_1=2.2625，\ a_2=0.0378$$

所以此数据组的最小二乘二次拟合多项式为

$$P_2(x)=2.0034+2.2625x+0.0378x^2$$

4.6.2 法方程组

定义 4.6.1 设有函数列 $\varphi_0(x),\varphi_1(x),\cdots,\varphi_m(x)$，如果

$$l_0\varphi_0(x_i)+l_1\varphi_1(x_i)+\cdots+l_m\varphi_m(x_i)=0 \quad (i=1,2,\cdots n)$$

当且仅当 $l_0=l_1=\cdots=l_m=0$ 时成立，则称函数 $\varphi_0(x),\varphi_1(x),\cdots,\varphi_m(x)$ 关于节点 $x_1,x_2,\cdots,x_n$ 是线性无关的。

线性无关函数 $\varphi_0,\varphi_1,\cdots,\varphi_m$ 的线性组合全体称为由 $\varphi_0,\varphi_1,\cdots,\varphi_m$ 张成的函数空间，记为

$$\Phi=span\{\varphi_0,\varphi_1,\cdots,\varphi_m\}=\left\{\varphi(x)=\sum_{i=0}^{m}a_i\varphi_i\right\} \quad (a_0,a_1,\cdots,a_m\in\mathbf{R})$$

并称 $\varphi_0,\varphi_1,\cdots,\varphi_m$ 为 Φ 的**基函数**。

最小二乘拟合用数学语言表述：已知数据 $x_i,y_i=f(x_i)(i=1,2,\cdots,m)$ 和函数空间

$$\Phi = span\{\varphi_0, \varphi_1, \cdots, \varphi_m\}$$

求一函数 φ^*，使

$$\left\| f - \varphi^* \right\|_2 = \min_{\varphi \in \Phi} \| f - \varphi \|_2$$

令

$$\varphi(x) = \sum_{j=0}^{m} a_j \varphi_j(x),\ \ \varphi^*(x) = \sum_{j=0}^{m} a_j^* \varphi_j(x)$$

并记 $\varphi = [\varphi(x_1), \varphi(x_2), \cdots, \varphi(x_n)]^{\mathrm{T}}$，那么

$$S(a_0, a_1, \cdots, a_m) = \| f - \varphi \|_2^2 = \sum_{i=1}^{n} \left[y_i - \sum_{j=0}^{m} a_j \varphi_j(x_i) \right]^2$$

于是，问题等价于求 $a_0^*, a_1^*, \cdots, a_m^* \in \mathbf{R}$，使

$$S(a_0^*, a_1^*, \cdots, a_m^*) = \min_{a_0, a_1, \cdots, a_m \in \mathbf{R}} S(a_0, a_1, \cdots, a_m)$$

根据函数极值的必要条件，对 $a_0, a_1, \cdots, a_m$ 求偏导数并令其等于零

$$\frac{\partial S}{\partial a_k} = 0 \quad (k = 0, 1, \cdots, m)$$

得

$$-2\sum_{i=1}^{n} \left[y_i - \sum_{j=0}^{m} a_j \varphi_j(x_i) \right] \varphi_k(x_i) = 0$$

即

$$\sum_{j=0}^{m} \sum_{i=1}^{n} a_j \varphi_j(x_i) \varphi_k(x_i) = \sum_{i=1}^{n} y_i \varphi_k(x_i) \quad (k = 0, 1, \cdots, m)$$

用内积表示为线性方程组：

$$\sum_{j=0}^{m} (\varphi_j, \varphi_k) a_j = (f, \varphi_k) \quad (k = 0, 1, \cdots m) \tag{4.6.2}$$

其矩阵形式为

$$\begin{pmatrix} (\varphi_0, \varphi_0) & (\varphi_1, \varphi_0) & \cdots & (\varphi_m, \varphi_0) \\ (\varphi_0, \varphi_1) & (\varphi_1, \varphi_1) & \cdots & (\varphi_m, \varphi_1) \\ \vdots & \vdots & & \vdots \\ (\varphi_0, \varphi_m) & (\varphi_1, \varphi_m) & \cdots & (\varphi_m, \varphi_m) \end{pmatrix} \begin{pmatrix} a_0 \\ a_1 \\ \vdots \\ a_m \end{pmatrix} = \begin{pmatrix} (f, \varphi_0) \\ (f, \varphi_1) \\ \vdots \\ (f, \varphi_m) \end{pmatrix} \tag{4.6.3}$$

该方程组称为法方程组或正规方程组。

定理 4.6.1　如果函数 $\varphi_0, \varphi_1, \cdots, \varphi_m$ 关于节点 $x_1, x_2, \cdots, x_n$ 线性无关，则式（4.6.3）的解存在唯一，且是式（4.6.3）的唯一最优解。

证明 用 $\varphi_k(x_i)$ 乘以式 $l_0\varphi_0(x_i)+l_1\varphi_1(x_i)+\cdots+l_m\varphi_m(x_i)=0(i=1,2,\cdots,n)$ 的两边并求和，得

$$l_0(\varphi_0,\varphi_k)+l_1(\varphi_1,\varphi_k)+\cdots+l_m(\varphi_m,\varphi_k)=0 \quad (k=0,1,\cdots,m) \tag{4.6.4}$$

由于函数 $\varphi_0(x),\varphi_1(x),\cdots,\varphi_m(x)$ 关于节点 $x_1,x_2,\cdots x_n$ 线性无关，故式（4.6.4）只有零解，那么必有

$$\begin{pmatrix} (\varphi_0,\varphi_0) & (\varphi_1,\varphi_0) & \cdots & (\varphi_m,\varphi_0) \\ (\varphi_0,\varphi_1) & (\varphi_1,\varphi_1) & \cdots & (\varphi_m,\varphi_1) \\ \vdots & \vdots & & \vdots \\ (\varphi_0,\varphi_m) & (\varphi_1,\varphi_m) & \cdots & (\varphi_m,\varphi_m) \end{pmatrix} \neq 0$$

这样，式（4.6.3）的解存在唯一。

下面证明式 $S(a_0^*,a_1^*,\cdots,a_m^*)=\min\limits_{a_0,a_1,\cdots,a_m\in\mathbf{R}} S(a_0,a_1,\cdots,a_m)$。

设 $a_0^*,a_1^*,\cdots,a_m^*$ 是法方程组的解：

$$\sum_{j=0}^{m}(\varphi_j,\varphi_k)a_j^*=(f,\varphi_k) \quad (k=0,1,\cdots,m)$$

即

$$(\varphi^*,\varphi_k)=(f,\varphi_k) \quad (k=0,1,\cdots,m)$$

或

$$(f-\varphi^*,\varphi_k)=(f,\varphi_k) \quad (k=0,1,\cdots,m)$$

根据内积的性质，对任意的 $\varphi\in\varPhi$，有

$$(f-\varphi^*,\varphi)=0$$

于是，对任意的 $a_0,a_1,\cdots,a_m$ 有

$$\begin{aligned} S(a_0,a_1,\cdots,a_m) &= \|f-\varphi\|_2^2=(f-\varphi,f-\varphi) \\ &=(f-\varphi^*+\varphi^*-\varphi) \\ &=(f-\varphi^*,f-\varphi^*)+2(f-\varphi^*,\varphi^*-\varphi)+(\varphi^*-\varphi,\varphi^*-\varphi) \\ &=S(a_0^*,a_1^*,\cdots,a_m^*)=2(f-\varphi^*,\varphi^*-\varphi)+\|f-\varphi\|_2^2 \end{aligned}$$

由于 $\varphi^*-\varphi\in\varPhi$，因此，上面最后一个等式的右边第 2 项为零，而第 3 项非负，故

$$S(a_0,a_1,\cdots,a_m)\geqslant S(a_0^*,a_1^*,\cdots,a_m^*)$$

即 $a_0^*,a_1^*,\cdots,a_m^*$ 是式（4.6.3）的唯一最优解。

例 4.6.5 已知 $\sin 0=0$，$\sin\dfrac{\pi}{6}=\dfrac{1}{2}$，$\sin\dfrac{\pi}{3}=\dfrac{\sqrt{3}}{2}$，$\sin\dfrac{\pi}{2}=1$，由最小二乘法求

$\sin x$ 的拟合曲线 $\varphi(x)=ax+bx^3$。

解　这里，$f(x)=\sin x$，$\varphi_0(x)=x$，$\varphi_1=x^3$，计算得

$$(\varphi_0,\varphi_1)=\sum_{i=1}^{4}\left[\varphi_0(x_i)\right]^2=\sum_{i=1}^{4}x_i^{\,2}=3.8382$$

$$(\varphi_0,\varphi_1)=(\varphi_1,\varphi_0)=\sum_{i=1}^{4}\varphi_0(x_i)\varphi_1(x_i)=\sum_{i=1}^{4}x_i^{\,4}=7.3658$$

$$(\varphi_1,\varphi_1)=\sum_{i=1}^{4}\left[\varphi_0(x_i)\right]^2=\sum_{i=1}^{4}x_i^{\,6}=16.3611$$

$$(f,\varphi_0)=\sum_{i=1}^{4}x_i\sin x_i=2.7395$$

$$(f,\varphi_1)=\sum_{i=1}^{4}x_i^3\sin x_i=4.9421$$

得法方程组：

$$\begin{cases}3.8382a+7.3685b=2.7395\\7.3658a+16.3611b=4.9421\end{cases}$$

解得 $a=0.9856$，$b=-0.1417$，从而对应已知数据的 $\sin x$ 的最小二乘拟合曲线为

$$\varphi(x)=0.9856x-0.1417x^3。$$

4.6.3　正交最小二乘拟合

最常见的拟合函数类是多项式，其基函数一般取幂函数：

$$\varphi_0(x)=1,\varphi_1(x)=x,\cdots,\varphi_m(x)=x^m$$

由于

$$(\varphi_j,\varphi_k)=\sum_{i=1}^{4}x_i^{\,j+k},(f,\varphi_k)=\sum_{i=1}^{4}x_i^{\,k}y_i$$

这样，法方程组为

$$\begin{pmatrix} n & \sum_{i=1}^{n}x_i & \cdots & \sum_{i=1}^{n}x_i^{\,m} \\ \sum_{i=1}^{n}x_i & \sum_{i=1}^{n}x_i^{\,2} & \cdots & \sum_{i=1}^{n}x_i^{\,m+1} \\ \vdots & \vdots & & \vdots \\ \sum_{i=1}^{n}x_i^{\,m} & \sum_{i=1}^{n}x_i^{\,m+1} & \cdots & \sum_{i=1}^{n}x_i^{\,2m} \end{pmatrix}\begin{pmatrix}a_0\\a_1\\\vdots\\a_m\end{pmatrix}=\begin{pmatrix}\sum_{i=1}^{n}y_i\\\sum_{i=1}^{n}x_iy_i\\\vdots\\\sum_{i=1}^{n}x_i^my_i\end{pmatrix}$$

但遗憾的是，当m比较大时，该方程组往往是病态的，从而导致结果误差很大，下面考虑所谓的正交最小二乘拟合。首先给出正交多项式的概念。

定义 4.6.2 设节点$x_1,x_2,\cdots,x_n$和多项式函数$P(x)$和$Q(x)$，如果

$$(P,Q)=\sum_{i=1}^{n}P(x_i)Q(x_i)=0$$

则称$P(x)$和$Q(x)$关于节点$x_1,x_2,\cdots,x_n$**正交**。如果函数空间Φ的基函数$\psi_0,\psi_1,\cdots,\psi_m$两两正交，则称为**一组正交基**。

设$\psi_0,\psi_1,\cdots,\psi_m$为函数空间$\Phi$的一组正交基，那么式（4.6.3）就成为简单的对角方程组，其解可以由下式直接给出：

$$a_k=\frac{(f,\psi_k)}{(\psi_k,\psi_k)}\quad(k=0,1,\cdots,m)\tag{4.6.5}$$

从而避免了求解病态方程组。

正交基可以由任意基$\psi_0,\psi_1,\cdots,\psi_m$通过施密特正交化方法得到：

$$\psi_0(x)=\psi_0(x)$$

$$\psi_1(x)=\psi_1(x)-\frac{(\psi_1,\psi_0)}{(\psi_0,\psi_0)}\psi_0(x)$$

$$\psi_2(x)=\psi_2(x)-\frac{(\psi_2,\psi_0)}{(\psi_0,\psi_0)}\psi_0(x)-\frac{(\psi_2,\psi_1)}{(\psi_1,\psi_1)}\psi_1(x)$$

$$\psi_m(x)=\psi_m(x)-\frac{(\psi_m,\psi_0)}{(\psi_0,\psi_0)}\psi_0(x)-\frac{(\psi_m,\psi_1)}{(\psi_1,\psi_1)}\psi_1(x)-\cdots-\frac{(\psi_m,\psi_{m-1})}{(\psi_{m-1},\psi_{m-1})}\psi_{m-1}(x)$$

例 4.6.6 已知下列数据（表 4.6.4）求拟合曲线$\varphi_0=a_0+a_1x+a_2x^2+a_3x^3$。

表 4.6.4 某函数 $f(x)$的部分数据

x	−2	−1	0	1	2
$f(x)$	−1	−1	0	1	1

解 取$\varphi_0(x)=1$，$\varphi_1(x)=x$，$\varphi_2(x)=x^2$，$\varphi_3(x)=x^3$，先进行施密特正交化：

$$\psi_0(x)=\psi_0(x)=1$$

$$\psi_1(x)=\psi_1(x)-\frac{(\psi_1,\psi_0)}{(\psi_0,\psi_0)}\psi_0(x)=x$$

$$\psi_2(x)=\psi_2(x)-\frac{(\psi_2,\psi_0)}{(\psi_0,\psi_0)}\psi_0(x)-\frac{(\psi_2,\psi_1)}{(\psi_1,\psi_1)}\psi_1(x)=x^2-2$$

$$\psi_m(x)=\psi_m(x)-\frac{(\psi_m,\psi_0)}{(\psi_0,\psi_0)}\psi_0(x)-\frac{(\psi_m,\psi_1)}{(\psi_1,\psi_1)}\psi_1(x)-\frac{(\psi_3,\psi_2)}{(\psi_2,\psi_2)}=x^3-\frac{17}{5}x$$

则$\psi_0,\psi_1,\psi_2,\psi_3$两两正交。计算得

$$(\psi_0,\psi_0)=5,\ (\psi_1,\psi_1)=10,\ (\psi_2,\psi_2)=14,\ (\psi_3,\psi_3)=14.4$$
$$(f,\psi_0)=0,\ (f,\psi_1)=6,\ (f,\psi_2)=0,\ (f,\psi_3)=-2.4$$

从而，由式（4.6.5），得

$$a_0=0,\ a_1=\frac{6}{10}=\frac{3}{5},\ a_2=0,\ a_3=\frac{-2.4}{14.4}=-\frac{1}{6}$$

故

$$\varphi(x)=\frac{3}{5}\psi_1(x)-\frac{1}{6}\psi_3(x)=\frac{3}{5}x-\frac{1}{6}\left(x^3-\frac{17}{5}x\right)=\frac{7}{6}x-\frac{1}{6}x^3$$

MATLAB 程序：

```
%程序 4.6.1--cmpfit.m
function p=cmpfit(x,y,m)
%用途：多项式拟合
%格式：p=mpfit(x,y,m)
%x、y 为数据向量，m 为拟合多项式次数，p 为返回多项式系数（降幂排列）
A=zeros(m+1,m+1);
for i=0:m
for j=0:m
A(i+1,j+1)=sum(x.^(i+j));
end
b(i+1)=sum(x.^i.*y);
end
a=A\b';
p=fliplr(a');    %按降幂排列
```

例 4.6.7　用上述程序求解例 4.6.6。

解　在 MATLAB 命令窗口执行：

```
>> x=-2:2;y=[-1 -1 0 1 1];
>> p=mpfit(x,y,3)
```

得到结果：

```
p=
   -0.1667    0    1.1667    0
```

从而所求的拟合曲线为

$$\varphi(x)=-0.1667x^3+1.1667x$$

4.6.4　非线性拟合转化为线性拟合问题

将非线性拟合问题转化为线性拟合问题求解，然后经反变换求出非线性拟合函数。

1. 指数函数

如果数据组 $(x_i,y_i)(i=0,1,\cdots,m)$ 的分布近似于指数曲线，则可考虑用指数函数 $y=be^{ax}$ 去拟合数据，按最小二乘原理，选取 a 和 b 使得 $F(a,b)=\sum_{i=o}^{m}(y_i-be^{ax_i})^2$ 为最小。由此导出的正则方程组是关于参数 a 和 b 的非线性方程组，称其为非线性最小二乘问题。

作变换：$z=\ln y$，则有

$$z=a_0+a_1x$$

其中，$a_0=\ln b$，$a_1=a$。上式右端是线性函数。当求出函数 z 后，则 $y=e^z=e^{a_0}e^{ax_1}$

函数 y 的数据组 $(x_i,y_i)(i=0,1,\cdots,m)$ 经变换后，对应函数 z 的数据组为 $(x_i,z_i)=(x_i,\ln y_i)(i=0,1,\cdots,m)$。

例 4.6.8 设一发射源的发射强度公式形如 $I=I_0e^{-at}$，现测得 I 与 t，数据见表 4.6.5。

表 4.6.5 发射强度数据

t_i	0.2	0.3	0.4	0.5	0.6	0.7	0.8
I_i	3.16	2.38	1.75	1.34	1.00	0.74	0.56

解 先求数据（表 4.6.6）的最小二乘拟合直线。

表 4.6.6 t_i 与 $\ln I_i$ 的数据

t_i	0.2	0.3	0.4	0.5	0.6	0.7	0.8
$\ln I_i$	1.1506	0.8671	0.5596	0.2927	0.0000	–0.3011	–0.5798

将此表数据代入正则方程组，可得

$$\begin{cases}7a_0+3.5a_1=1.9891\\3.5a_0+2.03a_1=0.1858\end{cases}$$

其解为 $a_0=1.73$，$a_1=-2.89$。所以

$$I_0=e^{a_0}=5.64，\quad a=-a_1=2.89$$

发射强度公式近似为 $I=5.64e^{-2.89t}$。

2. 双曲函数

例 4.6.9 在某化学反应里，根据实验所得生成物的浓度与时间关系见表 4.6.7，求浓度 $f(t)$ 与时间 t 的拟合曲线 $y=y(t)$。

表 4.6.7 生成物的浓度与时间的关系

时间 t（min）	1	2	3	4	5	6	7	8
浓度（$y\times10^{-3}$）	4.00	4.40	8.00	3.80	9.22	9.50	9.70	9.80
时间 t（min）	9	10	11	12	13	14	15	16
浓度（$y\times10^{-3}$）	10.00	10.20	10.32	10.42	10.50	10.55	10.58	10.60

解　将数据描在坐标纸上。我们看到开始时浓度增长很快，后来增长逐渐减弱，当 $t\to\infty$ 时 y 趋于某个常数，故有一条水平渐近线。另外，当 $t=0$ 时，反应还未开始，浓度应为零。根据这些特点，可设想拟合曲线 $y=y(t)$ 是双曲型：

$$y=\frac{t}{a_1+a_0t}$$

它与给定数据的规律大致符合。上述模型是非线性参数问题，可以通过变量的变换，即

$$z=\frac{1}{y},x=\frac{1}{t}$$

变为线性参数的数学模型 $z=a_1+a_0x$ 拟合数据 $(x_i,z_i)(i=1,2,\cdots,16)$。其中 x_i 和 z_i 分别由原始数据 t_i 和 y_i 根据变换公式计算出来。建立相应的法方程组：

$$\begin{cases}16a_0+3.38073a_1=1.8372\times10^3\\3.38073a_0+1.58435a_1=0.52886\times10^3\end{cases}$$

解此方程组得 $a_0=80.6621$，$a_1=161.6822$。从而得拟合曲线：

$$y=\frac{t}{161.6822+80.6621t}$$

4.7　基于 MATLAB 的插值法与最小二乘拟合

1. 一元插值

一元插值是对一元数据点(x_i,y_i)进行插值。

线性插值：由已知数据点连成一条折线，认为相邻两个数据点之间的函数值就在这两点之间的连线上。一般来说，数据点数越多，线性插值就越精确。

调用格式：

```
yi=interp1(x,y,xi, 'linear')        %线性插值
zi=interp1(x,y,xi, 'spline')        %三次样条插值
wi=interp1(x,y,xi, 'cubic')         %三次多项式插值
```

说明：yi、zi、wi 为对应 xi 的不同类型的插值，x、y 为已知数据点。

例 4.7.1　已知列出一组 x、y 的数据，见表 4.7.1。

表 4.7.1　一组 x、y 的数据

x	0	0.1	0.2	0.3	0.4	0.5	0.6	0.7	0.8	0.9	1
y	0.3	0.5	1	1.4	1.6	1	0.6	0.4	0.8	1.5	2

求当 xi=0.25 时的 yi 的值。

解 MATLAB 程序：

```
>>x=0:.1:1;
>>y=[.3 .5 1 1.4 1.6 1 .6 .4 .8 1.5 2];
>>yi0=interp1(x,y,0.025,'linear')
>>xi=0:.02:1;
>>yi=interp1(x,y,xi,'linear');
>>zi=interp1(x,y,xi,'spline');
>>wi=interp1(x,y,xi,'cubic');
>>plot(x,y,'o',xi,yi,'r+',xi,zi,'g*',xi,wi,'k.-');
>>legend('原始点','线性点','三次样条','三次多项式');
```

得到结果：

```
yi0 =    0.3500
```

线性插值拟合图像如图 4.7.1 所示。

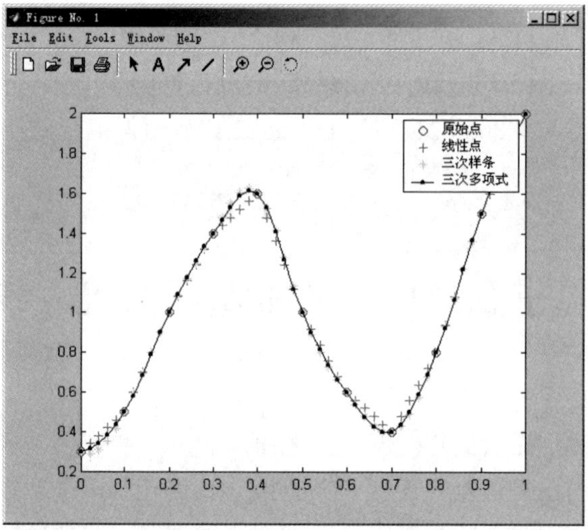

图 4.7.1　线性插值拟合图像

要得到给定的几个点的对应函数值，可用：

```
xi =[ 0.2500    0.3500    0.4500];
yi=interp1(x,y,xi,'spline')
```

得到结果：

```
yi =1.2088    1.5802    1.3454
```

例 4.7.2　在 MATLAB 中使用 interp1 函数进行插值。

解 interp1 函数用于一维数据的插值，具体用法如下：

```
>> %创建一些示例数据
>> x = 1:5;
>> y = [10, 15, 8, 12, 9];
>> %在 1～5 之间生成更密集的数据点
```

```
>> x_interp = 1:0.1:5;
>> %使用线性插值法
>> y_interp_linear = interp1(x, y, x_interp, 'linear');
>> %使用三次样条插值法
>> y_interp_spline = interp1(x, y, x_interp, 'spline');
>> %绘制原始数据和插值结果
>> plot(x, y, 'o', x_interp, y_interp_linear, '-', x_interp, y_interp_spline, '--');
>>legend('原始数据', '线性插值', '三次样条插值');
```

这个例子中，x 和 y 是原始数据，在 1～5 中生成更密集的数据点 x_interp，然后分别使用线性插值法和三次样条插值法对数据进行插值，最后绘制原始数据和插值结果的图像，如图 4.7.2 所示。

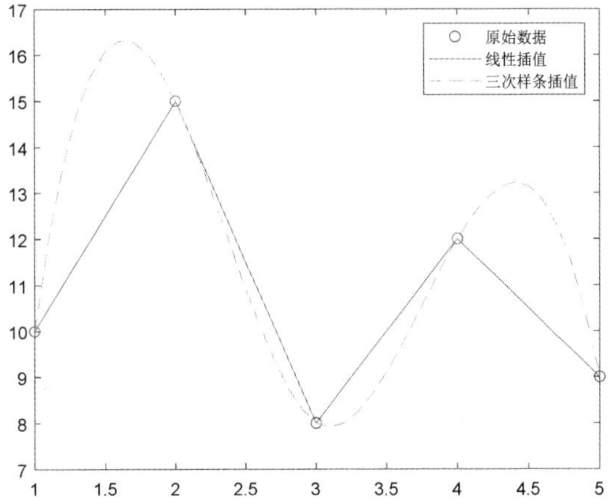

图 4.7.2　interp1 函数插值拟合图像

2. 二元插值

二元插值与一元插值的基本思想一致，对原始数据点(x,y,z)的构造见上面函数，求出插值点数据(xi,yi,zi)。

单调节点插值函数，即 x、y 向量是单调的。

调用格式 1：zi=interp2(x,y,z,xi,yi, 'linear')

“linear”是双线性插值（缺省）。

调用格式 2：zi=interp2(x,y,z,xi,yi, 'nearest')

“nearest”是最近邻域插值。

调用格式 3：zi=interp2(x,y,z,xi,yi, 'spline')

“spline”是三次样条插值。

说明：这里 x 和 y 是两个独立的向量，它们必须是单调的。z 是矩阵，是由 x 和 y 确定的点上的值。z 和 x、y 之间的关系是 z(i,:)=f(x,y(i))，z(:,j)=f(x(j),y)，即当 x 变化时，z 的第 i 行与 y 的第 i 个元素相关，当 y 变化时，z 的第 j 列与 x 的第 j 个元素相关。如果没有对 x、y 赋值，则默认 x=1:n，y=1:m。n 和 m 分别是矩阵 z 的行数和列数。

例 4.7.3 已知某处山区地形选点测量坐标数据如下：

x=0 0.5 1 1.5 2 2.5 3 3.5 4 4.5 5

y=0 0.5 1 1.5 2 2.5 3 3.5 4 4.5 5 5.5 6

海拔高度数据如下：

z=89 90 87 85 92 91 96 93 90 87 82
92 96 98 99 95 91 89 86 84 82 84
96 98 95 92 90 88 85 84 83 81 85
80 81 82 89 95 96 93 92 89 86 86
82 85 87 98 99 96 97 88 85 82 83
82 85 89 94 95 93 92 91 86 84 88
88 92 93 94 95 89 87 86 83 81 92
92 96 97 98 96 93 95 84 82 81 84
85 85 81 82 80 80 81 85 90 93 95
84 86 81 98 99 98 97 96 95 84 87
80 81 85 82 83 84 87 90 95 86 88
80 82 81 84 85 86 83 82 81 80 82
87 88 89 98 99 97 96 98 94 92 87

解 利用双线性插值对数据处理，形成地貌图，如图 4.7.3 所示。

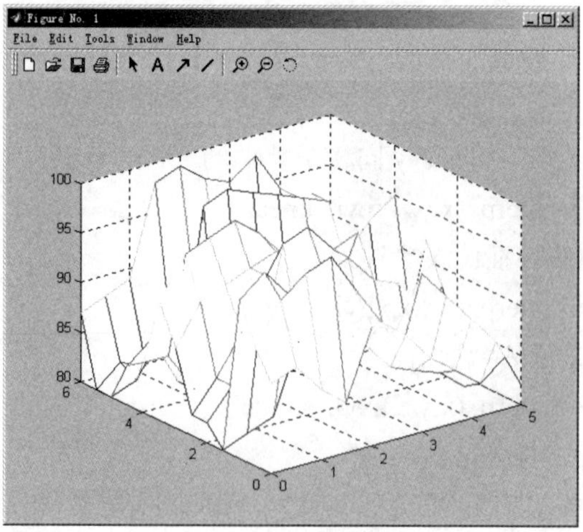

图 4.7.3 地貌图

MATLAB 程序：

```
>>x=0:.5:5;
>>y=0:.5:6;
>> z=[89 90 87 85 92 91 96 93 90 87 82
      92 96 98 99 95 91 89 86 84 82 84
      96 98 95 92 90 88 85 84 83 81 85
      80 81 82 89 95 96 93 92 89 86 86
      82 85 87 98 99 96 97 88 85 82 83
      82 85 89 94 95 93 92 91 86 84 88
      88 92 93 94 95 89 87 86 83 81 92
      92 96 97 98 96 93 95 84 82 81 84
      85 85 81 82 80 80 81 85 90 93 95
      84 86 81 98 99 98 97 96 95 84 87
      80 81 85 82 83 84 87 90 95 86 88
      80 82 81 84 85 86 83 82 81 80 82
      87 88 89 98 99 97 96 98 94 92 87];
>> mesh(x,y,z)                          %绘原始数据图
>> xi=linspace(0,5,50);                 %加密横坐标数据到 50 个
>> yi=linspace(0,6,80);                 %加密纵坐标数据到 60 个
>>[xii,yii]=meshgrid(xi,yi);            %生成网格数据
>>zii=interp2(x,y,z,xii,yii,'cubic');   %插值
>> mesh(xii,yii,zii)                    %加密后的地貌图
>> hold on                              %保持图形
>>[xx,yy]=meshgrid(x,y);                %生成网格数据
>> plot3(xx,yy,z+0.1,'ob')              %原始数据用“O”绘出
```

二元插值拟合地貌图如图 4.7.4 所示。

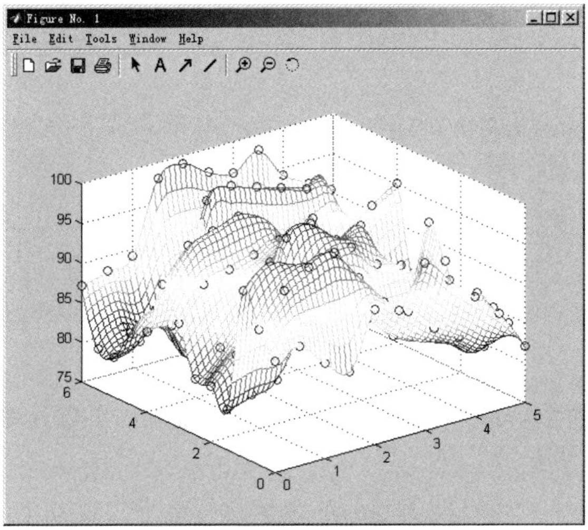

图 4.7.4　二元插值拟合地貌图

3．二元非等距插值

调用格式：zi=griddata(x,y,z,xi,yi, '指定插值法')

插值法如下：

```
linear                              %线性插值（默认）
Bilinear                            %双线性插值
Cubic                               %三次插值
Bicubic                             %双三次插值
Nearest                             %最近邻域插值
```

例 4.7.4 用随机数据生成地貌图再进行插值。

解 MATLAB 程序：

```
>>x=rand(100,1)*4-2;
>>y=rand(100,1)*4-2;
>>z=x.*exp(-x.^2-y.^2);
>>ti=-2:.25:2;
>>[xi,yi]=meshgrid(ti,ti);          %加密数据
>>zi=griddata(x,y,z,xi,yi);         %线性插值
>>mesh(xi,yi,zi)
>>hold on
>>plot3(x,y,z,'o')
```

随机数据插值地貌图如图 4.7.5 所示。

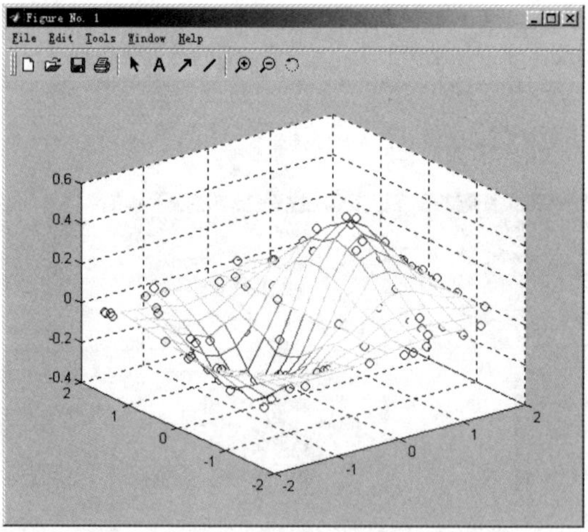

图 4.7.5 随机数据插值地貌图

该例中使用的数据是随机形成的，故函数 griddata 可以处理无规则的数据。

4．最小二乘拟合

在 MATLAB 中，可以使用 polyfit 函数进行最小二乘拟合。polyfit 函数用于拟合一组数据点到多项式模型上。例如：

```
>> %创建一些示例数据
>> x = 1:5;
>> y = [10, 15, 8, 12, 9];
>> %拟合数据到一个二次多项式模型
>> p = polyfit(x, y, 2);
>> %生成拟合的曲线
>> x_fit = 1:0.1:5;
>> y_fit = polyval(p, x_fit);
>> %绘制原始数据和拟合曲线
>> plot(x, y, 'o', x_fit, y_fit, '-');
>> legend('原始数据', '拟合曲线');
```

运行结果如图 4.7.6 所示。

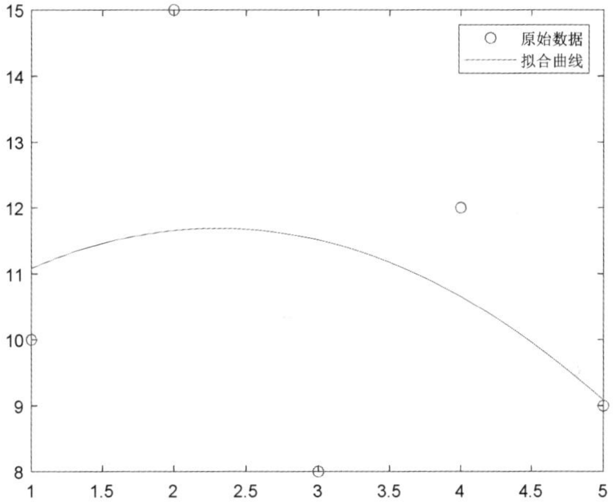

图 4.7.6　最小二乘拟合运行结果

这个例子中，我们创建了一些示例数据 x 和 y，然后使用 polyfit 函数将这些数据拟合到一个二次多项式模型上。最后生成拟合曲线并绘制原始数据和拟合曲线的图像。

数学家和数学家精神

张平文（1966 年至今），中国科学院院士。张平文主要从事计算数学和科学计算研究，他在复杂流体的数学理论和计算方法、移动网格方法及应用、多尺度算法与分析等多个领域开展研究，取得了一系列原创性的重要成果。他与合作者为液晶领域的 Doi-Onsager 模型奠定了数学基础，并建立了 Doi-Onsager 模型与宏观的 Ericksen-Leslie 模型之间的联系；研究了一系列不同层次、不同尺度的模型之间的关系并发展了能够描述复杂相和动力学行为的统一模型；针对嵌段聚合物自洽场理论模型，发展了挖掘复杂结构的高效数值方法，设计了有序相变成核算法，这些方法和算法已经成为该领域模拟研究常用的工具。另外，他还在基于调和映射的移动网格方法、多尺度算法与分析等方面做出了创新性贡献。

习 题 4

1. 针对如下函数表，试构造合适的二次拉格朗日插值多项式计算 $f(1.8)$ 的近似值（题 1 表）。

题 1 表

x	1	2	3
$f(x)$	–2	1	10

2. 已知 $f(x)$ 在节点 1，2，3，6 的函数表（题 2 表）。

题 2 表

x	1	2	3	6
$f(x)$	–2	–1	–22	–37

试求 $f(x)$ 的三次插值函数，并求 $f(4)$ 的近似值。

3. 令函数 $f(x)=\dfrac{4x-7}{x-2}$，且 $x_0=1.7$，$x_1=1.8$，$x_2=1.9$，$x_3=2.1$。

（1）利用 x_0、x_1 及 x_2，构造一个次数不高于二次的多项式，求 $f(1.75)$ 的近似值。

（2）利用 x_0、x_1、x_2 及 x_3，构造一个三次插值多项式，求 $f(1.75)$ 的近似值。

4. 设 $f(x)$ 在 $[a,b]$ 有连续的二阶导数，且 $f(a)=f(b)=0$，求证 $\max\limits_{a\leqslant x\leqslant b}|f(x)|\leqslant \dfrac{1}{8}(b-a)^2\max\limits_{a\leqslant x\leqslant b}|f''(x)|$。

5. 已知 $\sqrt{100}=10$，$\sqrt{121}=11$，$\sqrt{144}=12$，试用线性插值公式求 $\sqrt{115}$ 的值。

6. 已知数据表（题 6 表）

题 6 表

x	1.1275	1.1503	1.1735	1.1972
$f(x)$	0.1191	0.13954	0.15932	0.17903

用拉格朗日插值公式计算 $f(1.1300)$ 的近似值。

7. 若 $f(x)\in C^2[a,b]$，$S(x)$ 是三次样条函数，证明：

$$\int_a^b [f''(x)]^2 \mathrm{d}x - \int_a^b [S''(x)]^2 \mathrm{d}x = \int_a^b [f''(x) - S''(x)]^2 \mathrm{d}x + 2\int_a^b S''(x)[f''(x) - S''(x)]^2 \mathrm{d}x$$

8．设 $a<c<b$，$f(x)$ 在 $[a,b]$ 上四阶可导，$H(x)$ 为满足 $H(a)=f(a)$，$H(b)=f(b)$，$H(c)=f(c)$ 及 $H'(c)=f'(c)$ 的次数不超过三次的多项式。证明：当 $x\in[a,b]$ 时，存在 $\xi\in[a,b]$，使得

$$f(x)-H(x)=\frac{f^{(4)}(\xi)}{4!}(x-a)(x-c)^2(x-b)$$

9．已知连续函数 $f(x)$ 在 $x=-1,0,2,3$ 的值分别是 $-4,-1,0,3$，用牛顿插值法求：

（1）$f(1.5)$ 的近似值；

（2）$f(x)=0.5$ 时，x 的近似值。

10．给定数据（题 10 表）。

题 10 表

x_i	1	$\frac{3}{2}$	0	2
$f(x_i)$	3	$\frac{13}{4}$	3	$\frac{5}{3}$

（1）作函数 $f(x)$ 的差商表；

（2）用牛顿插值公式求三次插值多项式 $N_3(x)$。

11．设 $P(x)$ 是任意首项系数为 1 的 $n+1$ 次多项式，试证明：

$$P(x)=\sum_{k=0}^{n}P(x_k)l_k(x)=\omega(x)$$

式中：$l_k(x)(k=0,1,\cdots,n)$ 是拉格朗日插值基函数；$\omega(x)=(x-x_0)(x-x_1)\cdots(x-x_n)$。

12．求被插值函数 $f(x)$ 在区间 $[0,3]$ 上的三次样条函数 $S(x)$，其中 $f(0)=0$，$f(1)=1$，$f(2)=-1$，$f(3)=3$，取边界条件 $S'(0)=1$，$S'(3)=2$。

13．已知 $f(x)$ 的函数表（题 13 表）。

题 13 表

x	0	1	2	3
$f(x)$	1	1	0	10

下式的 $S(x)$ 是否为 $f(x)$ 在表上节点上的三次自然样条插值函数？

14．求 $f(x)=x^4$ 在 $[a,b]$ 上的分段厄尔米特插值，并估计误差。

15．已知 $\sin 0=0$，$\sin\frac{\pi}{6}=\frac{1}{2}$，$\sin\frac{\pi}{3}=\frac{\sqrt{3}}{2}$，$\sin\frac{\pi}{2}=1$，由最小二乘法求 $\sin x$ 的拟

合曲线$\varphi(x)=ax+bx^3$。

实 验 题

1．编制拉格朗日插值法 MATLAB 程序，求$\ln 0.53$的近似值，已知$f(x)=\ln x$的数值（题 1 表）。

题 1 表

x	0.4	0.5	0.6	0.7
$\ln x$	–0.916291	–0.693147	–0.510826	–0.357765

2．编制牛顿插值法 MATLAB 程序，求$f(0.5)$的近似值。已知的数值见题 2 表。

题 2 表

x_i	0.0	0.2	0.4	0.6	0.8
$f(x_i)$	0.1995	0.3965	0.5881	0.7721	0.9461

3．对于三次样条插值的三弯矩方法，编制用于第一种和第二种边界条件的 MATLAB 程序。已知数据见题 3 表。

题 3 表

x_i	0.25	0.30	0.39	0.45	0.53
y_i	0.5000	0.5477	0.6245	0.6708	0.7280

第一种边界条件：$S'(0.25)=1.000$，$S'(0.53)=0.6868$。第二种边界条件：$S''(0.25)=S''(0.53)=0$。分别用所编程序求解，输出各插值节点的弯矩值$\{m_i\}$和插值中点的样条函数值，并作点列$\{x_i,y_i\}$和样条函数$y=S(x)$的图形。

4．编制以函数$x^k\,(k=0,1,\cdots,m)$为基的多项式最小二乘拟合 MATLAB 程序，并用于对下列数据（题 4 表）作三次多项式最小二乘拟合。

题 4 表

x_i	–1.0	–0.5	0.0	0.5	1.0	1.5	2.0
y_i	–4.447	–0.452	0.551	0.048	–0.447	0.549	4.552

求拟合曲线$\varphi(x)=a_0+a_1x+\cdots+a_nx^n$中的参数$\{a_k\}$、平方误差$\delta^2$，并作离散数据$\{x_i,y_i\}$和拟合曲线$y=\varphi(x)$的图形。

第 5 章　数值积分与数值微分

由微积分基本理论，定积分可由牛顿-莱布尼茨公式计算，但是许多函数无法找到原函数，或者可能 $f(x)$ 没有解析表达式，仅由一组离散数据 $y_i = f(x_i)(i = 0,1,\cdots,n)$ 给出，解决实际问题中定积分的计算问题，主要靠数值计算方法。本章介绍定积分的近似计算中几种常用的数值积分方法：梯形公式，抛物线公式及其复化求积公式与龙贝格（Romberg）求积法等。

5.1　插值型求积公式和代数精度

5.1.1　数值积分基本思想

在一些实际问题中往往需要计算积分。有些数值方法如微分方程、积分方程求解，也都和积分计算有关。根据微积分基本定理，对于积分：

$$I = \int_a^b f(x)\mathrm{d}x$$

只要能求得被积函数 $f(x)$ 的原函数 $F(x)$，便可根据牛顿-莱布尼茨（Newton-Leibniz）公式得到

$$\int_a^b f(x)\mathrm{d}x = F(b) - F(a)$$

但事实上，对于许多求积函数，这种方法比较困难，因为很多被积函数的原函数不易求得，故不能用牛顿-莱布尼茨公式计算，如 e^{-x^2}，$\dfrac{\tan x}{x}$，$f(x) = \dfrac{1}{\sqrt{x^4 + 1}}$ 等。还有一些函数即使可以求得原函数，计算也比较困难，例如被积函数 $f(x) = \dfrac{1}{1 + x^6}$，其原函数为

$$F(x) = \frac{\arctan x}{3} + \frac{1}{6}\arctan\left(x - \frac{1}{x}\right) + \frac{1}{4\sqrt{3}}\ln\frac{x^2 + x\sqrt{3} + 1}{x^2 - x\sqrt{3} + 1} + C$$

计算 $F(a)$ 和 $F(b)$ 仍然很困难。除此之外，当 $f(x)$ 是由测量或数值计算给出的数

据表时，也不能直接用牛顿-莱布尼茨公式，因此，研究数值积分的数值计算显得尤为重要。

根据积分中值定理，在积分区间$[a,b]$内存在一点ξ，使得

$$\int_a^b f(x)\mathrm{d}x=(b-a)f(\xi)$$

成立，也就是说，底为$b-a$而高为$f(\xi)$的矩形面积恰等于所求曲边梯形的面积（图 5.1.1）。问题在于点ξ的具体位置一般是不知道的，因而难以准确算出$f(\xi)$的值，我们将$f(\xi)$称为区间$[a,b]$上的平均高度。这样，只要对平均高度$f(\xi)$提供一种算法，相应地便获得一种数值求积方法。

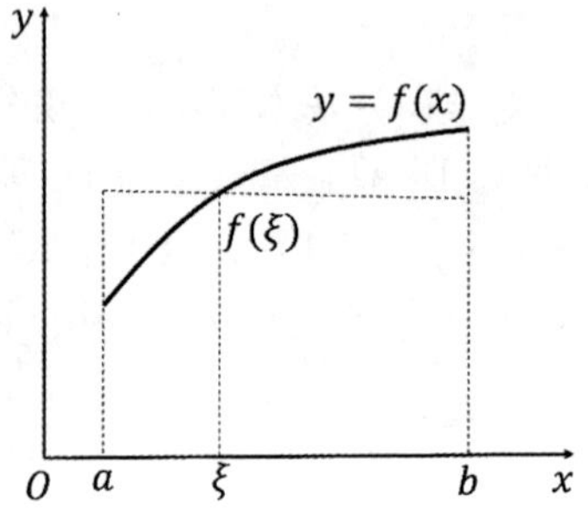

图 5.1.1 曲边梯形

如果用两端点高度$f(a)$与$f(b)$的算术平均值作为平均高度$f(\xi)$的近似值，这样导出的求积公式：

$$\int_a^b f(x)\mathrm{d}x\approx\frac{b-a}{2}\left[f(a)+f(b)\right] \tag{5.1.1}$$

这便是我们所熟悉的梯形公式（几何意义参看图 5.1.2），而如果改用区间中点$c=\dfrac{a+b}{2}$的高度$f(c)$近似地取代平均高度$f(\xi)$，则又可导出所谓中矩形公式（简称矩形公式）：

$$\int_a^b f(x)\mathrm{d}x\approx(b-a)f\left(\frac{a+b}{2}\right) \tag{5.1.2}$$

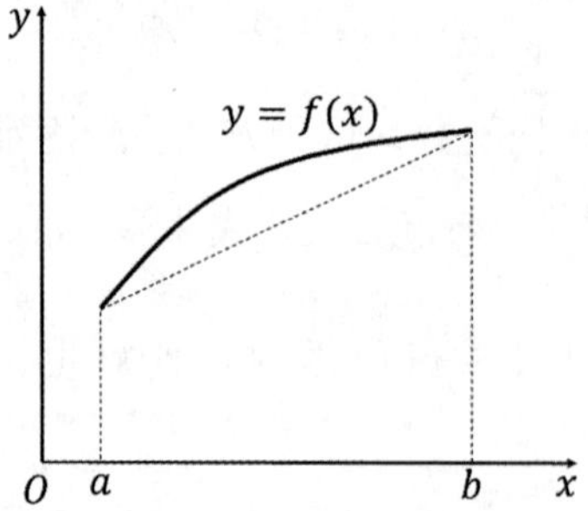

图 5.1.2 几何意义

更一般地，可以在区间$[a,b]$上适当选取某些节点x_k，然后用$f(x_k)$的加权平均得到平均高度$f(\xi)$的近似值，这样构造出的求积公式具有下列形式：

$$\int_a^b f(x)\mathrm{d}x \approx \sum_{k=0}^{n} A_k f(x_k) \tag{5.1.3}$$

式中，x_k 称为求积节点；A_k 称为求积系数，亦称伴随节点 x_k 的权。权 A_k 仅仅与节点 x_k 的选取有关，而不依赖于被积函数 $f(x)$ 的具体形式。

这类数值积分方法通常称为机械求积，其特点是将积分求值问题归结为被积函数值的计算，这就避开了牛顿-莱布尼茨公式需要寻求原函数的困难，很适合在计算机上使用。

5.1.2　代数精度的概念

数值求积方法是近似方法，为保证精度，我们自然希望求积公式能对尽可能多的函数准确地成立，这就提出了所谓代数精度的概念。

定义 5.1.1　如果某个求积公式对于次数不超过 m 的多项式均能准确地成立，但对于 $m+1$ 次多项式就不能准确成立，则称该求积公式具有 m 次代数精度（或代数精确度）。

定理 5.1.1　对给定的 $n+1$ 个（互异）节点 $x_0,x_1,\cdots,x_n \in [a,b]$，总存在求积系数 $A_i\ (i=0,1,\cdots,n)$，使得求积公式

$$\int_a^b f(x)\mathrm{d}x \approx \sum_{i=0}^{n} A_i f(x_i)$$

至少具有 n 次代数精度。

证明　设求积公式对 $f(x)=1,x,x^2,\cdots,x^n$ 均准确成立，则有

$$\begin{cases} A_0 + A_1 + \cdots + A_n = b-a \\ A_0x_0 + A_1x_1 + \cdots + A_nx_n = \dfrac{b^2-a^2}{2} \\ \quad\vdots \\ A_0x_0^n + A_1x_1^n + \cdots + A_nx_n^n = \dfrac{b^{n+1}-a^{n+1}}{n+1} \end{cases}$$

此式是关于 $A_0,A_1,\cdots,A_n$ 的线性方程组，其系数矩阵的行列式为范德蒙行列式。当 x_i 互异时，其行列式不为零，由克莱姆（Gram）法则得存在唯一解 $(A_0, A_1,\cdots,A_n)$。因此，存在求积系数 $A_0,A_1,\cdots,A_n$，使求积公式对 $f(x)=1,x,x^2,\cdots,x^n$ 都成为等式，从而求积公式至少具有 n 次代数精度。

不难验证，梯形公式（5.1.1）和矩形公式（5.1.2）均具有一次代数精度。

一般地，欲使求积公式（5.1.3）具有 m 次代数精度，只要令它对于 $f(x)=1,x,\cdots,x^m$ 都能准确成立，这就要求：

$$\begin{cases} \sum_{k=0}^{0} A_k = b-a \\ \sum_{k=0}^{1} A_k x_k = \frac{1}{2}(b^2-a^2) \\ \quad \vdots \\ \sum_{k=0}^{m} A_k x_k^m = \frac{1}{m+1}(b^{m+1}-a^{m+1}) \end{cases} \tag{5.1.4}$$

如果事先选定节点 x_k，例如，以区间 $[a,b]$ 的等距分点作为节点，这时取 $m=n$ 求解线性方程组（5.1.4）即可确定求积系数 A_k，而使求积公式（5.1.3）至少具有 n 次代数精度。

为了构造出形如式（5.1.3）的求积公式，实际上是一个确定参数 x_k 和 A_k 的代数问题。

例如 n=1 时，取 $x_0=a$，$x_1=b$，求积公式为

$$I(f)=\int_a^b f(x)\mathrm{d}x \approx A_0 f(a)+A_1 f(b)$$

在线性方程组（5.1.4）中令 m=1，则得

$$\begin{cases} A_0 + A_1 = b-a \\ A_0 a + A_1 b = \frac{1}{2}(b^2-a^2) \end{cases}$$

解得 $A_0 = A_1 = \frac{1}{2}(b-a)$，于是得

$$I(f)=\int_a^b f(x)\mathrm{d}x \approx \frac{b-a}{2}\left[f(a)+f(b)\right]$$

这就是梯形公式（5.1.1），它表明利用线性方程组（5.1.4）推出的求积公式，与用通过两点 $\left[a,f(a)\right]$ 与 $\left[b,f(b)\right]$ 的直线近似曲线 $y=f(x)$ 得到的结果一致，当 $y=x^2$ 时式（5.1.4）的第三个式子不成立，因为

$$\frac{b-a}{2}(a^2+b^2) \neq \int_a^b x^2\mathrm{d}x = \frac{1}{3}(b^3-a^3)$$

故梯形公式（5.1.1）的代数精度为 1。

在方程组（5.1.4）中，如果节点 x_i 及系数 A_i 都不确定，那么方程组（5.1.4）是关于 x_i 及 $A_i(i=0,1,\cdots,n)$ 的 $2n+2$ 个参数的非线性方程组，此方程组在 $n>1$ 时求解是很困难的，但在 $n=0$ 及 $n=1$ 时还可通过求解方程组（5.1.4）得到相应的求积公式，下面对 $n=0$ 讨论求积公式的建立及代数精度。此时求积公式为

$$I(f)=\int_a^b f(x)\mathrm{d}x \approx A_0 f(x_0)$$

其中，A_0 及 x_0 为待定参数，根据代数精度定义可令 $f(x)=1,x$ ，由方程组（5.1.4）知：

$$\begin{cases} A_0 = b-a \\ A_0x_0 = \dfrac{1}{2}(b^2-a^2) \end{cases}$$

于是 $x_0=\dfrac{1}{2}(a-b)$，得到的求积公式就是式（5.1.2）的中矩形公式。再令 $f(x)=x^2$，代入式（5.1.4）的第三式有

$$A_0{x_0}^2=(b-a)\left(\frac{a+b}{2}\right)^2=\frac{b-a}{4}(a^2+b^2)\neq\int_a^b x^2dx=\frac{1}{3}(b^3-a^3)$$

说明公式（5.1.2）对 $f(x)=x^2$ 不精确成立，故它的代数精度为 1。

方程组（5.1.4）是根据形如式（5.1.3）的求积公式得到的，按照代数精度的定义，如果求积公式中除了 $f(x)$ 还有 $f'(x)$ 在某些节点上的值，也同样可得到相应的求积公式。

例 5.1.1　试确定一个至少具有 2 次代数精度的公式：

$$\int_0^4 f(x)\mathrm{d}x\approx Af(0)+Bf(1)+Cf(3)$$

解　要使求积公式具有 2 次代数精度，则对 $f(x)=1,x,x^2$ ，求积公式准确成立，即得如下方程组：

$$\begin{cases} A+B+C=4 \\ B+3C=8 \\ B+9C=\dfrac{64}{3} \end{cases}$$

解之得 $A=\dfrac{4}{9}$，$B=\dfrac{4}{3}$，$C=\dfrac{20}{9}$。所以得到求积公式为

$$\int_0^4 f(x)\mathrm{d}x\approx\frac{1}{9}\left[4f(0)+12f(1)+20f(3)\right]$$

由定义可知，所得公式至少具有 2 次代数精度。

5.1.3　插值型的求积公式

用 n 次拉格朗日多项式 $L_n(x)$ 作为 $f(x)$ 的近似函数。设 $[a,b]$ 上的节点为

$$a=x_0<x_1<x_2<\cdots<x_n=b$$

则有

$$L_n(x)=\sum_{i=0}^{n} l_i(x) f(x_i)$$

其中，$l_i(x)=\prod_{\substack{j=0 \\ j \neq ij}}^{n} \frac{x-x_j}{x_i-x_j}$。计算定积分时，$f(x)$ 可由 $L_n(x)$ 代替，则有

$$I=\int_a^b f(x)\mathrm{d}x \approx \int_a^b L_n(x)\mathrm{d}x=\int_a^b \sum_{i=0}^{n} l_i(x) f(x_i)\mathrm{d}x=\sum_{i=0}^{n}\left[\int_a^b l_i(x)\mathrm{d}x\right] f(x_i)$$

则有下列公式：

$$I=\int_a^b f(x)\mathrm{d}x \approx \sum_{i=0}^{n} A_i f(x_i) \tag{5.1.5}$$

即

$$A_i=\int_a^b l_i(x)\mathrm{d}x \tag{5.1.6}$$

其中，A_i 只与插值节点 x_i 有关，而与被积函数 $f(x)$ 无关。此公式称为**插值型求积公式**，A_i 称为**求积系数**。

由拉格朗日插值余项可知，此求积公式的截断误差为

$$R[f]=\int_a^b [f(x)-L_n(x)]\mathrm{d}x=\int_a^b R_n(x)\mathrm{d}x \tag{5.1.7}$$

其中

$$R_n(x)=\frac{f^{(n+1)}(\xi)}{(n+1)!}\omega_{n+1}(x)$$

ξ 依赖于 x，有

$$\omega_{n+1}(x)=(x-x_0)(x-x_1)\cdots(x-x_n)$$

$$R_n[f]=\int_a^b [f(x)-L_n(x)]\mathrm{d}x=\frac{1}{(n+1)!}\int_a^b f^{(n+1)}(\xi)\prod_{i=0}^{n}(x-x_i)\mathrm{d}x \quad (\xi \in [a,b])$$

如果求积公式（5.1.5）是插值型的，按式（5.1.7），对于次数不超过 n 的多项式 $f(x)$，其余项 $R[f]$ 等于零，因而这时求积公式至少具有 n 次代数精度。反之，如果求积公式（5.1.5）至少具有 n 次代数精度，则它必定是插值型的。

综上所述，有如下结论。

定理 5.1.2 形如式（5.1.5）的求积公式至少有 n 次代数精度的充分必要条件是它是插值型的。

例 5.1.2 求下列求积公式的代数精度，并确定它是否是插值型求积公式。

（1）$\int_{-1}^{1} f(x)\mathrm{d}x \approx \frac{1}{3}f(1)+\frac{4}{3}f(0)+\frac{1}{3}f(-1)$；

（2）$\int_{-1}^{1} f(x)\mathrm{d}x \approx \frac{1}{2}f(1)+f(0)+\frac{1}{2}f(-1)$。

解　（1）设 $f(x)=1$：左式=$\int_{-1}^{1} 1\mathrm{d}x=2$，右式=$\frac{1}{3}+\frac{4}{3}+\frac{1}{3}=2$；

$f(x)=x$：左式=$\int_{-1}^{1} x\mathrm{d}x=0$，右式=$\frac{1}{3}+0+\left(-\frac{1}{3}\right)=0$；

$f(x)=x^2$：左式=$\int_{-1}^{1} x^2\mathrm{d}x=\frac{2}{3}$，右式=$\frac{1}{3}+0+\frac{1}{3}=\frac{2}{3}$；

$f(x)=x^3$：左式=$\int_{-1}^{1} x^3\mathrm{d}x=0$，右式=$\frac{1}{3}+0+\left(-\frac{1}{3}\right)=0$；

$f(x)=x^4$：左式=$\int_{-1}^{1} x^4\mathrm{d}x=\frac{2}{5}$，右式=$\frac{1}{3}+0+\frac{1}{3}=\frac{2}{3}$。

因此求积公式（1）具有 3 次代数精度。而它只有 3 个节点，故它是插值型求积公式，即为辛普森求积公式。

（2）设 $f(x)=1$：左式=$\int_{-1}^{1} 1\mathrm{d}x=2$，右式=$\frac{1}{2}+1+\frac{1}{2}=2$；

$f(x)=x$：左式=$\int_{-1}^{1} x\mathrm{d}x=0$，右式=$\frac{1}{2}+0+\left(-\frac{1}{2}\right)=0$；

$f(x)=x^2$：左式=$\int_{-1}^{1} x^2\mathrm{d}x=\frac{2}{3}$，右式=$\frac{1}{2}+0+\frac{1}{2}=1$。

因此求积公式（2）具有 1 次代数精度，而它有 3 个节点，故它不是插值型求积公式。

例 5.1.3　对积分 $\int_0^3 f(x)\mathrm{d}x$ 构造一个至少具有 3 次代数精度的求积公式。

解　因为 4 个节点的插值型求积公式至少有 3 次代数精度，故在 $[0,3]$ 上取节点 0，1，2，3，有

$$\int_0^3 f(x)\mathrm{d}x \approx A_0 f(0)+A_1 f(1)+A_2 f(2)+A_3 f(3)$$

由于

$$\begin{cases} l_0(x)=-\frac{1}{6}(x^3-6x^2+11x-6) \\ l_1(x)=\frac{1}{2}(x^3-5x^2+6x) \\ l_2(x)=\frac{1}{2}(x^3-4x^2+3x) \\ l_3(x)=\frac{1}{6}(x^3-3x^2+2x) \end{cases}$$

则

$$\begin{cases} A_0 = \int_0^3 l_0(x)\mathrm{d}x = \dfrac{3}{8} \\ A_1 = \int_0^3 l_1(x)\mathrm{d}x = \dfrac{9}{8} \\ A_2 = \int_0^3 l_2(x)\mathrm{d}x = \dfrac{9}{8} \\ A_3 = \int_0^3 l_3(x)\mathrm{d}x = \dfrac{3}{8} \end{cases}$$

所以

$$\int_0^3 f(x)\mathrm{d}x \approx \frac{3}{8}\left[f(0)+3f(1)+3f(2)+f(3)\right]$$

因为求积公式有 4 个节点，所以至少有 3 次代数精度，只要将 $f(x)=x^4$ 代入验证其代数精度。由于

$$\text{左式}=\int_0^3 x^4\mathrm{d}x = \left[\frac{1}{5}x^5\right]_0^3 = \frac{243}{5}\text{，右式}=\frac{3}{8}(0+3+24+81)=\frac{324}{8}$$

故该插值型求积公式只有 3 次代数精度。

5.1.4 求积公式的稳定性与收敛性

定义 5.1.2 如果

$$\lim_{\substack{n\to\infty \\ h\to 0}} \sum_{i=0}^{n} A_k f(x_k) = \int_a^b f(x)\mathrm{d}x$$

其中，$h=\max\limits_{1\leqslant x\leqslant n}(x_k - x_{k-1})$，则称求积公式 $\tilde{f}_k$

$$\int_a^b f(x)\mathrm{d}x \approx \sum_{k=0}^{n} A_k f(x_k)$$

是收敛的。

在求积公式（5.1.3）中，由于计算 $f(x_k)$ 可能产生误差 δ_k，实际得到即 $f(x_k)=\tilde{f}_k+\delta_k$，记

$$I_n(f)=\sum_{k=0}^{n} A_k f(x_k)\text{，}\quad I_n(\tilde{f})=\sum_{k=0}^{n} A_k \tilde{f}_k$$

如果对任意给定的小正数 $\varepsilon>0$，只要误差 $|\delta_k|$ 充分小就有

$$\left|I_n(f)-I_n(\tilde{f})\right| = \left|\sum_{k=0}^{n} A_k[f(x_k)-\tilde{f}_k]\right| \leqslant \varepsilon \tag{5.1.8}$$

它表明求积公式（5.1.3）计算是稳定的，由此给出下面定义。

定义 5.1.3　对任意给定的 $\varepsilon>0$，若 $\exists\delta>0$，只要 $\left|f(x_k)-\tilde{f}_k\right|\leqslant\delta(k=0,1,2,\cdots,n)$ 就有式（5.1.8）成立，则称求积公式（5.1.3）是**稳定**的。

定理 5.1.3　若求积公式（5.1.3）中系数 $A_k>0(k=0,1,\cdots,n)$，则此求积公式是稳定的。

证明　对任意给定的 $\varepsilon>0$，若取 $\delta=\dfrac{\varepsilon}{b-a}$，对 $k=0,1,\cdots,n$ 都要求 $\left|f(x_k)-\tilde{f}_k\right|\leqslant\delta$，则有

$$\left|I_n(f)-I_n(\tilde{f})\right|=\left|\sum_{k=0}^{n}A_k[f(x_k)-\tilde{f}_k]\right|\leqslant\sum_{k=0}^{n}\left|A_k\right|\left|f(x_k)-\tilde{f}_k\right|$$

$$\leqslant\delta\sum_{k=0}^{n}A_k=\delta(b-a)=\varepsilon$$

由定义 5.1.3 可知求积公式（5.1.3）是稳定的，证毕。

定理 5.1.3 表明只要求积系数 $A_k>0$，就能保证计算的稳定性。

5.2　牛顿-柯特斯公式

5.2.1　柯特斯系数与辛普森公式

设将积分区间 $[a,b]$ 划分为 n 等份，步长 $h=\dfrac{b-a}{n}$，选取等距节点 $x_k=a+kh$ 构造出的插值型求积公式

$$I_n=(b-a)\sum_{k=0}^{n}C_k^{(n)}f(x_k) \tag{5.2.1}$$

称为**牛顿-柯特斯**（Newton-Cotes）**公式**，式中 $C_k^{(n)}$ 称为**柯特斯系数**，引进变换 $x=a+th$，则有

$$C_k^{(n)}=\frac{h}{b-a}\int_0^n\prod_{\substack{j=0\\j\neq k}}^{n}\frac{t-j}{k-j}\mathrm{d}t=\frac{(-1)^{n-k}}{nk!(n-k)!}\int_0^n\prod_{\substack{j=0\\j\neq k}}^{n}(t-j)\mathrm{d}t \tag{5.2.2}$$

由于是多项式的积分，柯特斯系数的计算不会遇到实质性的困难。当 $n=1$ 时有

$$C_0^{(1)}=C_1^{(1)}=\frac{1}{2}$$

这时的求积公式就是我们所熟悉的梯形公式。

当 $n=2$ 时，按式（5.2.2），这时的柯特斯系数为

$$C_0^{(2)} = \frac{1}{4}\int_0^2 (t-1)(t-2)\mathrm{d}t = \frac{1}{6}$$

$$C_1^{(2)} = -\frac{1}{2}\int_0^2 t(t-2)\mathrm{d}t = \frac{4}{6}$$

$$C_2^{(2)} = \frac{1}{4}\int_0^2 t(t-1)\mathrm{d}t = \frac{1}{6}$$

相应的求积公式是下列**辛普森**（Simpson）**公式**：

$$S = \frac{b-a}{6}\left[f(a) + 4f\left(\frac{a+b}{2}\right) + f(b)\right] \tag{5.2.3}$$

而 $n=4$ 时的牛顿-柯特斯公式则特别称为柯特斯公式，其形式是

$$C = \frac{b-a}{90}[7f(x_0) + 32f(x_1) + 12f(x_2) + 32f(x_3) + 7f(x_4)] \tag{5.2.4}$$

这里 $x_k = a + kh$，$h = \dfrac{b-a}{4}$。

表 5.2.1 给出了 n 在 1～8 范围的柯特斯系数。

表 5.2.1　n 在 1～8 范围的柯特斯系数

n	C_k								
1	$\frac{1}{2}$	$\frac{1}{2}$	—	—	—	—	—	—	—
2	$\frac{1}{6}$	$\frac{2}{3}$	$\frac{1}{6}$	—	—	—	—	—	—
3	$\frac{1}{8}$	$\frac{3}{8}$	$\frac{3}{8}$	$\frac{1}{8}$	—	—	—	—	—
4	$\frac{7}{90}$	$\frac{16}{45}$	$\frac{2}{15}$	$\frac{16}{45}$	$\frac{7}{90}$	—	—	—	—
5	$\frac{19}{288}$	$\frac{25}{96}$	$\frac{25}{144}$	$\frac{25}{144}$	$\frac{25}{96}$	$\frac{19}{288}$	—	—	—
6	$\frac{41}{840}$	$\frac{9}{35}$	$\frac{9}{280}$	$\frac{34}{105}$	$\frac{9}{280}$	$\frac{9}{35}$	$\frac{41}{840}$	—	—
7	$\frac{751}{17280}$	$\frac{3577}{17280}$	$\frac{1323}{17280}$	$\frac{2989}{17280}$	$\frac{2989}{17280}$	$\frac{1323}{17280}$	$\frac{3577}{17280}$	$\frac{751}{17280}$	—
8	$\frac{989}{28350}$	$\frac{5888}{28350}$	$\frac{-928}{28350}$	$\frac{10496}{28350}$	$\frac{-4540}{28350}$	$\frac{10496}{28350}$	$\frac{-928}{28350}$	$\frac{5888}{28350}$	$\frac{989}{28350}$

容易验证柯特斯系数有如下性质：

（1）$\sum_{k=0}^{n} C_k = 1$；因为 $A_k = (b-a)C_k$，而 $\sum_{k=0}^{n} A_k = b-a$，从而 $\sum_{k=0}^{n} C_k = 1$；

（2）柯特斯系数具有对称性，即 $C_k = C_{n-k}$；

（3）柯特斯系数有时为负。

特别地，假定 $C_k^{(n)} f(x_k) - \tilde{f}_k > 0$，且 $\left| f(x_k) - \tilde{f}_k \right| = \delta$，则有

$$\left| I_n(f) - I_n(\tilde{f}) \right| = \left| \sum_{k=0}^{n} C_k^{(n)} [f(x_k) - \tilde{f}_k] \right| = \sum_{k=0}^{n} C_k^{(n)} [f(x_k) - \tilde{f}_k]$$

$$= \sum_{k=0}^{n} \left| C_k^{(n)} \right| \left| f(x_k) - \tilde{f}_k \right| = \delta \sum_{k=0}^{n} \left| C_k^{(n)} \right| > \delta$$

它表明初始数据误差将会引起计算结果误差增大，即计算不稳定，从表 5.2.1 可以看出，当 $n=8$ 时出现负系数，从而影响稳定性和收敛性，故 $n \geqslant 8$ 时的牛顿-柯特斯公式是不可用的。

5.2.2　偶阶求积公式的代数精度

作为插值型的求积公式，n 阶的牛顿-柯特斯公式至少具有 n 次的代数精度。实际的代数精度能否进一步提高呢？

先看辛普森公式（5.2.3），它是二阶牛顿-柯特斯公式，因此至少具有二次代数精度，进一步用 $f(x) = x^3$ 进行检验，按辛普森公式计算得

$$S = \frac{b-a}{6} \left[a^3 + 4\left(\frac{a+b}{2} \right)^3 + b^3 \right]$$

另一方面，直接求积得

$$I = \int_a^b x^3 \mathrm{d}x = \frac{b^4 - a^4}{4}$$

这时有 $S = I$，即辛普森公式对次数不超过三次的多项式均能准确成立，又容易验证它对 $f(x) = x^4$ 通常是不准确的，因此，辛普森公式实际上具有三次代数精度。

一般地，我们可以证明下述论断。

定理 5.2.1　当阶数 n 为偶数时，牛顿-柯特斯公式（5.2.1）至少有 $n+1$ 次代数精度。

证明　只要验证，当 n 为偶数时，牛顿-柯特斯公式对 $f(x) = x^{n+1}$ 的余项为零。

按余项公式（5.1.7），由于这里 $f^{(n+1)}(x) = (n+1)!$，从而有

$$R[f]=\int_a^b\prod_{j=0}^{n}(x-x_j)\mathrm{d}x$$

引进变换 $x=a+th$，并注意到 $x_j=a+jh$，有

$$R[f]=h^{n+2}\int_0^n\prod_{j=0}^{n}(t-j)\mathrm{d}t$$

若 n 为偶数，则 $\frac{n}{2}$ 为整数，再令 $t=u+\frac{n}{2}$，进一步有

$$R[f]=h^{n+2}\int_{-\frac{n}{2}}^{\frac{n}{2}}\prod_{j=0}^{n}\left(u+\frac{n}{2}-j\right)\mathrm{d}u$$

据此可以断定 $R[f]=0$，因为被积函数

$$H(u)=\prod_{j=0}^{n}\left(u+\frac{n}{2}-j\right)=\prod_{j=-n/2}^{n/2}(u-j)$$

是个奇函数。证毕。

5.3 复化求积公式

由于牛顿-柯特斯公式在 $n\geqslant 8$ 时不具有稳定性，故不可能通过提高阶数的方法来提高求积精度，为了提高精度通常可把积分区间分成若干子区间（通常是等分），再在每个子区间上用低阶求积公式，这种方法称为复化求积法，本节只讨论复化梯形公式与复化辛普森求积公式。

5.3.1 复化梯形公式

将区间 $[a,b]$ 划分为 n 等份，分点 $x_k=a+kh$，$h=\frac{b-a}{n}$，$k=0,1,\cdots,n$，在每个子区间 $[x_k,x_{k+1}](k=0,1,\cdots,n-1)$ 上采用梯形公式，得

$$I=\int_a^b f(x)\mathrm{d}x=\sum_{k=0}^{n-1}\int_{x_k}^{x_{k+1}}f(x)\mathrm{d}x=\frac{h}{2}\sum_{k=0}^{n-1}\left[f(x_k)+f(x_{k+1})\right]+R_n(f) \quad (5.3.1)$$

记

$$T_n=\frac{h}{2}\sum_{k=0}^{n-1}\left[f(x_k)+f(x_{k+1})\right]=\frac{h}{2}\left[f(a)+2\sum_{k=1}^{n-1}f(x_k)+f(b)\right] \quad (5.3.2)$$

称为**复化梯形公式**，其余项为

$$R_n(f)=I-T_n=\sum_{k=0}^{n-1}\left[-\frac{h^3}{12}f''(\eta_k)\right],\quad \eta\in(x_k,x_{k+1})$$

由于 $f(x)\in C^2[a,b]$，且

$$\min_{0\leqslant k\leqslant n-1} f''(\eta_k)\leqslant \frac{1}{n}\sum_{k=0}^{n-1} f''(\eta_k)\leqslant \max_{0\leqslant k\leqslant n-1} f''(\eta_k)$$

所以 $\exists\eta\in(a,b)$ 使

$$f''(\eta)=\frac{1}{n}\sum_{k=0}^{n-1} f''(\eta_k)$$

于是复化梯形公式的余项为

$$R_n(f)=-\frac{b-a}{12}h^2 f''(\eta) \tag{5.3.3}$$

可以看出误差阶是 h^2，且由式（5.3.3）得到，当 $f(x)\in C^2[a,b]$ 时，则

$$\lim_{n\to\infty} T_n=\int_a^b f(x)\mathrm{d}x$$

即复化梯形公式是收敛的。事实上，只要设 $f(x)\in C\left[a,b\right]$，则可得到收敛性，因为只要把 T_n 改写为

$$T_n=\frac{1}{2}\left[\frac{b-a}{n}\sum_{k=0}^{n-1} f(x_k)+\frac{b-a}{n}\sum_{k=1}^{n-1} f(x_k)\right]$$

当 $n\to\infty$ 时，上式右端括号内的两个和式均收敛到积分 $\int_a^b f(x)\mathrm{d}x$，所以复化梯形公式（5.3.2）收敛，此外，T_n 的求积系数为正，则复化梯形公式是稳定的。

例 5.3.1　用 $n=4$ 的复化梯形公式计算定积分 $I=\int_0^1 \frac{4}{1+x^2}\mathrm{d}x$，并估计误差。

解　$T_4=\frac{1}{2\times 4}\left\{f(0)+f(1)+2\left[f\left(\frac{1}{4}\right)+f\left(\frac{2}{4}\right)+f\left(\frac{3}{4}\right)\right]\right\}=3.1312$

下面估计误差，取 $f(x)=\frac{4}{1+x^2}$，则 $f'(x)=-\frac{8x}{(1+x^2)^2}$，$f''(x)=\frac{8(3x^2-1)}{(1+x^2)^3}$，$f'''(x)=\frac{96x(1-x^2)}{(1+x^2)^4}>0$，$x\in(0,1)$，所以 $f''(x)$ 单调增加，这时有 $M=\max\limits_{0\leqslant x\leqslant 1}\left|f''(x)\right|=\left|f''(0)\right|=8$。

又有区间长度 $b-a=1$，于是复化梯形公式的余项不超过

$$\left|R_{T_4}\right|=\left|-\frac{b-a}{12}h^2 f''(\eta)\right|\leqslant\frac{M}{12\times 4^2}=\frac{8}{12\times 16}=0.04167$$

复化梯形公式的 MATLAB 程序：

```
%复化梯形公式--cmtrapezoid.m
function s=cmtrapezoid(f,a,b,n)
%格式：s=cmtrapezoid(f,a,b,n)，f 是被积函数，[a,b]是积分区间
```

```
%n 是返回区间等分数，s 是返回积分近似值
h=(b-a)/n;
x=linspace(a,b,n+1);
y=feval(f,x);
s=0.5*h*(y(1)+2*sum(y(2:n))+y(n+1));
```

例 5.3.2 取 $n=20$，用复化梯形公式程序计算积分 $I=\int_0^1 \frac{4}{1+x^2}\mathrm{d}x$ 的近似值。

解 在 MATLAB 命令窗口执行：

```
>> format long
>> f=@(x)4./(1+x.^2);
>> s=cmtrapezoid(f,0,1,20)
```

得到结果：

```
s =
   3.141175986954129
```

5.3.2 复化辛普森求积公式

将区间 $[a,b]$ 分为 n 等份，在每个子区间 $[x_k,x_{k+1}]$ 上采用辛普森公式（5.2.3），若记 $x_{k+1/2}=x_k+\frac{1}{2}h$，则得

$$
\begin{aligned}
I&=\int_a^b f(x)\mathrm{d}x=\sum_{k=0}^{n-1}\int_{x_k}^{x_{k+1}} f(x)\mathrm{d}x \\
&=\frac{h}{6}\sum_{k=1}^{n-1}[f(x_k)+4f(x_{k+1/2})+f(x_{k+1})]+R_n(f)
\end{aligned}
\tag{5.3.4}
$$

记

$$
\begin{aligned}
S_n&=\frac{h}{6}\sum_{k=0}^{n-1}[f(x_k)+4f(x_{k+1/2})+f(x_{k+1})] \\
&=\frac{h}{6}\left[f(a)+4\sum_{k=0}^{n-1}f(x_{k+1/2})+2\sum_{k=1}^{n-1}f(x_k)+f(b)\right]
\end{aligned}
\tag{5.3.5}
$$

称为**复化辛普森求积公式**，其余项为

$$
R_n(f)=I-S_n=-\frac{h}{180}\left(\frac{h}{2}\right)^4\sum_{k=0}^{n-1}f^{(4)}(\eta_k),\quad \eta_k\in(x_k,x_{k+1})
$$

于是当 $f(x)\in C^4[a,b]$ 时，与复化梯形公式相似，有

$$
R_n(f)=I-S_n=-\frac{b-a}{180}\left(\frac{h}{2}\right)^4 f^{(4)}(\eta),\quad \eta\in(a,b)
\tag{5.3.6}
$$

由式(5.3.6)看出，误差阶为 h^4，收敛性是显然的，实际上，只要 $f(x)\in C[a,b]$，

就可得到收敛性，即

$$\lim_{n\to\infty} S_n = \int_a^b f(x)\mathrm{d}x$$

此外，由于 S_n 中求积系数均为正数，故知复化辛普森求积公式计算稳定。

复化辛普森求积公式的 MATLAB 程序：

```
%复化辛普森求积公式--msimp.m
function s=msimp(f,a,b,n)
%格式：s=msimp(f,a,b,n)，f 是被积函数，[a,b]是积分区间
%n 是返回区间等分数，s 是返回积分近似值
h=(b-a)/n;
x=linspace(a,b,2*n+1);
y=feval(f,x);
s=(h/6)*(y(1)+2*sum(y(3:2:2*n-1))+4*sum(y(2:2:2*n))+y(2*n+1));
```

例 5.3.3　取 $n=20$，用复化辛普森求积公式程序计算积分 $I=\int_0^1 \frac{4}{1+x^2}\mathrm{d}x$ 的近似值。

解　在 MATLAB 命令窗口执行：

```
>> format long
>> f=@(x)4./(1+x.^2);
>> s=msimp(f,0,1,20)
```

得到结果：

```
s =
    3.1411592653580106
```

5.3.3　复化柯特斯公式

将 $[a,b]$ 进行 $4n$ 等份，步长 $h=\frac{b-a}{4n}$。每个子区间上有 5 个节点，使用一次柯特斯公式，然后相加得复化柯特斯公式。具体如下：

$$\begin{aligned}
I &= \int_a^b f(x)\mathrm{d}x \\
&\approx \sum_{k=0}^{\frac{n}{4}-1} \frac{h}{90}[7f(x_{4k})+32f(x_{4k+1})+12f(x_{4k+2})+32f(x_{4k+3})+7f(x_{4k+4})] \\
&= \frac{h}{90}\left[7f(a)+32\sum_{k=1}^{\frac{n}{4}-1} f(x_{4k+1})+12\sum_{k=1}^{\frac{n}{4}-1} f(x_{4k+2})+32\sum_{k=1}^{\frac{n}{4}-1} f(x_{4k+3})+7f(b)\right]
\end{aligned}$$

记

$$C_n = \frac{h}{90}\left[7f(a) + 32\sum_{k=1}^{\frac{n}{4}-1} f(x_{4k+1}) + 12\sum_{k=1}^{\frac{n}{4}-1} f(x_{4k+2}) + 32\sum_{k=1}^{\frac{n}{4}-1} f(x_{4k+3}) + 7f(b)\right]$$

此式称为**复化柯特斯公式**。

求积余项为

$$R_c(f) = -\frac{2(b-a)}{945}h^6 f^{(6)}(\eta)\text{，}\quad \eta \in [a,b]$$

例 5.3.4 对于函数 $f(x) = \dfrac{\sin x}{x}$，给出 $n=8$ 时的函数表（表 5.3.1），试用复化梯形公式及复化辛普森求积公式计算下面的积分并估计误差。

$$I = \int_0^1 \frac{\sin x}{x} \mathrm{d}x$$

表 5.3.1 计算结果

x	$f(x)$
0	1
1/8	0.9973978
2/8	0.9896158
3/8	0.9767267
4/8	0.9588510
5/8	0.9361556
6/8	0.9088516
7/8	0.8771925
1	0.8414709

解 将积分区间 $[0,1]$ 划分为8等份，应用复化梯形公式求得

$$T_8 = 0.9456909$$

而如果将 $[0,1]$ 分为 4 等份，应用复化辛普森求积公式有

$$S_4 = 0.9460832$$

比较上面 2 个结果 T_8 与 S_4，它们都需要提供 9 个点上的函数值，计算量基本相同，然而精度却差别很大，用同积分的准确值 $I = 0.9460831$ 比较，复化梯形公式的结果 $T_8 = 0.9456909$ 只有 2 位有效数字，而复化辛普森求积公式的结果 $S_4 = 0.9460832$ 却有 6 位有效数字。

为了利用余项公式估计误差，要求 $f(x)=\dfrac{\sin x}{x}$ 的高阶导数。由于

$$f(x)=\frac{\sin x}{x}=\int_0^1(\cos xt)\mathrm{d}t$$

所以有

$$f^{(k)}(x)=\int_0^1\frac{\mathrm{d}^k}{\mathrm{d}x^k}(\cos xt)\mathrm{d}t=\int_0^1 t^k\cos\left(xt+\frac{k\pi}{2}\right)\mathrm{d}t$$

于是

$$\max_{0\leqslant x\leqslant 1}\left|f^{(k)}(x)\right|\leqslant\int_0^1\left|\cos\left(xt+\frac{k\pi}{2}\right)\right|t^4\mathrm{d}t\leqslant\int_0^1 t^k\,\mathrm{d}t=\frac{1}{k+1}$$

则复化梯形公式的误差：

$$\left|R_8(f)\right|=\left|I-T_n\right|\leqslant\frac{h^2}{12}\max_{0\leqslant x\leqslant 1}\left|f''(\eta)\right|\leqslant\frac{1}{12}\left(\frac{1}{8}\right)^2\frac{1}{3}=0.434\times10^{-3}$$

对复化辛普森求积公式的误差为

$$\left|R_8(f)\right|=\left|I-T_n\right|\leqslant\frac{1}{2880}\left(\frac{1}{4}\right)^4\frac{1}{5}=0.271\times10^{-6}$$

例 5.3.5　计算积分 $I=\int_0^1\mathrm{e}^x\mathrm{d}x$，若用复化梯形公式，问区间 $[0,1]$ 应分多少等份才能使误差不超过 $\frac{1}{2}\times10^{-5}$，若改用复化辛普森求积公式，要达到同样精度，区间 $[0,1]$ 应分多少等份？

解　本题只要根据 T_n 及 S_n 的余项即可求得其截断误差应满足的精度，由于 $f(x)=\mathrm{e}^x$，$f''(x)=\mathrm{e}^x$，$f^{(4)}(x)=\mathrm{e}^x$，$b-a=1$，对复化梯形公式 T_n 的余项得误差上界为

$$\left|R(f)\right|=\left|-\frac{b-a}{12}h^2f''(\xi)\right|\leqslant\left(\frac{1}{n}\right)^2\frac{1}{12}\mathrm{e}\leqslant\frac{1}{2}\times10^{-5}$$

由此有 $n^2\geqslant\frac{\mathrm{e}}{6}\times10^5$，$n\geqslant212.85$，可取 $n=213$，即将区间 $[0,1]$ 分为 213 等份，则可使误差不超过 $\frac{1}{2}\times10^{-5}$。

若改用复化辛普森求积公式（5.3.5）计算积分，则由余项公式（5.3.6）可知要满足精度要求，必须使

$$\left|R_n(f)\right|=\frac{b-a}{2880}h^4\left|f^{(4)}(\zeta)\right|\leqslant\frac{1}{2880}\left(\frac{1}{n}\right)^4\leqslant\frac{1}{2}\times10^{-5}$$

由此得

$$n^4 \geqslant \frac{\mathrm{e}}{144} \times 10^4，\ n \geqslant 3.707$$

可取 $n=4$，即用 $n=4$ 的复化辛普森求积公式计算即可达到精度要求，此时区间 $[0,1]$ 实际上应分为 8 等份，即达到同样精度，后者只需计算 9 个函数值，而复化梯形公式则需计算 214 个函数值，工作量相差近 24 倍。

5.4 龙贝格求积公式

5.4.1 梯形法的递推化

梯形求积法算法简单，但精度较差，收敛速度较慢，可以利用梯形求积法简单的优点，形成一个新算法，这就是龙贝格（Romberg）求积公式。龙贝格求积公式又称为逐次分半加速法。

设将区间 $[a,b]$ 分为 n 等份，共有 n+1 个分点，如果将求积区间再二分一次，则分点增至 $2n$+1 个，将二分前后两个积分值联系起来加以考察，注意到每个子区间 $[x_k, x_{k+1}]$ 经过二分只增加了一个分点 $x_{k+\frac{1}{2}} = \frac{1}{2}(x_k + x_{k+1})$，用复化梯形公式求得该子区间上的积分值为

$$\frac{h}{4}[f(x_k) + 2f(x_{k+1/2}) + f(x_{k+1})]$$

注意，这里 $h=\frac{b-a}{n}$ 代表二分前的步长，将每个子区间上的积分值相加得

$$T_{2n} = \frac{h}{4}\sum_{k=0}^{n-1}[f(x_k) + f(x_{k+1})] + \frac{h}{2}\sum_{k=0}^{n-1} f(x_{k+1/2})$$

可导出下列递推公式：

$$T_{2n} = \frac{1}{2}T_n + \frac{h}{2}\sum_{k=0}^{n-1} f(x_{k+1/2}) \tag{5.4.1}$$

设 T_n 和 T_{2n} 分别表示区间 $[a,b]$ 进行 n 等分和 $2n$ 等分后使用复化梯形公式求得的积分近似值，有

$$I \approx T_{2n} + \frac{1}{3}(T_{2n} - T_n)$$

由此式可知，当用 T_{2n} 近似 I 时，其误差近似地为 $\frac{1}{3}(T_{2n} - T_n)$。因为 T_n 和 T_{2n} 之

前已经算出，所以不要把近似误差$\frac{1}{3}(T_{2n}-T_n)$丢掉，用整个右端$T_{2n}+\frac{1}{3}(T_{2n}-T_n)$去近似$I$比用$T_{2n}$近似$I$的效果更好。例如当$n=1$时，计算有

$$T_2+\frac{1}{3}(T_2-T_1)=\frac{4}{3}T_2-\frac{1}{3}T_1=\frac{b-a}{6}\left[f(a)+4f\left(\frac{a+b}{2}\right)+f(b)\right]$$

易知这正是$[a,b]$上辛普森求积公式的结果，记$S_1=\frac{4}{3}T_2-\frac{1}{3}T_1$，用$S_1$作为计算$I$的近似值当然比用

$$T_2=\frac{b-a}{4}\left[f(a)+2f\left(\frac{a+b}{2}\right)+f(b)\right]$$

计算效果好。

事实上，容易验证$S_n=\frac{4}{3}T_{2n}-\frac{1}{3}T_n$，这说明用二分前后的两个梯形求积公式值$T_n$和$T_{2n}$按上式作简单的线性组合，就可以得到精度更高的辛普森法的近似值S_n，从而加速了逼近的效果。

$$S_n=\frac{4}{3}T_{2n}-\frac{1}{3}T_n \tag{5.4.2}$$

上式称为**梯形加速公式**。类似地，由复化辛普森公式的误差公式，如果将步长折半，则误差减至$\frac{1}{16}$，即有

$$\frac{I-S_{2n}}{I-S_n}\approx\frac{1}{16}$$

由此得到

$$I\approx\frac{16}{15}S_{2n}-\frac{1}{15}S_n$$

可以验证，上式右端的值其实就是$[a,b]$区间n等分后，在每个小区间上用柯特斯公式得到的具有更高精确度的复化柯特斯公式的积分值C_n，即有

$$C_n=\frac{16}{15}S_{2n}-\frac{1}{15}S_n \tag{5.4.3}$$

上式称为**抛物线加速公式**。

用同样的方法，根据复化柯特斯公式的误差公式，可以进一步推出

$$R_n=\frac{64}{63}C_{2n}-\frac{1}{63}C_n \tag{5.4.4}$$

此式称为**龙贝格求积公式**。

5.4.2 龙贝格算法

将上述外推技巧得到的式（5.4.2）～式（5.4.4）重新引入记号 $T_0(h)=T(h)$，$T_1(h)=S_n(h)$，$T_2(h)=C_n(h)$，$T_3(h)=R_n(h)$ 等，从而可将上述公式写成统一形式：

$$T_m(h)=\frac{4^m}{4^m-1}T_{m-1}\left(\frac{h}{2}\right)-\frac{1}{4^m-1}T_{m-1}(h) \tag{5.4.5}$$

经过 $m(m=1,2,\cdots)$ 次加速后，余项便取下列形式：

$$T_m(h)=I+\delta_1 h^{2(m+1)}+\delta_2 h^{2(m+2)}+\cdots \tag{5.4.6}$$

上述处理方法通常称为**理查森外推加速方法**。

设以 $T_0^{(k)}$ 表示二分 k 次后求得的梯形值，且以 $T_m^{(k)}$ 表示序列 $\{T_0^{(k)}\}$ 的 m 次加速值，则依递推公式可得

$$T_m^{(k)}=\frac{4^m}{4^m-1}T_{m-1}^{(k+1)}-\frac{1}{4^m-1}T_{m-1}^{(k)} \quad (k+1,2,\cdots) \tag{5.4.7}$$

公式（5.4.7）也称为**龙贝格求积算法**，计算过程如下：

（1）准备初值。用梯形公式计算积分近似值：

$$T_1=\frac{b-a}{2}[f(a)+f(b)]$$

（2）求梯形序列 $\{T_n\}$。将区间二等分，令 $h=\dfrac{b-a}{2}$ ($i=0,1,2,\cdots$)，计算：

$$T_{2n}=\frac{1}{n}T_n+\frac{h}{2}\sum_{i=1}^{n}f\left(a+(2i-1)\frac{b-a}{2n}\right) \quad (n=2^i)$$

（3）求加速值。

梯形加速公式 $S_n=\dfrac{4}{3}T_{2n}-\dfrac{1}{3}T_n$；

抛物线加速公式 $C_n=\dfrac{16}{15}S_{2n}-\dfrac{1}{15}S_n$；

龙贝格求积公式 $R_n=\dfrac{64}{63}C_{2n}-\dfrac{1}{63}C_n$。

（4）精度控制。如果相邻两次积分值 R_{2n} 和 R_n 满足：

$$|R_{2n}-R_n|<\varepsilon \quad （其中 \varepsilon 为允许误差限）$$

则终止计算，并取 R_{2n} 作为积分 $\int_a^b f(x)\mathrm{d}x$ 的近似值；否则继续对区间进行二等分，重复（2）～（4）计算过程，直到满足精度要求为止。

龙贝格求积公式的 MATLAB 程序：

```
%龙贝格求积公式--cmromberg.m
function [T,n]=cmromberg(f,a,b,eps)
```

```
%格式：[R,n]=cmromberg (f,a,b,eps)，f 是被积函数，[a,b]是积分区间，
%eps 是控制精度，R 是返回积分近似值，n 是返回区间等分数
if nargin<4,eps=1e-6;
end
h=b-a;
R(1,1)=(h/2)*(feval(f,a)+feval(f,b));
n=1; J=0; err=1;
while (err>eps)
   J=J+1; h=h/2; S=0;
   for i=1:n
        x=a+h*(2*i-1);
        S=S+feval(f,x);
   end
   R(J+1,1)=R(J,1)/2+h*S;
   for k=1:J
        R(J+1,k+1)=(4^k*R(J+1,k)-R(J,k))/(4^k-1);
   end
   err=abs(R(J+1,J+1)-R(J+1,J));
   n=2*n;
end
R;  %龙贝格表
T=R(J+1,J+1);
```

例 5.4.1　应用龙贝格求积算法计算积分 $I=\int_0^1 \frac{\sin x}{x}\mathrm{d}x$。

解　首先用区间分半法算出 T_1, T_2, T_4, T_8：

$$T_1=\frac{1}{2}[f(0)+f(1)]=0.9207355$$

$$T_2=\frac{1}{2}T_1+\frac{1}{2}f\left(\frac{1}{2}\right)=0.9397933$$

$$T_4=\frac{1}{2}T_2+\frac{1}{4}\left[f\left(\frac{1}{4}\right)+f\left(\frac{3}{4}\right)\right]=0.9445135$$

$$T_8=\frac{1}{2}T_4+\frac{1}{8}\left[f\left(\frac{1}{8}\right)+f\left(\frac{3}{8}\right)+f\left(\frac{5}{8}\right)+f\left(\frac{7}{8}\right)\right]=0.9456909$$

然后逐次应用 3 个加速公式，计算出：

$$S_{2^k}=\frac{4}{3}T_{2^{k+1}}-\frac{1}{3}T_{2^k}\qquad (k=0,1,2)$$

$$C_{2^k}=\frac{16}{15}S_{2^{k+1}}-\frac{1}{15}S_{2^k}\qquad (k=0,1)$$

$$R_{2^k}=\frac{64}{63}C_{2^{k+1}}-\frac{1}{63}C_{2^k}\qquad (k=0)$$

计算结果列于表 5.4.1。

表 5.4.1 计算结果

k	T_{2^k}	S_{2^k}	C_{2^k}	R_{2^k}
0	0.9207355	0.9461459	0.9460830	0.9460831
1	0.9397933	0.9460869	0.9460831	—
2	0.9445135	0.9460833	—	—
3	0.9456909	—	—	—

于是有

$$I \approx R_1 = 0.9460831$$

就是龙贝格求积算法得到的 I 的近似值。

对于 $f(x)$ 不充分光滑的函数也可用龙贝格求积算法计算，只是收敛慢一些，这时也可以直接使用复化辛普森公式。计算见下面例题。

例 5.4.2 利用龙贝格求积公式程序计算积分 $I=\int_0^1 \frac{4}{1+x^2}\mathrm{d}x$ 的近似值，取控制精度 $\varepsilon=10^{-10}$。

解 在 MATLAB 命令窗口执行：

```
>> format long
>> f=@(x)4./(1+x.^2);
>> [T,n]= cmromberg(f,0,1,1.e-10)
```

得到结果：

```
T =
   3.141592653638244
n =
   32
```

5.5 高斯求积公式

在前面建立牛顿-柯特斯公式时，为了简化计算，对插值公式的节点 x_k 限定为等分的节点，然后再确定求积系数 A_k，这种方法虽然简单，但求积公式的精度却受到限制。已经知道 $n+1$ 个插值节点的插值型求积公式至少具有 n 次代数精度，那么问：具有 $n+1$ 个节点的插值型求积公式的代数精度最高能达到多少？下面将详细讨论。

5.5.1　一般理论

机械求积公式如下：

$$\int_a^b f(x)\mathrm{d}x \approx \sum_{k=0}^{n} A_k f(x_k)$$

含有 $2n+2$ 个待定参数 $x_k, A_k (k=0,1,\cdots,n)$。当 x_k 为等距节点时得到的插值求积公式的代数精度至少为 n 次，如果适当选取 $x_k (k=0,1,\cdots,n)$，有可能使求积公式具有 $2n+1$ 次代数精度。下面研究带权积分 $I=\int_a^b f(x)\rho(x)\mathrm{d}x$，这里 $\rho(x)$ 为权函数，它的求积公式为

$$\int_a^b f(x)\rho(x)\mathrm{d}x \approx \sum_{k=0}^{n} A_k f(x_k) \tag{5.5.1}$$

其中，$A_k (k=0,1,\cdots,n)$ 为不依赖于 $f(x)$ 的求积系数，$x_k (k=0,1,\cdots,n)$ 为求积节点。可适当选取 x_k 及 $A_k (k=0,1,\cdots,n)$，使式（5.5.1）具有 $2n+1$ 次代数精度。

定义 5.5.1　如果 $n+1$ 个节点的插值型求积公式

$$\int_a^b \rho(x) f(x)\mathrm{d}x \approx \sum_{k=0}^{n} A_k f(x_k) \tag{5.5.2}$$

代数精度达到 $2n+1$，则称上式为**高斯（Gauss）求积公式**，并称相应的求积节点 x_k 为**高斯点**，系数 A_k $(k=0,1,\cdots,n)$ 称为**高斯系数**，其中 $A_k=\int_a^b \rho(x)\prod\limits_{\substack{i=0\\ i\neq k}}^{n}\frac{x-x_i}{x_k-x_i}\mathrm{d}x$，

截断误差为 $R[f]=\int_a^b \rho(x)\frac{f^{(n+1)}(\xi)}{(n+1)!}\omega_{n+1}(x)\mathrm{d}x$。

可以证明，高斯型求积公式是具有最高代数精度的插值型求积公式。令

$$f(x)=\omega_{n+1}^2(x)=\prod_{i=0}^{n}(x-x_i)^2$$

为 $2n+2$ 次多项式，则可得公式左端为

$$\int_a^b \rho(x)\omega_{n+1}^2(x)\mathrm{d}x > 0$$

右端为

$$\sum_{i=0}^{n} A_k \omega_{n+1}^2(x_k) = 0$$

所以截断误差为

$$R[f]=R[\omega_{n+1}^2(x)] \neq 0$$

由此可得插值型求积公式的代数精度不可能达到$2n+2$，也就是说高斯求积公式是具有最高代数精度的插值型求积公式。

对于高斯求积公式，下面讨论如何确定高斯点x_k和高斯系数A_k。

定理 5.5.1 插值型求积公式的节点x_k $(k=0,1,\cdots,n)$为高斯点的充要条件是，在区间$[a,b]$上以这些点为零点的$n+1$次多项式$\omega_{n+1}(x)=(x-x_0)(x-x_1)\cdots(x-x_n)$与任何次数不超过$n$的多项式$p(x)$关于权函数$\rho(x)$正交，即$\int_a^b \rho(x)\omega_{n+1}(x)p(x)\mathrm{d}x=0$。

证明 （必要性）设$x_k(k=0,1,\cdots,n)$是高斯点，故插值公式$\int_a^b \rho(x)f(x)\mathrm{d}x\approx\sum_{k=0}^{n}A_k f(x_k)$对任意次数不超过$2n+1$的多项式精确成立。于是对任意次数不超过$n$的多项式$p(x)$，$f(x)=\omega_{n+1}(x)p(x)$是次数不超过$2n+1$的多项式，故有

$$\int_a^b \rho(x)\omega_{n+1}(x)p(x)\mathrm{d}x=\sum_{i=0}^{n}A_k\omega_{n+1}(x)p(x_k)=0$$

即$\omega_{n+1}(x)$与任何次数不超过n的多项式$p(x)$关于权函数$\rho(x)$正交。

（充分性）设条件

$$\int_a^b \rho(x)\omega_{n+1}(x)p(x)\mathrm{d}x=0$$

成立，记$P_{2n+1}(x)=\{p(x)|\,p(x)\text{为次数不超过}2n+1\text{的多项式}\}$，任取$f(x)\in P_{2n+1}(x)$，则$f(x)$可表示为

$$f(x)=p(x)\omega_{\mathrm{n}+1}(x)+q(x),\ \ p(x),q(x)\in P_n(x)$$

而

$$\int_a^b f(x)\rho(x)\mathrm{d}x=\int_a^b \rho(x)\omega_{n+1}(x)p(x)\mathrm{d}x+\int_a^b \rho(x)q(x)\mathrm{d}x \tag{5.5.3}$$

由条件$\int_a^b \rho(x)\omega_{n+1}(x)p(x)\mathrm{d}x=0$可知，式（5.5.3）右端第一项为零。且插值型积分公式

$$\int_a^b \rho(x)f(x)\mathrm{d}x\approx\sum_{k=0}^{n}A_k f(x_k)$$

对$q(x)\in P_n(x)$精确成立。故式（5.5.3）右端第二项为

$$\int_a^b \rho(x)q(x)\mathrm{d}x=\sum_{k=0}^{n}A_k q(x_k)=\sum_{k=0}^{n}A_k\left[p(x_k)\omega_{n+1}+q(x_k)\right]=\sum_{k=0}^{n}A_k f(x_k)$$

即式$\int_a^b \rho(x)f(x)\mathrm{d}x\approx\sum_{k=0}^{n}A_k f(x_k)$对$f(x)\in P_{2n+1}(x)$精确成立。从而节点$x_k$（$k=0,$

$1,\cdots,n$)是高斯点。

该定理表明，在$[a,b]$上与带权函数$\rho(x)$正交的$n+1$次多项式的零点就是高斯求积公式中的高斯点。

当高斯点确定后，由高斯求积公式的定义可知，高斯系数A_k $(k=0,1,\cdots,n)$可由线性方程组

$$\begin{cases}\sum_{k=0}^{n} A_k = \int_a^b \rho(x)\mathrm{d}x \\ \sum_{k=0}^{n} A_k x_k = \int_a^b \rho(x)x\mathrm{d}x \\ \qquad\vdots \\ \sum_{k=0}^{n} A_k x_k^n = \int_a^b \rho(x)x^n\mathrm{d}x \end{cases}$$

唯一确定，也可由插值型求积公式中的系数公式确定。

高斯求积公式的 MATLAB 程序：

```
%高斯求积公式--cmgsint.m
function g=cmgsint(f,a,b,n,m)
%格式：g=cmgsint(f,a,b,n,m)，f 是被积函数，[a,b]是积分区间，
%n 为返回区间等分数，m 为每段高斯点数
switch m
  case 1
      t=0; A=1;
  case 2
      t=[-1/sqrt(3), 1/sqrt(3)]; A=[1,1];
  case 3
      t=[-sqrt(0.6), 0.0, sqrt(0.6)]; A=[5/9, 8/9, 5/9];
  case 4
      t=[-0.861136, -0.339981, 0.339981, 0.861136];
      A=[0.347855, 0.652145,   0.652145, 0.347855];
  case 5
      t=[-0.906180, -0.538469, 0.0, 0.538469, 0.906180];
      A=[0.236927, 0.478629, 0.568889, 0.478629, 0.236927];
  case 6
      t=[-0.932470, -0.661209, -0.238619, 0.238619, 0.661209, 0.932470];
      A=[0.171325, 0.360762, 0.467914,   0.467914, 0.360762, 0.171325];
  otherwise
     error('本程序高斯点数只能取 1,2,3,4,5,6!');
end
x=linspace(a,b,n+1);   g=0;
for i=1:n
    g=g+gsint(f,x(i),x(i+1),A,t);
```

```
end
function g=gsint(f,a,b,A,t)
g=(b-a)/2*sum(A.*feval(f,(b-a)/2*t+(a+b)/2));
end
```

例 5.5.1 利用高斯求积公式程序计算积分 $I=\int_0^1 \frac{4}{1+x^2}\mathrm{d}x$ 和 $I=\int_0^1 \frac{\sin x}{x}\mathrm{d}x$ 的近似值。

解 在 MATLAB 命令窗口执行：

```
>> format long
>> f=@(x)4./(1+x.^2);
>> g=cmgsint(f,0,1,2,3)
```

得到结果：

```
g =
    3.141591222382834
```

再执行：

```
>> g=cmgsint(f,0,1,4,4)
```

得到结果：

```
g =
    3.141592655293225
```

再执行：

```
>> f1=@(x)sin(x)./x;
>> g=cmgsint(f1,eps,1,2,3)
```

得到结果：

```
g =
    0.946083071343027
```

再执行：

```
>> g=cmgsint(f1,eps,1,4,4)
```

得到结果：

```
g =
    0.946083070623833
```

5.5.2 高斯-勒让德求积公式

勒让德多项式 $P_{n+1}(x)$ 是 $[-1,1]$ 上关于权函数 $\rho(x)\equiv 1$ 的正交多项式。因此高斯-勒让德求积公式为

$$\int_{-1}^{1} f(x)\mathrm{d}x \approx \sum_{k=0}^{n} A_k f(x_k) \tag{5.5.4}$$

其中，$P_{n+1}(x)=\frac{1}{(n+1)!2^{n+1}}\frac{\mathrm{d}^{n+1}}{\mathrm{d}x^{n+1}}(x^2-1)^{n+1}$，$x_k\ (k=0,1,\cdots,n)$ 为勒让德多项式

$P_{n+1}(x)$ 的 $n+1$ 个零点。可证明系数 A_k 可表示为

$$A_k = \frac{2}{(1-x_k^2)[P'_{n+1}(x_k)]^2} \ (k=0,1,\cdots,n) \tag{5.5.5}$$

余项公式为

$$R[f] = \frac{2^{2n+3}[(n+1)!]^4}{(2n+3)[(2n+2)!]^3} f^{(2n+2)}(\xi), \quad \xi \in [-1,1] \tag{5.5.6}$$

表 5.5.1 给出了部分高斯-勒让德求积公式的节点和系数。

表 5.5.1　高斯-勒让德求积公式的节点和系数

n	x_k	A_k	n	x_k	A_k
0	0	2	4	±0.9061798459 ±0.5384693101 0	0.2369268851 0.4786286705 0.568888889
1	±0.5773502692	1	5	±0.9324695142 ±0.6612093865 ±0.2386191861	0.1713244924 0.3607615730 0.4679139346
2	±0.7745966692 0	0.5555555556 0.8888888889	6	±0.9491079123 ±0.7415311856 ±0.4058451514 0	0.1294849662 0.2797053915 0.3818300505 0.4179591837
3	±0.8611363116 ±0.3399810436	0.3478548451 0.6521451549	7	±0.9602898566 ±0.7966664774 ±0.5255324099 ±0.1834346425	0.1012285363 0.2223810345 0.3137066459 0.3626837834

对于一般区间 $[a,b]$ 上的积分 $\int_a^b f(x)\mathrm{d}x$，通过变量代换

$$x = \frac{b-a}{2}t + \frac{b+a}{2}$$

可化为 $[-1,1]$ 区间上的积分：

$$\frac{b-a}{2}\int_{-1}^{1} f\left(\frac{b-a}{2}t + \frac{b+a}{2}\right)\mathrm{d}t$$

从而可使用高斯-勒让德求积公式进行计算。

例 5.5.2　用高斯-勒让德求积公式计算积分 $I = \int_0^1 \frac{\sin x}{x}\mathrm{d}x$。

解　由于 $a=0$，$b=1$，作变换 $x = \frac{b-a}{2}t + \frac{b+a}{2} = \frac{1}{2}(t+1)$，可把 $[0,1]$ 上的积

分变为$[-1,1]$上的积分，从而有

$$I=\int_0^1\frac{\sin x}{x}\mathrm{d}x=\int_{-1}^1\frac{\sin\frac{1}{2}(t+1)}{t+1}\mathrm{d}t$$

用两个节点（即$n=1$时）的高斯-勒让德公式

$$\int_{-1}^1 f(x)\mathrm{d}x\approx A_0 f(x_0)+A_1 f(x_1)$$

查表知节点和系数：

$$x_0=-0.5773502692\text{，}\quad x_1=0.5773502692\text{；}\quad A_0=1\text{，}\quad A_1=1$$

则有

$$\begin{aligned}I&\approx 1\times\frac{\sin\frac{1}{2}(-0.5773502692+1)}{-0.5773502692+1}+1\times\frac{\sin\frac{1}{2}(0.5773502692+1)}{0.5773502692+1}\\&=0.9460411\end{aligned}$$

用三个节点（即$n=2$时）的高斯-勒让德公式

$$\int_{-1}^1 f(x)\mathrm{d}x\approx A_0 f(x_0)+A_1 f(x_1)+A_2 f(x_2)$$

查表知节点和系数：

$$x_0=-0.7745966692\text{，}\quad x_1=0\text{，}\quad x_2=0.7745966692$$

$$A_0=0.5555555556\text{，}\quad A_1=0.8888888889\text{，}\quad A_2=0.5555555556$$

则有

$$\begin{aligned}I&\approx 0.5555555556\times\frac{\sin\frac{1}{2}(-0.7745966692+1)}{-0.7745966692+1}+0.8888888889\times\frac{\sin\frac{1}{2}}{0+1}+\\&\quad 0.5555555556\times\frac{\sin\frac{1}{2}(0.7745966692+1)}{0.7745966692+1}\\&=0.9460831\end{aligned}$$

5.5.3 高斯-切比雪夫求积公式

切比雪夫多项式是$[-1,1]$上关于权函数$\rho(x)=\frac{1}{\sqrt{1-x^2}}$的正交多项式。因此高斯-切比雪夫求积公式为

$$\int_{-1}^1\frac{f(x)}{\sqrt{1-x^2}}\mathrm{d}x\approx\sum_{k=0}^n A_k f(x_k) \qquad (5.5.7)$$

其中，节点$x_k\ (k=0,1,\cdots,n)$是$n+1$次切比雪夫多项式的$n+1$个零点，即

$$x_k = \cos\left[\frac{2k+1}{2(n+1)}\pi\right] \quad (k=0,1,\cdots,n)$$

系数为

$$A_k = \frac{\pi}{n+1} \quad (k=0,1,\cdots,n) \tag{5.5.8}$$

截断误差为

$$R[f] = \frac{\pi}{2^{2n+1}(2n+2)!} f^{(2n+2)}(\xi), \quad \xi \in [-1,1] \tag{5.5.9}$$

5.5.4　高斯-拉盖尔求积公式

拉盖尔多项式是 $[0,+\infty)$ 上关于权函数 $\rho(x) = \mathrm{e}^{-x}$ 正交的正交多项式。因此高斯-拉盖尔求积公式为

$$\int_0^{+\infty} \mathrm{e}^{-x} f(x)\mathrm{d}x \approx \sum_{k=0}^{n} A_k f(x_k) \tag{5.5.10}$$

节点 x_k $(k=0,1,\cdots,n)$ 是 $n+1$ 次拉盖尔多项式的 $n+1$ 个零点，系数为

$$A_k = \frac{[(n+1)!]^2}{x_k[L'_{n+1}(x_k)]^2} \quad (k=0,1,\cdots,n) \tag{5.5.11}$$

其中，$L_{n+1}(x) = \mathrm{e}^x \dfrac{\mathrm{d}^{n+1}}{\mathrm{d}x^{n+1}}(x^{n+1}\mathrm{e}^{-x})$，截断误差为

$$R[f] = \frac{[(n+1)!]^2}{(2n+2)!} f^{(2n+2)}(\xi), \quad \xi \in [0,+\infty) \tag{5.5.12}$$

表 5.5.2 给出了部分高斯-拉盖尔求积公式的节点与系数。

表 5.5.2　高斯-拉盖尔求积公式的节点与系数

n	x_k	A_k
0	1	1
1	0.5857864376	0.8535533906
	3.4142135624	0.1464466094
2	0.4157745568	0.7110930099
	2.2942803603	0.2785177336
	6.2899450829	0.0103892565
3	0.3225476896	0.6031541043
	1.7457611012	0.3574186924
	4.5366202969	0.0388879085
	9.3950709123	0.0005392947

续表

n	x_k	A_k
4	0.2635603197 1.4134030591 3.5964257710 7.0858100059 12.6408008443	0.5217556106 0.3986668111 0.0759424497 0.0036117587 0.0000233700

5.5.5 高斯-埃米尔特求积公式

埃米尔特多项式 $H_{n+1}(x)=(-1)^{n+1}\mathrm{e}^{x^2}\dfrac{\mathrm{d}^{n+1}}{\mathrm{d}x^{n+1}}(\mathrm{e}^{-x^2})$ 是 $(-\infty,+\infty)$ 上关于权函数 $\rho(x)=\mathrm{e}^{-x^2}$ 正交的正交多项式。因此高斯-埃米尔特求积公式为

$$\int_{-\infty}^{+\infty} f(x)\mathrm{e}^{-x^2}\mathrm{d}x \approx \sum_{k=0}^{n} A_k f(x_k) \tag{5.5.13}$$

其中，节点 x_k $(k=0,1,\cdots,n)$ 是 $n+1$ 次埃米尔特多项式的 $n+1$ 个零点，系数为

$$A_k=\frac{2^{n+2}(n+1)!\sqrt{\pi}}{[H'_{n+1}(x_k)]^2} \quad (k=0,1,\cdots,n) \tag{5.5.14}$$

截断误差为

$$R[f]=\frac{(n+1)!\sqrt{\pi}}{2^{n+1}(2n+2)!}f^{(2n+2)}(\xi)\text{，}\quad \xi\in(-\infty,+\infty) \tag{5.5.15}$$

表 5.5.3 给出了部分高斯-埃米尔特求积公式的节点和系数。

表 5.5.3 高斯-埃米尔特求积公式的节点和系数

n	x_k	A_k
0	0	1.7724538509
1	±0.7071067812	0.8862269255
2	±1.2247448714 0	0.2954089752 1.1816359006
3	±1.6506801239 ±0.5246476233	0.08131283545 0.8049140900
4	±2.0201828705 ±0.9585724646 0	0.01995324206 0.3936193232 0.9453087205
5	±2.3506049737 ±1.3358490740 ±0.4360774119	0.004530009906 0.1570673203 0.7246295952

续表

n	x_k	A_k
6	±2.6519613568	0.00097178125
	±1.6735516288	0.05451558282
	±0.8162878829	0.4256072526
	0	0.8102646176

应该指出，利用正交多项式的零点构造高斯型求积公式，这种方法只是针对某些特殊类型的区间和特殊类型的权函数才有效，对于一般的权函数，要构造正交多项式是不容易的，即使有了表达式，要求它的根也比较困难。因此，一般的高斯型求积公式常常还是从最基本的代数精度的定义出发进行构造，但这要求解非线性方程组，计算也较麻烦。

5.6 数值微分

在微积分中，当函数可用初等函数表示时，该函数的导数可用导数的定义或求导法则来求出。然而，当函数是用一些离散的点或者表格形式给出时，就不能用上述方法求导数了，只能用数值的方法给出节点上的导数的近似值。数值微分方法在微分方程数值解方法中有很大用处。下面介绍几种数值微分方法。

5.6.1 中点方法与误差分析

数值微分就是用函数值的线性组合近似函数在某点的导数值，按导数定义可以简单地用差商代替导数，这样立即得到几种数值微分公式：

$$\begin{cases} f'(a) \approx \dfrac{f(a+h)-f(a)}{h} \\ f'(a) \approx \dfrac{f(a)-f(a-h)}{h} \\ f'(a) \approx \dfrac{f(a+h)-f(a-h)}{2h} \end{cases} \tag{5.6.1}$$

其中，h 为增量，称为步长，最后的数值微分方法称为中点方法，它其实是前两种方法的算术平均，但它的误差阶却由 $o(h)$ 提高到 $o(h^2)$，上面给出的三个公式是很实用的，尤其是中点公式更为常用。

要利用中点公式

$$G(h) = \frac{f(a+h)-f(a-h)}{2h} \tag{5.6.2}$$

计算导数 $f'(a)$ 的近似值，首先必须选取合适的步长，为此需要进行误差分析。分别将 $f(a+h)$ 和 $f(a-h)$ 在 $x=a$ 处作泰勒展开有

$$f(a+h)=f(a)+hf'(a)+\frac{h^2}{2!}f''(a)+\frac{h^3}{3!}f'''(a)+\frac{h^4}{4!}f^{(4)}(a)+\cdots$$

$$f(a-h)=f(a)-hf'(a)+\frac{h^2}{2!}f''(a)-\frac{h^3}{3!}f'''(a)+\frac{h^4}{4!}f^{(4)}(a)-\cdots$$

代入式（5.6.2），得

$$G(h)=f'(a)+\frac{h^2}{3!}f'''(a)+\frac{h^4}{5!}f^{(5)}(a)$$

由此得知，从截断误差的角度看，步长越小，计算结果越准确，且

$$\left|f'(a)-G(h)\right|\leqslant\frac{h^2}{6}M \tag{5.6.3}$$

其中，$M\geqslant\max\limits_{|x-a|\leqslant h}\left|f'''(x)\right|$。

再考察舍入误差，按中点公式计算，当 h 很小时，因 $f(a+h)$ 和 $f(a-h)$ 很接近，直接相减会造成有效数字的严重损失，因此，从舍入误差的角度来看，步长是不宜太小的。

5.6.2 计算数值微分的插值法

已知函数 $y=f(x)$ 的离散值 $[x_k,f(x_k)]$ $(k=0,1,2,\cdots,n)$，要计算 $f(x)$ 在节点 x_k 处的导数值。

用插值多项式 $P_n(x)$ 作为 $f(x)$ 的近似函数 $f(x)\approx P_n(x)$，由于多项式的导数容易求得，取 $P_n(x)$ 的导数 $P_n'(x)$ 作为 $f'(x)$ 的近似值，这样可建立数值公式：

$$f'(x)\approx P_n'(x)$$

该公式称为插值型的求导公式。其截断误差可用插值多项式的余项得到，由于

$$f(x)=P_n(x)+\frac{f^{(n+1)}(\xi)}{(n+1)!}\omega_{n+1}(x)，\quad \xi\in(x_0,x_1)$$

两边求导数得

$$f'(x)=P_n'(x)+\frac{f^{(n+1)}(\xi)}{(n+1)!}\omega_{n+1}'(x)+\frac{\omega_{n+1}(x)}{(n+1)!}\frac{\mathrm{d}}{\mathrm{d}x}f^{(n+1)}(\xi)$$

由于上式中的 ξ 与 x、n 有关，无法对 $\frac{\mathrm{d}}{\mathrm{d}x}f^{(n+1)}(\xi)$ 做出估计，因此，对于任意的 x，无法对截断误差 $f'(x)-P_n'(x)$ 做出估计。但是，如果求节点 x_k 处导数，则截断误差为

$$R_n(x_k)=f'(x_k)-P_n'(x_k)=\frac{f^{(n+1)}(\xi)}{(n+1)!}\omega_{n+1}'(x_k)$$

下面列出几个常用的数值微分公式：

（1）两点公式。过节点 x_0 和 x_1 作线性插值多项式 $P_1(x)$，记步长 $h=x_1-x_0$，则

$$P_1(x)=\frac{x-x_1}{h}f(x_0)-\frac{x-x_0}{h}f(x_1)$$

两边求导数得

$$P_1'(x)=\frac{1}{h}[f(x_1)-f(x_0)]$$

于是得两点公式：

$$f'(x_0)\approx\frac{1}{h}[f(x_1)-f(x_0)]\text{（后点公式）}$$

$$f'(x_1)\approx\frac{1}{h}[f(x_1)-f(x_0)]\text{（前点公式）}$$

其截断误差为

$$\begin{cases}R_1(x_0)=-\dfrac{h}{2}f''(\xi_1),\quad \xi_1\in(x_0,x_1)\\ R_1(x_1)=\dfrac{h}{2}f''(\xi_2),\quad \xi_2\in(x_0,x_1)\end{cases}$$

（2）三点公式。过等距节点 x_0、x_1、x_2 作二次插值多项式 $P_2(x)$，记步长为 h，则

$$P_2(x)=\frac{(x-x_1)(x-x_2)}{2h^2}f(x_0)-\frac{(x-x_0)(x-x_2)}{h^2}f(x_1)+\frac{(x-x_0)(x-x_1)}{2h^2}f(x_2)$$

两边求导数得

$$P_2'(x)=\frac{2x-x_1-x_2}{2h^2}f(x_0)-\frac{2x-x_0-x_2}{h^2}f(x_1)+\frac{2x-x_0-x_1}{2h^2}f(x_2)$$

于是得三点公式：

$$\begin{cases}f'(x_0)\approx\dfrac{1}{2h}[-3f(x_0)+4f(x_1)-f(x_2)]\text{（后三点公式）}\\ f'(x_1)\approx\dfrac{1}{2h}[-f(x_0)+f(x_2)]\text{（中心差分公式）}\\ f'(x_2)\approx\dfrac{1}{2h}[f(x_0)-4f(x_1)+3f(x_2)]\text{（前三点公式）}\end{cases}$$

其截断误差为

$$\begin{cases} R_2(x_0)=\frac{1}{3}h^2f'''(\xi_1), & \xi_1\in(x_0,x_2) \\ R_2(x_1)=-\frac{1}{6}h^2f'''(\xi_2), & \xi_2\in(x_0,x_2) \\ R_2(x_2)=\frac{1}{3}h^2f'''(\xi_3), & \xi_3\in(x_0,x_2) \end{cases}$$

如果要求 $f(x)$ 的二阶导数，可用 $P_2''(x)$ 作为 $f''(x)$ 的近似值，于是有

$$f''(x_k)\approx P_2''(x_k)=\frac{1}{h^2}[f(x_0)-2f(x_1)+f(x_2)]$$

其截断误差为 $f''(x_k)-P_2''(x_k)=o(h^2)$。

例 5.6.1 已知一组数据，见表 5.6.1。

表 5.6.1 一组数据

x	1.8	1.9	2.0	2.1	2.2
$f(x)$	10.889365	12.703199	14.778112	17.148957	19.855030

试求：（1）应用两点公式计算 $f'(2.0)$，取 $h=0.1$；

（2）应用三点公式计算 $f'(2.0)$，取 $h=0.1$；

（3）应用二阶导数公式计算 $f''(2.0)$，取 $h=0.1$。

解 （1）$h=0.1$，由两点公式可计算如下：

后点公式取 $x_0=2.0$，$x_1=2.1$，则

$$f'(2.0)\approx\frac{1}{0.1}[f(2.1)-f(2.0)]=23.70845$$

前点公式取 $x_0=1.9$，$x_1=2.0$，则

$$f'(2.0)\approx\frac{1}{0.1}[f(2.0)-f(1.9)]=20.74913$$

（2）$h=0.1$，由三点公式可计算如下：

后三点公式取 $x_0=2.0$，$x_1=2.1$，$x_2=2.2$，则

$$f'(2.0)\approx\frac{1}{2\times0.1}[-3f(2.0)+4f(2.1)-f(2.2)]=22.032310$$

前三点公式取 $x_0=1.8$，$x_1=1.9$，$x_2=2.0$，则

$$f'(2.0)\approx\frac{1}{2\times0.1}[f(1.8)-4f(1.9)+3f(2.0)]=22.032310$$

中心差分公式取 $x_0=1.9$，$x_2=2.1$，则

$$f'(2.0) \approx \frac{1}{2\times 0.1}[-f(1.9)+f(2.1)] = 22.228790$$

（3）取 $h = 0.1$，则

$$f''(2.0) \approx \frac{f(2.1)-2f(2.0)+f(1.9)}{0.1^2} = 29.593200$$

5.6.3　计算数值微分的泰勒展开法

应用泰勒公式也能直接建立数值微分公式。例如，由

$$f(x_1) = f(x_0) + f'(x_0)h + \frac{1}{2!}f''(\xi)h^2,\quad \xi \in (x_0, x_1)$$

可得

$$f'(x_0) = \frac{1}{h}[f(x_1) - f(x_0)] - \frac{h}{2}f''(\xi)$$

又如，由

$$f(x_0) = f(x_1) - hf(x_1) + \frac{h^2}{2!}f''(x_1) - \frac{h^3}{3!}f'''(x_1) + \frac{h^4}{4!}f^{(4)}(\eta_1)$$

$$f(x_2) = f(x_1) + hf'(x_1) + \frac{h^2}{2!}f''(x_1) + \frac{h^3}{3!}f'''(x_1) + \frac{h^4}{4!}f^{(4)}(\eta_2)$$

两式相加，得

$$f(x_0) + f(x_2) = 2f(x_1) + h^2 f''(x_1) + \frac{h^4}{4!}[f^{(4)}(\eta_1) + f^{(4)}(\eta_2)]$$

若 $f^{(4)}(x)$ 连续，则必存在一点 ζ，使得

$$f^{(4)}(\zeta) = \frac{1}{2}[f^{(4)}(\eta_1) + f^{(4)}(\eta_2)]$$

从而可得

$$f''(x_1) = \frac{1}{h^2}[f(x_0) - 2f(x_1) + f(x_2)] - \frac{h^2}{12}f^{(4)}(\zeta)$$

5.6.4　计算数值微分的待定系数法

数值微分公式除了可用上述两种方法外，还可用待定系数法，下面举例说明。

例 5.6.2　确定如下数值微分公式

$$f''(x_0) \approx A_0 f(x_0) + A_1 f'(x_0) + A_2 f(x_1)$$

的系数，使它具有尽可能高的代数精度。

解　为了方便计算，令 $x_0 = 0$，$x_1 = h$。把 $f(x) = 1, x, x^2$ 依次代入，使其成为等式。此时有

$$\begin{cases} A_0 + A_2 = 0 \\ A_1 + A_2 h = 0 \\ A_2 h^2 = 2 \end{cases}$$

解之得 $A_0 = -\dfrac{2}{h^2}$，$A_1 = -\dfrac{2}{h}$，$A_2 = \dfrac{2}{h^2}$。故数值微分公式为

$$f''(x_0) \approx \frac{2}{h^2}[-f(x_0) - hf'(x_0) + f(x_1)]$$

因为此公式对 $f(x) = x^3$ 不能成立，从而代数精度为 2。

5.7 基于 MATLAB 的数值积分与数值微分的解法

在 MATLAB 中执行数值积分和数值微分，可以使用内置的函数。数值积分常用的函数有 integral、quad、trapz 等，而数值微分可以通过差分来近似数值积分。

1. 数值差分

n 维向量 $\boldsymbol{x} = (x_1, x_2, \cdots, x_n)$ 的差分定义为 $n-1$ 维向量 $\Delta\boldsymbol{x} = (x_2 - x_1, x_3 - x_2, \cdots, x_n - x_{n-1})$。

diff(x)：如果 x 是向量，则返回向量 x 的差分；如果 x 是矩阵，则按各列作差分。

diff(x, k)：k 阶差分，即差分 k 次。

2. 数值导数和梯度

q=polyder(p)：求得由向量 p 表示的多项式导函数的向量来表示 q。

Fx=gradient(F,x)：返回向量 Fx 表示的是一元函数沿 x 方向的导函数 F'(x)，其中 x 是与 F 同维数的向量。

[Fx,Fy]=gradient(F,x,y)：返回矩阵 F 表示的是二元函数的数值梯度(F'x,F'y)，当 F 为 $m \times n$ 矩阵时，x 和 y 分别为 n 维和 m 维的向量。

3. 梯形积分法

z=trapz(x,y)：返回积分的近似值，其中 x 表示积分区间的离散化向量；y 是与 x 同维数的向量，表示被积函数。

例 5.7.1 计算积分 $\int_{-1}^{1} \mathrm{e}^{x^2} \mathrm{d}x$。

解 在 MATLAB 命令窗口执行：

```
>> clear;
>> x=-1:0.1:1;
>>   y=exp(x.^2);
```

得到结果：

```
>> trapz(x,y)
ans =
     2.9343
```

4. 高精度数值积分

z=integral(Fun,a, b)：求得 Fun 在区间[a, b]上的定积分，可计算反常积分。

z=quadl(Fun,a,b)：格式同 integral，但不能计算反常积分。

5. 重积分

z=integral2(Fun,a,b,cx,dx)：求得二元函数 Fun(x,y) 的重积分，a 和 b 为变量 *x* 的下上限；cx 和 dx 为变量 *y* 的下上限函数。

z=integral3(Fun,a,b,cx,dx,exy,fxy)：求得三元函数 Fun(x,y,z)的重积分，格式类似 integral2。

以下是使用 integral 函数进行数值积分的示例。假设要积分的函数是 f(x) = sin(x)，在区间[0, pi]上进行积分：

```
>> %定义被积函数
>> f = @(x) sin(x);
>> %设置积分上下限
>> a = 0;
>> b = pi;
>> %调用 integral 函数进行数值积分
>> integralValue = integral(f, a, b);
>> %显示积分结果
>> disp(['积分结果是：', num2str(integralValue)]);
```

得到结果：

```
积分结果是：2
```

对于数值微分，MATLAB 没有专门的内置函数，但可以使用差分方法来近似求解。例如，使用中心差分法来求某个函数在某一点的导数。

```
>>%定义函数
>> f = @(x) x.^2;
>> %要微分的点
>> x0 = 2;
>> %设置一个小的 h 值
>> h = 1e-5;
>> %中心差分法计算微分
>> df = (f(x0 + h) - f(x0 - h)) / (2 * h);
>> %显示微分结果
>> disp(['在  x = ', num2str(x0), '  处的导数近似值是：', num2str(df)]);
```

得到结果：

```
在  x = 2  处的导数近似值是：4
```

在上面的微分代码中，计算了函数 f(x) = x^2 在 x = 2 处的导数，选择了一个较小的 h 值来近似导数。请注意，h 的选择应该足够小以获得更准确的结果，但是如果 h 太小，可能会因为计算机浮点数的精度限制而引入数值误差。

当然，这些方法都是数值方法，它们提供了解的近似值，而不是精确值。对于复杂的函数或积分，可能需要更高级的算法，MATLAB 也提供了相应的函数，如 ode45（用于解常微分方程）。

数学家和数学家精神

汤涛（1963 年至今），计算数学家，中国科学院院士。汤涛教授主要从事计算数学研究，在高精度和自适应计算方法研究领域做出了重要学术贡献，研究内容包括微分方程自适应算法、高精度算法。汤涛在 1987 年获得英国 Leslie Fox 数值分析奖，2003 年荣获冯康科学计算奖，2007 年获得教育部自然科学一等奖，2016 年独立获得国家自然科学二等奖。在 2018 年，汤涛被国际数学家大会邀请做 45 分钟报告。汤涛与合作者提出了守恒型移动网格方法，克服了移动网格计算的关键困难，使高维计算成为可能，被国际同行称为开创性工作；他推导出了有效的缩放因子公式，采用此公式的无穷区域谱方法大大提高了计算效率，在多个领域的科学计算中得到成功应用；另外，对于非齐次守恒律的时间分裂法，他与合作者首次给出了收敛阶估计，建立的理论框架使多个后续工作得以开展；同时汤涛教授在研究生培养教育跨越式发展、数学学科建设方面也做出了重要贡献。

习　题　5

1．分别用中点公式、梯形公式和辛普森公式计算积分

$$I=\int_{\frac{1}{4}}^{\frac{1}{2}} x^2 \mathrm{d}x$$

的近似值，并估计截断误差。

2．求 A、B 使求积公式

$$\int_{-1}^{1} f(x)\mathrm{d}x \approx A[f(-1)+f(1)]+B\left[f\left(\frac{1}{2}\right)+f\left(\frac{1}{2}\right)\right]$$

的代数精度尽量高，并求其代数精度；利用此公式求 $I=\int_1^2 \frac{1}{x}\mathrm{d}x$（保留 4 位小数）。

3．已知数值积分公式为

$$\int_0^h f(x)\mathrm{d}x \approx \frac{h}{2}[f(0)+f(h)]+\lambda h^2[f'(0)-f'(h)]$$

试确定积分公式中的参数 λ，使其代数精度尽量高，并指出其代数精度的次数。

4．用两种不同的方法确定 x_1、x_2、A_1、A_2，使下面的公式成为高斯求积公式。

$$\int_0^1 f(x)\mathrm{d}x \approx A_1 f(x_1)+A_2 f(x_2)$$

5．当 $n=3$ 时，用复化梯形公式求 $\int_0^1 \mathrm{e}^x \mathrm{d}x$ 的近似值（保留 4 位小数），并求误差估计。

6．取 5 个等距节点，分别用复化梯形公式和复化辛普森求积公式计算积分 $\int_0^2 \frac{1}{1+2x^2}\mathrm{d}x$ 的近似值（保留 4 位小数）。

7．利用龙贝格求积公式计算积分 $\int_0^1 \mathrm{e}^x \mathrm{d}x$，要求结果有 7 位有效数字。

8．在区间 $[-1,1]$ 上，取 $x_1=-\lambda$，$x_2=0$，$x_3=\lambda$ 构造插值求积公式，并求它的代数精度。

9．已知函数 $f(x)=\frac{1}{(1+x)^2}$ 的数据，见题 9 表。

题 9 表

x	1.0	1.1	1.2
$f(x)$	0.2500	0.2268	0.2066

试用三点微分公式计算 $f'(x)$ 在 $x=1.0$，1.1，1.2 处的近似值，并估计误差。

10．已知函数 $f(x)=\mathrm{e}^x$ 的数据，见题 10 表。

题 10 表

x	2.5	2.6	2.7
$f(x)$	12.1825	13.4637	14.8797

试用二点、三点微分公式计算 $f'(x)$、$f''(x)$ 在 $x=2.6$ 处的近似值。

实　验　题

1．分别用复化梯形公式和复化辛普森求积公式计算定积分 $\int_0^1 \frac{\sin x}{x}\mathrm{d}x$，取

$n = 2,4,8,16$，精确解为 0.9460831。

2．从地面发射一枚火箭，在最初 80s 内记录加速度，见题 2 表，试求火箭在第 50s，80s 时的速度。

题 2 表

t(s)	0	10	20	30	40	50	60	70	80
a(m/s^2)	30.00	31.63	33.44	35.47	37.75	40.33	42.39	46.69	50.67

要求：分别用复化梯形公式、复化辛普森求积公式和龙贝格求积公式计算。

3. 给定积分 $\int_1^3 e^x dx$ 和 $\int_1^3 \frac{1}{x} dx$，分别用下列方法计算积分值，要求准确到 10^{-5}，并比较分析计算时间。

（1）变步长梯形法；

（2）变步长辛普森法；

（3）龙贝格方法。

4．计算积分 $\int_3^6 \frac{x}{4+x^2} dx$ 的近似值，要求分别使用如下方法（限定用 9 个点上的函数值计算）：

（1）复化梯形公式；

（2）复化辛普森求积公式；

（3）龙贝格求积法。

第 6 章 矩阵特征值问题的数值解法

物理、力学和工程技术中的许多问题在数学上都归结为求矩阵的特征值和特征向量问题。计算方阵 $\boldsymbol{A}$ 的特征值，这对于阶数较小的矩阵是可以的，但对于阶数较大的矩阵来说，求解是十分困难，所以用这种方法求矩阵的特征值是不切实际的。

如果矩阵 $\boldsymbol{A}$ 与 $\boldsymbol{B}$ 相似，则 $\boldsymbol{A}$ 与 $\boldsymbol{B}$ 有相同的特征值，因此人们就希望在相似变换下把 $\boldsymbol{A}$ 化为最简单的形式。一般矩阵的最简单的形式是约当标准型，由于在一般情况下，用相似变换把矩阵 $\boldsymbol{A}$ 化为约当标准型是很困难的，于是就设法对矩阵 $\boldsymbol{A}$ 依次进行相似变换，使其逐步趋向于一个约当标准型，从而求出 $\boldsymbol{A}$ 的特征值。

本章介绍求部分特征值和特征向量的乘幂法，反幂法；求实对称矩阵全部特征值和特征向量的雅可比方法；求特征值的多项式方法；求任意矩阵全部特征值的 QR 分解。

6.1 矩阵的有关理论

6.1.1 矩阵的特征值及其性质

工程实践中的很多问题在数学上都归结于求 n 阶矩阵的特征值问题，例如振动问题、临界值的确定问题等。

为了方便后文讨论，先介绍一些矩阵特征值的预备知识。

定义 6.1.1 设 $\boldsymbol{A}=(a_{ij})^{n\times n}\in\mathbf{R}^{n\times n}$，若存在数 λ 和非零列向量 $\boldsymbol{x}\in\mathbf{R}^n$，使得方程组

$$\boldsymbol{A}\boldsymbol{x}=\lambda\boldsymbol{x} \tag{6.1.1}$$

成立，则称 λ 为方阵 $\boldsymbol{A}$ 的特征值，$\boldsymbol{x}$ 称为 $\boldsymbol{A}$ 的特征值 λ 所对应的特征向量。

由线性代数知识可知，特征值是方程

$$|\lambda\boldsymbol{I}-\boldsymbol{A}|=\lambda^n+a_1\lambda^{n-1}+\cdots+a_{n-1}\lambda+a_n=0 \tag{6.1.2}$$

的根。若能求齐次方程组

$$(\lambda\boldsymbol{I}-\boldsymbol{A})\boldsymbol{x}=\boldsymbol{0} \tag{6.1.3}$$

的非零解，就可求得对应的特征向量。

对于低阶矩阵（n较小时），可以通过求特征方程（6.1.2）来求特征值，但是对于高阶矩阵而言，求特征值就显得尤为困难。下面再给出特征值的一些基本性质。

注：若无特别说明，下述矩阵$\boldsymbol{A}$指n阶方阵。

定理 6.1.1 设λ为矩阵$\boldsymbol{A}$的特征值，$\boldsymbol{Ax}=\lambda\boldsymbol{x}(\boldsymbol{x}\neq 0)$，则

（1）$k\lambda$为$k\boldsymbol{A}$的特征值（k为常数，$k\neq 0$）；

（2）$\lambda-\mu$为$\boldsymbol{A}-\mu\boldsymbol{I}$的特征值，即$(\boldsymbol{A}-\mu\boldsymbol{I})\boldsymbol{x}=(\lambda-\mu)\boldsymbol{x}$；

（3）λ^k为$\boldsymbol{A}^k$的特征值。

定理 6.1.2 （1）设矩阵$\boldsymbol{A}$可对角化，则存在非奇异矩阵$\boldsymbol{P}$使得

$$\boldsymbol{P}^{-1}\boldsymbol{AP}=\begin{pmatrix}\lambda_1 & & & \\ & \lambda_2 & & \\ & & \ddots & \\ & & & \lambda_n\end{pmatrix}$$

的充要条件是$\boldsymbol{A}$具有n个线性无关的特征向量。

（2）如果矩阵$\boldsymbol{A}$有$m(m\leqslant n)$个不同的特征值$\lambda_1,\lambda_2,\cdots,\lambda_m$，则对应特征向量$(x_1,x_2,\cdots,x_m)$线性无关。

定理 6.1.3 设$\boldsymbol{A}$为对称矩阵，则

（1）$\boldsymbol{A}$的特征值均为实数；

（2）$\boldsymbol{A}$有n个线性无关的特征向量；

（3）存在一个正交矩阵$\boldsymbol{P}$使得

$$\boldsymbol{P}^{\mathrm{T}}\boldsymbol{AP}=\begin{pmatrix}\lambda_1 & & & \\ & \lambda_2 & & \\ & & \ddots & \\ & & & \lambda_n\end{pmatrix}$$

且$\lambda_i(i=1,2,3,\cdots,n)$为$\boldsymbol{A}$的特征值，而$\boldsymbol{P}=(\eta_{ij})_{n\times n}$的列向量$\boldsymbol{\eta}_j$为$\boldsymbol{A}$对应于$\lambda_j$的特征向量。

6.1.2 特征值的估计与扰动

定义 6.1.2 对于矩阵$\boldsymbol{A}$，令

（1）$r_i=\sum\limits_{\substack{j=1\\ j\neq i}}^{n}|a_{ij}|(i=1,2,\cdots,n)$；

（2）集合$D_i=\{z||z-a_{ii}|\leqslant r_i,z\in\mathbf{C}\}(i=1,2,\cdots,n)$。

称复平面上以 a_{ii} 为圆心，r_i 为半径的所有圆盘为 $\boldsymbol{A}$ 的格什戈林（Gershgorin）圆盘。

定理 6.1.4　n 阶矩阵 $\boldsymbol{A}$ 的任何一个特征值必属于复平面上的 n 个圆盘

$$D_i = \{z \mid |z - a_{ii}| \leqslant r_i, z \in \mathbf{C}\} \quad (i = 1, 2, \cdots, n) \tag{6.1.4}$$

的并集。

证明略。

定理 6.1.5　若式（6.1.4）中的 m 个圆盘形成连通区域 D，且 D 与其余 $n-m$ 个圆盘不相连，则 D 中恰有 $\boldsymbol{A}$ 的 m 个特征值。

例 6.1.1　估计矩阵

$$\boldsymbol{A} = \begin{pmatrix} 4 & 1 & 0 \\ 1 & 0 & -1 \\ 1 & 1 & -4 \end{pmatrix}$$

的特征值的范围。

解　$\boldsymbol{A}$ 的 3 个圆盘为

$$D_1\text{: } |\lambda - 4| \leqslant 1,\ D_2\text{: } |\lambda| \leqslant 2,\ D_3\text{: } |\lambda + 4| \leqslant 2$$

由定理 6.1.4 可知，$\boldsymbol{A}$ 的 3 个特征值位于 3 个圆盘的并集中，由于 D_1 是孤立的圆盘，所以 D_1 内恰好包含 $\boldsymbol{A}$ 的 1 个特征值 λ_1（为实特征值），即 $3 < \lambda_1 < 5$。$\boldsymbol{A}$ 的其他特征值 λ_2 和 λ_3 包含在 D_2 和 D_3 的并集中。

现在选取对角矩阵：

$$\boldsymbol{P}^{-1} = \begin{pmatrix} 1 & & \\ & 1 & \\ & & 0.9 \end{pmatrix}$$

作相似变换：

$$\boldsymbol{A} \to \boldsymbol{A}_1 = \boldsymbol{P}^{-1}\boldsymbol{A}\boldsymbol{P} = \begin{pmatrix} 4 & 1 & 0 \\ 1 & 0 & -\dfrac{10}{9} \\ 0.9 & 0.9 & -4 \end{pmatrix}$$

$\boldsymbol{A}_1$ 的 3 个圆盘为

$$E_1\text{: } |\lambda - 4| \leqslant 1,\ E_2\text{: } |\lambda| \leqslant \frac{19}{9},\ E_3\text{: } |\lambda + 4| \leqslant 1.8$$

显然，3 个圆盘都是孤立圆盘，所以每个圆盘都包含 $\boldsymbol{A}$ 的 1 个特征值（为实特征值），且有估计：

$$\begin{cases}3\leqslant\lambda_1\leqslant 5\\ -\dfrac{19}{9}\leqslant\lambda_2\leqslant\dfrac{19}{9}\\ -5.8\leqslant\lambda_3\leqslant -2.2\end{cases}$$

下面讨论当 $\boldsymbol{A}$ 有扰动时产生的特征值扰动，即 $\boldsymbol{A}$ 有微小变化时特征值的敏感性。

定理 6.1.6（Bauer-Fike 定理） 设 μ 是 $\boldsymbol{A}+\boldsymbol{E}$ 的一个特征值，且

$$\boldsymbol{P}^{-1}\boldsymbol{AP}=\boldsymbol{D}=\text{diag}(\lambda_1,\lambda_2,\cdots,\lambda_n)$$

则有

$$\min_{1\leqslant i\leqslant n}|\lambda-\mu|\leqslant\left\|\boldsymbol{P}^{-1}\right\|_p\|\boldsymbol{P}\|_p\|\boldsymbol{E}\|_p \tag{6.1.5}$$

其中，$\|\bullet\|_p$ 为矩阵的 p 范数， $p=1,2,\cdots,\infty$ 。

证明略。

6.2 乘幂法与反幂法

6.2.1 乘幂法

乘幂法是一种计算主特征值（矩阵按模最大的特征值）及对应特征向量的迭代方法，特别适用于大型稀疏矩阵。

设矩阵 $\boldsymbol{A}$ 有一个完备的特征向量组（矩阵 $\boldsymbol{A}$ 有 n 个线性无关的特征向量），其特征值为 $\lambda_1,\lambda_2,\cdots,\lambda_n$，相应的特征向量为$(x_1,x_2,\cdots,x_n)$。已知 $\boldsymbol{A}$ 的主特征值是实数，且满足条件：

$$|\lambda_1|>|\lambda_2|\geqslant|\lambda_3|\geqslant\cdots\geqslant|\lambda_n| \tag{6.2.1}$$

下面讨论求 λ_1 及 x_1 的方法。

乘幂法的思想是任取一个非零初始向量 $\boldsymbol{u}_0$，由矩阵 $\boldsymbol{A}$ 构造一个向量序列：

$$\begin{cases}\boldsymbol{u}_1=\boldsymbol{Au}_0\\ \boldsymbol{u}_2=\boldsymbol{Au}_1=\boldsymbol{A}^2\boldsymbol{u}_0\\ \quad\vdots\\ \boldsymbol{u}_{k+1}=\boldsymbol{Au}_k=\boldsymbol{A}^{k+1}\boldsymbol{u}_0\\ \quad\vdots\end{cases} \tag{6.2.2}$$

$\boldsymbol{u}_k$ 称为迭代向量。由假设 $\boldsymbol{u}_0$ 可表示为

$$\boldsymbol{u}_0=\alpha_1x_1+\alpha_2x_2+\cdots+\alpha_nx_n\ （设 \alpha_1\neq 0） \tag{6.2.3}$$

于是

$$\begin{aligned}\boldsymbol{u}_k &= \boldsymbol{A}\boldsymbol{u}_{k-1} = \boldsymbol{A}^k\boldsymbol{u}_0 = \alpha_1\lambda_1^k x_1 + \alpha_2\lambda_2^k x_2 + \cdots + \alpha_n\lambda_n^k x_n \\ &= \lambda_1^k\left[\alpha_1 x_1 + \sum_{i=2}^{n}\alpha_i\left(\frac{\lambda_i}{\lambda_1}\right)^k x_i\right] = \lambda_1^k(\alpha_1 x_1 + \varepsilon_k)\end{aligned}$$

其中，$\varepsilon_k = \sum_{i=2}^{n}\alpha_i\left(\frac{\lambda_i}{\lambda_1}\right)^k x_i$，由假设$\left|\frac{\lambda_i}{\lambda_1}\right| < 1(i=1,2,3,\cdots,n)$，故$\lim\limits_{k\to\infty}\varepsilon_k = 0$，从而

$$\lim_{k\to\infty}\frac{\boldsymbol{u}_k}{\lambda_1^k} = \alpha_1 x_1 \tag{6.2.4}$$

由此可得，当k充分大时

$$\boldsymbol{u}_k \approx \alpha_1\lambda_1^k x_1 \tag{6.2.5}$$

即迭代向量$\boldsymbol{u}_k$为λ_1的特征向量的近似向量（除了一个因子）。

下面考虑主特征值λ_1的计算，用$(\boldsymbol{u}_k)_i$表示$\boldsymbol{u}_k$的第i个分量，有

$$\begin{aligned}(\boldsymbol{u}_k)_i &= \alpha_1\lambda_1^k x_{i1} + \alpha_2\lambda_2^k x_{i2} + \cdots + \alpha_n\lambda_n^k x_{in} \\ &= \lambda_1^k\left[\alpha_1 x_{i1} + \sum_{j=2}^{n}\alpha_j\left(\frac{\lambda_i}{\lambda_1}\right)^k x_{ij}\right]\end{aligned}$$

则

$$\frac{(\boldsymbol{u}_{k+1})_i}{(\boldsymbol{u}_k)_i} = \frac{\lambda_1^{k+1}\left[\alpha_1 x_{i1} + \sum\limits_{j=2}^{n}\alpha_j\left(\frac{\lambda_i}{\lambda_1}\right)^{k+1} x_{ij}\right]}{\lambda_1^k\left[\alpha_1 x_{i1} + \sum\limits_{j=2}^{n}\alpha_j\left(\frac{\lambda_i}{\lambda_1}\right)^k x_{ij}\right]} = \lambda_1\frac{\left[1 + \sum\limits_{j=2}^{n}\frac{\alpha_j x_{ij}}{\alpha_1 x_{i1}}\left(\frac{\lambda_i}{\lambda_1}\right)^{k+1}\right]}{\left[1 + \sum\limits_{j=2}^{n}\frac{\alpha_j x_{ij}}{\alpha_1 x_{i1}}\left(\frac{\lambda_i}{\lambda_1}\right)^k\right]} \tag{6.2.6}$$

故

$$\lim_{k\to\infty}\frac{(\boldsymbol{u}_{k+1})_i}{(\boldsymbol{u}_k)_i} = \lambda_1 \tag{6.2.7}$$

即得两个相邻迭代向量分量的比值收敛到主特征值。

这种由已知非零向量$\boldsymbol{u}_0$及矩阵$\boldsymbol{A}$的乘幂$\boldsymbol{A}^k$构造向量序列$\{\boldsymbol{u}_k\}$以计算$\boldsymbol{A}$的主特征值λ_1及相应特征向量的方法称为乘幂法。

由式（6.2.6）可知，$\frac{(u_{k+1})_i}{(u_k)_i} \to \lambda_1$的收敛速度由比值$r = \left|\frac{\lambda_2}{\lambda_1}\right|$来确定，$r$越小收敛越快，但当$r = \left|\frac{\lambda_2}{\lambda_1}\right| \approx 1$时收敛就比较慢。

综上所述，有如下定理：

定理 6.2.1 设矩阵 $\boldsymbol{A}$ 有 n 个线性无关的特征向量，主特征值 λ_1 满足：

$$|\lambda_1|>|\lambda_2|\geqslant|\lambda_3|\geqslant\cdots\geqslant|\lambda_n|$$

则对任何非零初始向量 $\boldsymbol{u}(\alpha_1\neq 0)$，式（6.2.5）和式（6.2.7）成立。

如果 $\boldsymbol{A}$ 的主特征值为实的重根，即 $\lambda_1=\lambda_2=\cdots=\lambda_r$，且

$$|\lambda_r|>|\lambda_{r+1}|\geqslant|\lambda_{r+2}|\geqslant\cdots\geqslant|\lambda_n|$$

又设 $\boldsymbol{A}$ 有 n 个线性无关的特征向量，λ_1 对应的 r 个线性无关的特征向量为 $x_1,x_2,\cdots,x_r$，则由式（6.2.6）得

$$\boldsymbol{u}_k=\boldsymbol{A}\boldsymbol{u}_{k-1}=\boldsymbol{A}^k\boldsymbol{u}_0=\lambda_1^k\left[\sum_{i=1}^{r}\alpha_i x_i+\sum_{i=r+1}^{n}\alpha_i\left(\frac{\lambda_i}{\lambda_1}\right)^k x_i\right]$$

$$\lim_{k\to\infty}\frac{\boldsymbol{u}_k}{\lambda_1^k}=\sum_{i=1}^{r}\alpha_i x_i \quad （设\sum_{i=1}^{r}\alpha_i x_i\neq 0）$$

由此可见，当 $\boldsymbol{A}$ 的特征值为实的重根时，定理 6.2.1 的结论依然正确。

在上述讨论中，仅就乘幂法基本原理进行了分析，但忽略了一个问题，即如果 $|\lambda_1|>1$（或 $|\lambda_1|<1$），则 $\boldsymbol{u}_k$ 的分量随 k 的增大而趋于无穷大（或趋于零），在计算机里容易发生上溢出（或下溢出）。为了避免这种情况，对迭代向量 $\boldsymbol{u}_k$ 加以规范化。具体方法：选取初始向量 $\boldsymbol{v}_0$，令

$$\begin{cases}\boldsymbol{u}_k=\dfrac{\boldsymbol{v}_k}{\max(\boldsymbol{v}_k)} \quad (k=1,2,3,\cdots)\\ \boldsymbol{v}_k=\boldsymbol{A}\boldsymbol{u}_{k-1}\end{cases} \tag{6.2.8}$$

此处 $\max(\boldsymbol{v}_k)$ 表示向量 $\boldsymbol{v}_k$ 按模最大的分量，一般取 $\boldsymbol{v}_0=(1,1,\cdots,1)^{\mathrm{T}}$，则

$$\max(\boldsymbol{v}_0)=1$$

$$\begin{cases}\boldsymbol{v}_1=\boldsymbol{A}\boldsymbol{u}_0=\dfrac{\boldsymbol{A}\boldsymbol{v}_0}{\max(\boldsymbol{v}_0)}, & \boldsymbol{u}_1=\dfrac{\boldsymbol{v}_1}{\max(\boldsymbol{v}_1)}=\dfrac{\boldsymbol{A}\boldsymbol{v}_0}{\max(\boldsymbol{A}\boldsymbol{v}_0)}\\ \boldsymbol{v}_2=\boldsymbol{A}\boldsymbol{u}_1=\dfrac{\boldsymbol{A}^2\boldsymbol{v}_0}{\max(\boldsymbol{A}\boldsymbol{v}_0)}, & \boldsymbol{u}_2=\dfrac{\boldsymbol{v}_2}{\max(\boldsymbol{v}_2)}=\dfrac{\boldsymbol{A}^2\boldsymbol{v}_0}{\max(\boldsymbol{A}^2\boldsymbol{v}_0)}\\ \quad\vdots & \quad\vdots\\ \boldsymbol{v}_k=\boldsymbol{A}\boldsymbol{u}_{k-1}=\dfrac{\boldsymbol{A}^k\boldsymbol{v}_0}{\max(\boldsymbol{A}^{k-1}\boldsymbol{v}_0)}, & \boldsymbol{u}_k=\dfrac{\boldsymbol{A}^k\boldsymbol{v}_0}{\max(\boldsymbol{A}^k\boldsymbol{v}_0)}\end{cases} \tag{6.2.9}$$

对规范化乘幂法，有如下收敛性定理。

定理 6.2.2 设 n 阶矩阵 $\boldsymbol{A}$ 有 n 个线性无关的特征向量，其特征值满足 $|\lambda_1|>|\lambda_2|\geqslant|\lambda_3|\geqslant\cdots\geqslant|\lambda_n|$，向量序列 $\{\boldsymbol{v}_{\mathrm{k}}\}$ 及 $\{\boldsymbol{u}_k\}$ 满足：

$$\begin{cases} \boldsymbol{v}_0 = \boldsymbol{u}_0 \neq 0 \\ \boldsymbol{v}_k = \boldsymbol{A}\boldsymbol{u}_{k-1} \\ \boldsymbol{u}_k = \dfrac{\boldsymbol{v}_k}{\max\{\boldsymbol{v}_k\}} \end{cases} \tag{6.2.10}$$

则有

（1） $\lim\limits_{k\to\infty} \boldsymbol{u}_k = \dfrac{x_1}{\max(x_1)}$；

（2） $\lim\limits_{k\to\infty} \max(\boldsymbol{v}_k) = \lambda_1$。

证明 由式（6.2.8）可得

$$A^k v_0 = \lambda_1^k \left[a_1 x_1 + \sum_{j=2}^{n} a_j \left(\frac{\lambda_j}{\lambda_1} \right)^k x_j \right]$$

因此

$$u_k = \frac{\lambda_1^k \left[a_1 x_1 + \sum_{j=2}^{n} a_j \left(\frac{\lambda_j}{\lambda_1} \right)^k x_j \right]}{\max\left\{ \lambda_1^k \left[a_1 x_1 + \sum_{j=2}^{n} a_j \left(\frac{\lambda_j}{\lambda_1} \right) \right]^k x_j \right\}} = \frac{\left[a_1 x_1 + \sum_{j=2}^{n} a_j \left(\frac{\lambda_j}{\lambda_1} \right)^k x_j \right]}{\max\left[a_1 x_1 + \sum_{j=2}^{n} a_j \left(\frac{\lambda_j}{\lambda_1} \right)^k x_j \right]}$$

所以

$$\lim_{k\to\infty} \boldsymbol{u}_k = \frac{x_1}{\max(x_1)}$$

同样有

$$\lim_{k\to\infty} \max(\boldsymbol{v}_k) = \lambda_1$$

例 6.2.1 用乘幂法求矩阵 $\boldsymbol{A} = \begin{pmatrix} 1 & 1 & 0.5 \\ 1 & 1 & 0.25 \\ 0.5 & 0.25 & 2 \end{pmatrix}$ 的主特征值和特征向量。

解 取 $\boldsymbol{v}_0 = (1,1,1)^{\mathrm{T}} = \boldsymbol{u}_0$，用式（6.2.10）计算，结果见表 6.2.1。

表 6.2.1 计算结果

k	$\boldsymbol{u}_k^{\mathrm{T}}$（规范化向量）	$\max\{\boldsymbol{v}_k\}$
0	(1,1,1)	1
1	(0.9091,0.8182,1)	2.7500000
5	(0.7651,0.6674,1)	2.5587918
10	(0.7494,0.6508,1)	2.5380029

续表

k	u_k^T （规范化向量）	$\max\{v_k\}$
15	(0.7483,0.6497,1)	2.5366256
16	(0.7482,0.6497,1)	2.5365840
17	(0.7482,0.6497,1)	2.5365598
18	(0.7482,0.6497,1)	2.5365456
19	(0.7482,0.6497,1)	2.5365374
20	(0.7482,0.6497,1)	2.5365323

主特征值的近似值为 $\lambda_1 = 2.5365323$，对应的特征向量 $\boldsymbol{u} = (0.7482, 0.6497, 1)^T$，$\lambda_1$ 和相应特征向量的真值为

$$\lambda_1 = 2.5365258,\ \tilde{x}_1 = (0.74822116, 0.64966116, 1)^T$$

例 6.2.2 用乘幂法求矩阵 $\boldsymbol{A} = \begin{pmatrix} 4 & -1 & 1 \\ 16 & -2 & -2 \\ 16 & -3 & -1 \end{pmatrix}$ 的主特征值及对应的特征向量。

解 取 $\boldsymbol{v}_0 = (1,1,1)^T = \boldsymbol{u}_0$，用式（6.2.10）计算，结果见表 6.2.2。

表 6.2.2 计算结果

k	v_k^T	u_k^T	$\max\{v_k\}$
0	(1,1,1)	(1,1,1)	1
1	(4.00000,12.00000,12.00000)	(0.33333,1.00000,1.00000)	12
2	(1.33333,1.33333,1.33333)	(4.00000,12.00000,12.00000)	1.33333
3	(4.00000,12.00000,12.00000)	(0.33333,1.00000,1.00000)	12.00000
4	(1.33333,1.33333,1.33333)	(1.00000,1.00000,1.00000)	1.33333
5	(4.00000,12.00000,12.00000)	(0.33333,1.00000,1.00000)	12.00000

可看出 $\boldsymbol{A}$ 的特征值 $\lambda_1 = -\lambda_2$，要求 $|\max(\boldsymbol{v}_{k+1}) - \max(\boldsymbol{v}_k)| < 10^{-6}$，有 $\lambda_1 = 4$，$\lambda_2 = -4$，所以主特征值对应的特征向量为(0.33333,1.00000,1.00000)。

乘幂法的 MATLAB 程序：

```
%乘幂法-- cmeigpower.m
function [lam,v,k]=cmeigpower(A,x,eps,N)
%格式：[lam,v,k]=cmeigpower(A,x,eps,N)，A 为 n 阶方阵，x 为初始向量，
% eps 为控制精度，N 为最大迭代次数，lam 为返回按模最大的特征值，k 为返回迭代次数
if nargin<4, N=500; end
if nargin<3,eps=1e-6;end
```

```
m=0; k=0; err=1;
while(err>eps)
    v=A*x
    [m1,t]=max(abs(v))
    m1=v(t);   x=v/m1;
    err=abs(m1-m);
    m=m1;   k=k+1;
end
lam=m1; v=x;
```

例 6.2.3　利用乘幂法程序，求矩阵 $\boldsymbol{A}$ 按模最大的特征值 λ_1 和对应的特征向量 ξ_1，其中

$$\boldsymbol{A}=\begin{pmatrix}-1 & 2 & 3\\ 2 & -3 & 5\\ 3 & 5 & -2\end{pmatrix}$$

解　在 MATLAB 命令窗口执行：

```
>> A=[-1 2 3;2 -3 5;3 5 -2];
>> x=[1 1 1]';
>> [lam1,v,k]=cmeigpower(A,x)
```

得到结果：

```
lam1 =
    -7.577772779896438
v =
    0.138842535437672
    1.000000000000000
    -0.971091487754194
k =
    44
```

6.2.2　反幂法

反幂法是用来计算矩阵按模最小的特征值及对应的特征向量的数值方法，也可用来计算对应于一个给定近似特征值的特征向量。

设 $\boldsymbol{A}$ 为非奇异矩阵，特征值依次为

$$|\lambda_1|\geqslant|\lambda_2|\geqslant\cdots\geqslant|\lambda_{n-1}|>|\lambda_n|>0$$

对应的特征向量为 $x_1,x_2,\cdots,x_n$，则 A^{-1} 的特征值满足：

$$\frac{1}{|\lambda_1|}\leqslant\frac{1}{|\lambda_2|}\leqslant\cdots\leqslant\frac{1}{|\lambda_{n-1}|}<\frac{1}{|\lambda_n|}$$

对应的特征向量为 $x_n,x_{n-1},\cdots,x_1$，此时 $\dfrac{1}{\lambda_n}$ 是 $\boldsymbol{A}^{-1}$ 的主特征值。因此，计算 $\boldsymbol{A}$ 的按模最小的特征值 λ_n 的问题就是计算 $\boldsymbol{A}^{-1}$ 的按模最大的特征值问题。

反幂法迭代公式为，任取初始向量$\boldsymbol{v}_0 \neq \boldsymbol{0}$，构造向量序列

$$\boldsymbol{v}_k = \boldsymbol{A}^{-1}\boldsymbol{v}_{k-1} = \boldsymbol{A}^{-k}\boldsymbol{v}_0 \quad (k=1,2,\cdots)$$

或规范化向量序列（取$\boldsymbol{v}_0 = \boldsymbol{u}_0 \neq 0$）：

$$\begin{cases} \boldsymbol{v}_k = \boldsymbol{A}^{-1}\boldsymbol{u}_{k-1} \\ \boldsymbol{u}_k = \dfrac{\boldsymbol{v}_k}{\max(\boldsymbol{v}_k)} \end{cases} \quad (k=1,2,\cdots)$$

则有

$$\lim_{k\to\infty} \boldsymbol{u}_k = \frac{\boldsymbol{v}_n}{\max(\boldsymbol{v}_n)}, \quad \lim_{k\to\infty} \max(\boldsymbol{u}_k) = \frac{1}{\lambda_n}$$

此方法称为反幂法。

为了避免在式（6.2.9）的迭代过程中要求逆矩阵，把式（6.2.9）改成：

$$\boldsymbol{A}\boldsymbol{v}_k = \boldsymbol{u}_{k-1} \tag{6.2.11}$$

解此线性代数方程组得到$\boldsymbol{v}_k$，在解线性代数方程组时，若$\boldsymbol{A}$能按三角分解式进行分解，则可用三角分解法求解。

如果已知$\boldsymbol{A}$的某个特征值λ_i的近似值p（要求p满足当$i \neq j$时，$|\lambda_i - p| < |\lambda_j - p|$），则$\dfrac{1}{\lambda_i - p}$便是$(\boldsymbol{A} - p\boldsymbol{I})^{-1}$的主特征值。将原点平移法和反幂法结合起来，有下面计算公式。取$\boldsymbol{v}_0 = \boldsymbol{u}_0 \neq \boldsymbol{0}$，计算：

$$\begin{cases} \boldsymbol{v}_k = (\boldsymbol{A} - p\boldsymbol{I})^{-1}\boldsymbol{u}_{k-1} \\ \boldsymbol{u}_k = \dfrac{\boldsymbol{v}_k}{\max(\boldsymbol{v}_k)} \end{cases} \quad (k=1,2,\cdots) \tag{6.2.12}$$

若p是λ_i的相对分离较好的近似值$(p \neq \lambda_i)$，当$|\lambda_i - p| << |\lambda_j - p|$且$j \neq i$，$j \in (1,2,\cdots,n)$时，有

$$\boldsymbol{u}_k = \lim_{k\to\infty} \frac{x_k}{\max(x_k)}, \quad \lim_{k\to\infty} \max(\boldsymbol{v}_k) = \frac{1}{\lambda_i - p}$$

从而可得

$$p + \lim_{k\to\infty} \frac{1}{\max(\boldsymbol{v}_k)} = \lambda_i, \quad \lim_{k\to\infty} \boldsymbol{u}_k = \frac{x_i}{\max(x_i)}$$

同样我们可通过解线性代数方程组$\boldsymbol{A}\boldsymbol{v}_k = \boldsymbol{u}_{k-1}$来得到$\boldsymbol{v}_k$，为此进行三角分解：

$$\boldsymbol{P}(\boldsymbol{A} - p\boldsymbol{I}) = \boldsymbol{L}\boldsymbol{U}$$

其中$\boldsymbol{P}$为置换矩阵，然后对$\boldsymbol{v}_0$求解方程组：

$$(\boldsymbol{A} - p\boldsymbol{I})\boldsymbol{v}_1 = \boldsymbol{P}^{-1}\boldsymbol{L}\boldsymbol{U}\boldsymbol{v}_0 = \boldsymbol{u}_0 = \frac{\boldsymbol{v}_0}{\max(\boldsymbol{v}_0)}$$

通常取 $\boldsymbol{u}_0$ 使得下式成立。

$$\boldsymbol{U}\boldsymbol{v}_0=\boldsymbol{L}^{-1}\boldsymbol{P}\boldsymbol{u}_0=(1,1,\cdots,1)^{\mathrm{T}}$$

例 6.2.4　用反幂法求矩阵 $\boldsymbol{A}=\begin{pmatrix}-12 & 3 & 3\\ 3 & 1 & -2\\ 3 & -2 & 7\end{pmatrix}$ 的近似值 $p=-13$ 时的特征值及特征向量。

解　$p=-13$，对 $\boldsymbol{A}-p\boldsymbol{I}$ 进行 LU 分解有

$$\boldsymbol{A}-p\boldsymbol{I}=\begin{pmatrix}1 & 3 & 3\\ 3 & 14 & -2\\ 3 & -2 & 20\end{pmatrix}=\begin{pmatrix}1 & 0 & 0\\ 3 & 1 & 0\\ 3 & -\dfrac{11}{5} & 1\end{pmatrix}\begin{pmatrix}1 & 3 & 3\\ 0 & 5 & -11\\ 0 & 0 & -\dfrac{66}{5}\end{pmatrix}=\boldsymbol{L}\boldsymbol{U}$$

若令 $\boldsymbol{U}\boldsymbol{v}_k=\boldsymbol{y}_k$，则由式（6.2.11）可得

$$\begin{cases}\boldsymbol{L}\boldsymbol{y}_k=\boldsymbol{u}_{k-1}\\ \boldsymbol{U}\boldsymbol{v}_k=\boldsymbol{y}_k \qquad (k=1,2,\cdots)\\ \boldsymbol{u}_k=\dfrac{\boldsymbol{v}_k}{\max(\boldsymbol{v}_k)}\end{cases}$$

取 $\boldsymbol{v}_0=\boldsymbol{u}_0=(1,1,1)^{\mathrm{T}}$，利用结合原点平移的反幂法进行计算，计算结果见表 6.2.3。故矩阵 $\boldsymbol{A}$ 与 $p=-13$ 最接近的特征值为 -13.2202，对应的特征向量约为 $(1.0000,-0.2351,-0.1716)^{\mathrm{T}}$。

表 6.2.3　计算结果

k	$\boldsymbol{v}_k$	$\boldsymbol{u}_k$	$p+\dfrac{1}{\max(\boldsymbol{u}_k)}$
0	(1,1,1)	(1,1,1)	–12
1	(–2.4545450,0.6666669,0.48484850)	(1,–0.27160496,–0.19753087)	–13.40741
2	(–4.59708214,1.07818937,0.78750467)	(1,–0.23453777,–0.17130533)	–13.21753
3	(–4054094172,1.06764054,0.77934009)	(1,–0.23510535,–0.17162110)	–13.22022
4	(–4.54175138,1.06779003,0.77946037)	(1,–0.23510535,–0.17162110)	–13.22018
5	(–4.54173851,1.06778765,0.77945852)	(1,–0.23510548,–0.17162117)	–13.22018

反幂法的 MATLAB 程序：

```
%反幂法-- cmeiginvpower.m
function [lam,v,k]=cmeiginvpower(A,x,alpha,eps,N)
%格式：[lam,v,k]=cmeiginvpower(A,x,alpha,eps,N)，A 为 n 阶方阵，x 为初始向量，
```

```
% eps 为控制精度，N 为最大迭代次数，alpha 为模最大的近似特征值，
% lam 为返回按模最大的特征值，k 为返回迭代次数
if nargin<5, N=500; end
if nargin<4,eps=1e-6;end
if nargin<3,alpha=0;end
m=0.5; k=0; err=1;
A=A-alpha*eye(length(x));
[L,U,P]=lu(A)
while(k<N)&(err>eps)
    [m1,t]=max(abs(x));
    m1=x(t);      v=x/m1;
    z=L\(P*v);   x=U\z;
    err=abs(1/m1-1/m);
    k=k+1;   m=m1;
end
lam=alpha+1/m;
```

例 6.2.5 利用反幂法程序，求矩阵 $\boldsymbol{A}$ 近似于 $-8, 3, -3.5$ 的特征值和对应的特征向量，其中

$$\boldsymbol{A}=\begin{pmatrix} -1 & 2 & 3 \\ 2 & -3 & 5 \\ 3 & 5 & -2 \end{pmatrix}$$

解 注意到此处 λ 的值分别取 $-7.5, 4.5, -3.0$，在 MATLAB 命令窗口执行：

```
>> A=[-1 2 3;2 -3 5;3 5 -2];
>> x=[1 1 1]';
>> [lam1,v1,k1]=cmeiginvpower(A,x,-7.5)
```

得到结果：

```
lam1 =
   -7.577772524269156
v1 =
   0.138842523034316
   1.000000000000000
   -0.971091514067557
k1 =
   6
```

再执行：

```
>> [lam2,v2,k2]=cmeiginvpower(A,x,4.5)
```

得到结果：

```
lam2 =
    4.746959045415096
v2 =
    0.820327794243369
    0.857195132536998
    1.000000000000000
k2 =
    6
```

再执行：

```
>> [lam2,v2,k2]=cmeiginvpower(A,x,-3.0)
```

得到结果：

```
lam3 =
   -3.169186520712600
v3 =
   1.000000000000000
   -0.510504400085855
   -0.382725906846963
k3 =
   7
```

6.3　雅可比方法

雅可比方法是计算实对称矩阵 $\boldsymbol{A}$ 全部特征和特征向量的方法。因为 $\boldsymbol{A}$ 是实对称矩阵，故由线性代数理论知存在正交矩阵 $\boldsymbol{Q}$，使得 $\boldsymbol{Q}^{-1}\boldsymbol{A}\boldsymbol{Q}=\boldsymbol{D}=\operatorname{diag}(\lambda_1,\lambda_2,\cdots,\lambda_n)$，即有 $\boldsymbol{A}\boldsymbol{Q}=\boldsymbol{Q}\boldsymbol{D}$。若把矩阵 $\boldsymbol{Q}$ 按列分块，即 $\boldsymbol{Q}=(q_1,q_2,\cdots,q_n)$，则有 $\boldsymbol{A}q_i=\lambda_i q_i\ (i=1,2,\cdots,n)$，从而对角矩阵 $\boldsymbol{D}$ 的对角线上元素就是 $\boldsymbol{A}$ 的特征值，而正交矩阵 $\boldsymbol{Q}$ 的每一列就是相应特征值的特征向量。问题是给定实对称矩阵 $\boldsymbol{A}$，如何求正交矩阵 $\boldsymbol{Q}$，使 $\boldsymbol{Q}^{-1}\boldsymbol{A}\boldsymbol{Q}$ 变为对角矩阵 $\boldsymbol{D}$？雅可比方法就是用一系列正交相似矩阵逐步求出正交矩阵 $\boldsymbol{Q}$。

先从二阶实对称矩阵开始讨论。

设二阶实对称矩阵为

$$\boldsymbol{A}=(a_{ij})^{2\times 2}=\begin{pmatrix} a_{11} & a_{12} \\ a_{21} & a_{22} \end{pmatrix}\ (a_{12}=a_{21}\neq 0)$$

令

$$\boldsymbol{P}(1,2,\theta)=\begin{pmatrix} \cos\theta & \sin\theta \\ -\sin\theta & \cos\theta \end{pmatrix}=\boldsymbol{Q}$$

显然对任何 $\theta\in\mathbf{R}$，矩阵 $\boldsymbol{Q}$ 为正交矩阵，$\boldsymbol{P}(1,2,\theta)$ 是平面旋转矩阵，再令

$$\boldsymbol{A}^{(1)}=\boldsymbol{P}^{\mathrm{T}}\boldsymbol{A}\boldsymbol{P}=(a_{ij}{}^{(1)})^{2\times 2}$$

则有

$$\begin{cases} a_{11}{}^{(1)}=a_{11}\cos^2\theta-2a_{12}\sin\theta\cos\theta+a_{22}\sin^2\theta \\ a_{22}{}^{(1)}=a_{11}\sin^2\theta+2a_{12}\sin\theta\cos\theta+a_{22}\cos^2\theta \\ a_{12}{}^{(1)}=a_{21}{}^{(1)}=(a_{11}-a_{22})\sin\theta\cos\theta+a_{12}(\cos^2\theta-\sin^2\theta) \end{cases} \tag{6.3.1}$$

当选取θ满足

$$\begin{cases}\tan 2\theta = \dfrac{-2a_{12}}{a_{11}-a_{22}} & (a_{11} \neq a_{22}) \\ \theta = \dfrac{\pi}{4} & (a_{11} = a_{22})\end{cases}$$

时，就有$a_{12}^{(1)} = a_{21}^{(1)} = 0$，此时$\boldsymbol{A}^{(1)}$就是对角矩阵。

对实对称二阶矩阵$\boldsymbol{A}$，可选取适当正交矩阵$\boldsymbol{P}$，使得$\boldsymbol{P}^{\mathrm{T}}\boldsymbol{AP}$变为对角矩阵。同样对于一般的$n$阶实对称矩阵，也可以如此进行变换。

定义 6.3.1（Grivens 矩阵） n阶矩阵

$$\boldsymbol{P}(i,j,\theta) = \begin{pmatrix} 1 & & & & & & \\ & \ddots & & & & & \\ & & 1 & & & & \\ & & & \cos\theta & \cdots & \sin\theta & & \\ & & & \vdots & \ddots & \vdots & & \\ & & & -\sin\theta & \cdots & \cos\theta & & \\ & & & & & & \ddots & \\ & & & & & & & 1 \end{pmatrix} \begin{matrix} \\ \\ \\ (i\text{行}) \\ \\ (j\text{行}) \\ \\ \\ \end{matrix}$$

$$\qquad\qquad\begin{pmatrix} i \\ \text{列} \end{pmatrix} \qquad \begin{pmatrix} j \\ \text{列} \end{pmatrix}$$

称为$\mathbf{R}^n$中x_iOx_j平面内的一个平面旋转矩阵。它与单位矩阵的区别在于(i,i), (i,j), (j,i), (j,j)四个位置的元素不全一样。

矩阵$\boldsymbol{P}(i,j,\theta)$具有如下性质：

（1）$\boldsymbol{P}$为正交矩阵，即$\boldsymbol{P}^{\mathrm{T}}\boldsymbol{P} = \boldsymbol{I}$，$\boldsymbol{P}^{-1} = \boldsymbol{P}^{\mathrm{T}}$, $\det \boldsymbol{P} = 1$；

（2）$\boldsymbol{P}$是对称矩阵，$\boldsymbol{B} = \boldsymbol{P}^{\mathrm{T}}\boldsymbol{AP}$与$\boldsymbol{A}$有相同特征值；

（3）$\|\boldsymbol{B}\|_F = \|\boldsymbol{A}\|_F$。

雅可比方法就是用一系列平面旋转变换逐步地将$\boldsymbol{A}$化为对角矩阵的过程：

$$\begin{cases}\boldsymbol{A}_0 = \boldsymbol{A} \\ \boldsymbol{A}_{k+1} = \boldsymbol{P}_{k+1}^{\mathrm{T}}\boldsymbol{A}_k\boldsymbol{P}_{k+1}\end{cases} \tag{6.3.2}$$

恰当地选取每个旋转矩阵$\boldsymbol{P}_{k+1}$就可以使$\boldsymbol{A}_{k+1}$趋于对角矩阵。

设$\boldsymbol{P}_{k+1} = \boldsymbol{P}(i,j,\theta)$，由于矩阵$\boldsymbol{P}_{k+1}$是正交矩阵，$\boldsymbol{A}_{k+1}$与$\boldsymbol{A}_k$相似且$\boldsymbol{A}_k$为实对称矩阵。$\boldsymbol{A}_{k+1}$与$\boldsymbol{A}_k$的差别仅在于第$i$、$j$行与第$i$、$j$列的元素，由矩阵乘法可以得到（记$\boldsymbol{A}_{k+1}$中元素为$b_{ij}$，$\boldsymbol{A}_k$中元素为$a_{ij}$）：

$$\begin{cases} b_{ih} = a_{ih}\cos\theta + a_{jh}\sin\theta = b_{hj} \\ b_{jh} = -a_{ih}\sin\theta + a_{jh}\cos\theta = b_{hi} \end{cases} \quad (h \neq i, j) \tag{6.3.3}$$

$$\begin{cases} b_{ii} = a_{ii}\cos^2\theta + 2a_{ij}\sin\theta\cos\theta + a_{jj}\sin^2\theta \\ b_{jj} = a_{ii}\sin^2\theta - 2a_{ij}\sin\theta\cos\theta + a_{jj}\cos\theta \\ b_{ij} = (a_{jj} - a_{ii})\sin\theta\cos\theta + a_{ij}(\cos^2\theta - \sin^2\theta) = b_{ji} \end{cases} \tag{6.3.4}$$

$$b_{mh} = a_{mh} \quad (m, h \neq i, j) \tag{6.3.5}$$

由式（6.3.3）～式（6.3.5）易知：

$$(b_{ih})^2 + (b_{jh})^2 = (a_{ih})^2 + (a_{jh})^2 \quad (h \neq i, j)$$

$$(b_{mh})^2 = (a_{mh})^2 \quad (m, h \neq i, j)$$

由正交矩阵的性质知：

$$(b_{ii})^2 + (b_{jj})^2 + 2(b_{ij})^2 = (a_{ii})^2 + (a_{jj})^2 + 2(a_{ij})^2$$

若 $a_{ij} \neq 0$，选取 θ 使 $b_{ij} = 0$，只要 θ 满足：

$$\tan(2\theta) = \frac{-2a_{ij}}{a_{ii} - a_{jj}} \tag{6.3.6}$$

则有

$$(b_{ii})^2 + (b_{jj})^2 = (a_{ii})^2 + (a_{jj})^2 + 2(a_{ij})^2$$

引入记号：

$$D(\boldsymbol{A}) = \sum_{i=1}^{n} a_{ii}^2 \quad S(\boldsymbol{A}) = \sum_{i \neq j}^{n} a_{ij}^2$$

由于 $b_{mh} = a_{mh}\ (m, h \neq i, j)$，所以

$$\begin{cases} D(\boldsymbol{A}_{k+1}) = D(\boldsymbol{A}_k) + 2(a_{ij})^2 \\ S(\boldsymbol{A}_{k+1}) = S(\boldsymbol{A}_k) - 2(a_{ij})^2 \end{cases} \tag{6.3.7}$$

即只要 $a_{ij} \neq 0$，按上述方法构造的旋转矩阵 $\boldsymbol{P}(i, j, \theta)$ 对 $\boldsymbol{A}_k$ 变换后就会使对角线元素的平方和增加，非对角线元素的平方和减小，但若 $b_{ij} = 0$，则 a_{ij} 可能又不为零。

雅可比方法的具体计算步骤：

（1）选主元，即确定 $i, j (i < j)$，使 $\left|a_{ij}^{(k)}\right| = \max\left\{\left|a_{rk}^{(k)}\right| : r \neq k; r, k \in \{1, 2 \cdots, n\}\right\}$。

（2）计算 $\cos\theta_k$ 和 $\sin\theta_k$，确定正交矩阵 $\boldsymbol{P}_k(i, j, \theta_k)$，由于选取的 θ_k 满足：

$$\begin{cases} \tan(2\theta_k) = \dfrac{-2a_{ij}^{(k)}}{a_{ii}^{(k)} - a_{jj}^{(k)}} & (a_{ii}^{(k)} \neq a_{jj}^{(k)}) \\ \theta_k = \dfrac{\pi}{4}\text{Sign}(a_{ij}^{(k)}) & (a_{ii}^{(k)} = a_{jj}^{(k)}) \end{cases}$$

并且$|\theta_k| \leqslant \dfrac{\pi}{4}$，因此，当$a_{ii}^{(k)} = a_{jj}^{(k)}$时有

$$\begin{cases} \cos\theta_k = \dfrac{\sqrt{2}}{2} \\ \sin\theta_k = \text{sign}(a_{ij}^{(k)})\cos\theta_k \end{cases}$$

当$a_{ii}^{(k)} \neq a_{jj}^{(k)}$时，令

$$\tan(2\theta_k) = \frac{-2a_{ij}^{(k)}}{a_{ii}^{(k)} - a_{jj}^{(k)}} \approx \frac{1}{d_k}$$

由$\tan^2\theta_k + 2d_k\tan\theta_k - 1 = 0$得：$\tan\theta_k = -d_k + \sqrt{{d_k}^2 + 1}$，为避免相近数相减，令$t_k = \tan\theta_k = \dfrac{\text{sign}(d_k)}{|d_k| + \sqrt{{d_k}^2 + 1}}$，从而有

$$\cos\theta_k = \frac{1}{\sqrt{{t_k}^2 + 1}}, \quad \sin\theta_k = t_k\cos\theta_k$$

（3）计算正交矩阵$\boldsymbol{Q}_k$的元素。

由迭代关系式（6.3.3）可知：

$$\boldsymbol{A}_k = \boldsymbol{P}_k^{\mathrm{T}}\boldsymbol{A}_{k-1}\boldsymbol{P}_k = \cdots = \boldsymbol{P}_k^{\mathrm{T}}\boldsymbol{P}_{k-1}^{\mathrm{T}}\cdots\boldsymbol{P}_2^{\mathrm{T}}\boldsymbol{P}_1^{\mathrm{T}}\boldsymbol{A}_0\boldsymbol{P}_1\boldsymbol{P}_2\cdots\boldsymbol{P}_{k-1}\boldsymbol{P}_k$$

记$\boldsymbol{Q}_0 = I$，$\boldsymbol{Q}_k = \boldsymbol{P}_1\boldsymbol{P}_2\cdots\boldsymbol{P}_k$，则

$$\begin{cases} \boldsymbol{Q}_k = \boldsymbol{Q}_{k-1}\boldsymbol{P}_k \\ \boldsymbol{A}_k = \boldsymbol{Q}_k^{\mathrm{T}}\boldsymbol{A}_0\boldsymbol{Q}_k \end{cases} (k = 1, 2\cdots) \tag{6.3.8}$$

容易得到$\boldsymbol{Q}_k$和$\boldsymbol{Q}_{k-1}$元素之间的关系式为

$$\begin{cases} q_{ri}^{(k)} = q_{ri}^{(k-1)}\cos\theta_k - q_{rj}^{(k-1)}\sin\theta_k \\ q_{rj}^{(k)} = q_{rj}^{(k-1)}\sin\theta_k + q_{rj}^{(k-1)}\cos\theta_k \quad (s \neq i, j; r = 1, 2, \cdots, n) \\ q_{rs}^{(k)} = q_{rs}^{(k-1)} \end{cases} \tag{6.3.9}$$

因此，逐步由$\boldsymbol{Q}_{k-1}$及$\boldsymbol{P}_k$计算出$\boldsymbol{Q}_k$，计算公式为式（6.3.9）。

（4）计算$\boldsymbol{A}_{k+1}$中的元素，其中${a_{ij}}^{k+1} = 0$。反复进行，直到$S(\boldsymbol{A}_{k+1}) < \varepsilon$为止，其中$\varepsilon$为给定误差限。

容易得到由$\boldsymbol{A}_k$和$\boldsymbol{P}_k$中元素来计算$\boldsymbol{A}_{k+1}$中元素的公式：

$$\begin{cases} a_{ii}^{(k+1)} = a_{ii}^{(k)}\cos^2\theta_k - 2a_{jj}^{(k)}\sin\theta_k\cos\theta_k + a_{jj}^{(k)}\sin^2\theta_k \\ a_{jj}^{(k+1)} = a_{ii}^{(k)}\sin^2\theta_k + 2a_{ij}^{(k)}\sin\theta_k\cos\theta_k + a_{jj}^{(k)}\cos^2\theta_k \\ a_{ij}^{(k+1)} = (a_{ii}^{(k)} - a_{jj}^{(k)})\sin\theta_k\cos\theta_k + a_{ij}^{(k)}(\cos^2\theta_k - \sin^2\theta_k) = a_{ji}^{(k+1)} \end{cases} \tag{6.3.10}$$

$$\begin{cases} a_{is}^{(k+1)} = a_{is}^{(k)}\cos\theta_k - a_{js}^{(k)}\sin\theta_k = a_{si}^{(k+1)} \\ a_{js}^{(k+1)} = a_{is}^{(k)}\sin\theta_k + a_{js}^{(k)}\cos\theta_k = a_{sj}^{(k+1)} \end{cases} \quad (s \neq i, j) \tag{6.3.11}$$

$$a_{rs}^{(k+1)} = a_{rs}^{(k)} \quad (r, s \neq i, j) \tag{6.3.12}$$

关于雅可比方法有如下收敛性定理：

定理 6.3.1　设 $\boldsymbol{A}$ 为实对称矩阵，则由 $\boldsymbol{A}_0 = \boldsymbol{A}$ 出发，计算产生的迭代序列 $\{\boldsymbol{A}_k\}$ 收敛于对角矩阵 $\boldsymbol{\lambda} = \mathrm{diag}(\lambda_1, \lambda_2, \cdots, \lambda_n)$，其中 $\lambda_1, \lambda_2, \cdots, \lambda_n$ 是 $\boldsymbol{A}$ 的全部特征值。

证明　由于 $S_{\boldsymbol{A}_{k+1}} = S_{\boldsymbol{A}_k} - 2(a_{ij}^{(k)})^2$，其中 $\left|a_{ij}^{(k)}\right| = \max\left\{\left|a_{rs}^{(k)}\right| : r \neq s; r, s \in \{1, 2, \cdots, n\}\right\}$，故

$$S_{\boldsymbol{A}_k} = \sum_{\substack{r,s=1 \\ r\neq s}}^{n} (a_{rs}^{(k)})^2 \leqslant \sum_{\substack{r,s=1 \\ r\neq s}}^{n} (a_{ij}^{(k)})^2 = n(n-1)(a_{ij}^{(k)})^2$$

$$(a_{ij}^{(k)})^2 \geqslant \frac{1}{n(n-1)} S_{\boldsymbol{A}_k}$$

$$S_{\boldsymbol{A}_{k+1}} = S_{\boldsymbol{A}_k} - 2(a_{ij}^{(k)})^2 \leqslant S_{\boldsymbol{A}_k} - \frac{2}{n(n-1)} S_{\boldsymbol{A}_k} = \left[1 - \frac{2}{n(n-1)}\right] S_{\boldsymbol{A}_k}$$

从而

$$S_{\boldsymbol{A}_k} \leq \left[1 - \frac{2}{n(n-1)}\right]^{k+1} S_{\boldsymbol{A}_0}$$

当 $n > 2$ 时，$0 < \left[1 - \dfrac{2}{n(n-1)}\right] < 1$，故 $\lim\limits_{k\to\infty} S_{\boldsymbol{A}_k} = 0$，即 $\boldsymbol{A}_k$ 非对角线元素的平方和趋于零，从而 $\boldsymbol{A}_k$ 趋于对角矩阵，即雅可比方法收敛。

应用雅可比方法计算时，某一步计算后，某个非对角线元素被化为零，在下一步及以后计算中，该位置的元素又可能变为非零，但其绝对值要比原来的值小很多。此外，雅可比方法每步都选非对角线元素中绝对值最大者为消去对象，一个较方便的方法是依次使得非对角线元素消为零，这个过程叫顺序雅可比方法。这种方法也收敛，有时也会遇到要被消去的元素的绝对值很小的情况，这时若再进行消去法变换显得不值，因此可事先设置一个阈值，对非对角线元素进行搜索比较，若某个元素的绝对值大于阈值，就进行消去，否则就停止计算，这种方法叫阈值雅可比方法。

例 6.3.1 用雅可比方法求矩阵 $\boldsymbol{A}=\begin{pmatrix}3.5 & -6 & 5\\ -6 & 8.5 & -9\\ 5 & -9 & 8.5\end{pmatrix}$ 的全部特征值和特征向量。

解 按照前面计算公式，可得特征值依次为

$$\lambda_1 \approx 0.4851,\ \lambda_2 \approx -0.9520,\ \lambda_3 \approx 20.9669$$

对应的特征向量依次为

$$x_1=(0.7998,-0.2257,-0.6159)^{\mathrm{T}}$$

$$x_2=(-0.3139,0.6325,-0.7147)^{\mathrm{T}}$$

$$x_3=(0.5117,0.7408,0.4351)^{\mathrm{T}}$$

雅可比方法的 MATLAB 程序：

```
%雅可比方法求矩阵的特征值和特征向量-- cmeigjacobi.m
function [D,V]=cmeigjacobi(A,eps)
%格式：[D,V]=cmeigjacobi(A,eps)，A 为 n 阶对称方阵，eps 为容许误差，
%V 为返回特征向量矩阵，D 是 n 阶对角矩阵，其对角线元素为矩阵 A 的 n 个特征值
if nargin<2,eps=1e-6;end
[n,n]=size(A); V=eye(n);
[w1,p]=max(abs(A-diag(diag(A))))
[w2,q]=max(w1); p=p(q)
while(1)
  d=(A(q,q)-A(p,p))/(2*A(p,q));
  if(d>0)
     t=-d+sqrt(d^2+1);
  else if(d<0)
      t=-d-sqrt(d^2+1);
    else
      t=1;
    end
  end
  c=1/sqrt(t^2+1);   s=c*t;
  R=[c s; -s c]
  A([p q],:)=R'*A([p q],:)
  A(:,[p q])=A(:,[p q])*R
  V(:,[p q])=V(:,[p q])*R
  [w1,p]=max(abs(A-diag(diag(A))));
  [w2,q]=max(w1);   p=p(q);
  if (abs(A(p,q))<eps*sqrt(sum(diag(A).^2)/n))
     break;
  end
```

```
end
D=diag(diag(A));
```

例 6.3.2　利用雅可比方法程序，求矩阵 $\boldsymbol{A}$ 的特征值和对应的特征向量，其中

$$\boldsymbol{A}=\begin{pmatrix}-1 & 2 & 3\\ 2 & -3 & 5\\ 3 & 5 & -2\end{pmatrix}$$

解　在 MATLAB 命令窗口执行：

```
>> A=[-1 2 3;2 -3 5;3 5 -2];
>> [D,V]=cmeigjacobi(A)
```

得到结果：

```
D =
     -3.1692          0          0
           0    -7.5778          0
           0          0     4.7470
V =
      0.8430     0.0991     0.5287
     -0.4304     0.7139     0.5524
     -0.3226    -0.6932     0.6445
```

6.4　QR 分解

QR 分解是求一般方阵全部特征值和特征向量的一种迭代方法。为简明起见，本节介绍 QR 分解的基本思想，针对实方阵进行讨论，所讨论的全部内容对复方阵也成立。

6.4.1　Householder 变换

定义 6.4.1　设向量 $\boldsymbol{u}\in\mathbf{R}^n$，且 $\boldsymbol{u}^{\mathrm{T}}\boldsymbol{u}=1$，称矩阵 $\boldsymbol{H}(\boldsymbol{u})=1-2\boldsymbol{u}\boldsymbol{u}^{\mathrm{T}}$ 为初等反射矩阵，也称为 Householder 变换，如果记 $\boldsymbol{u}=(u_1,u_2,\cdots,\ u_n)^{\mathrm{T}}$，则

$$\boldsymbol{H}(\boldsymbol{u})=\begin{pmatrix}1-2u_1^2 & -2u_1u_2 & \cdots & -2u_1u_n\\ -2u_2u_1 & 1-2u_2^2 & \cdots & -2u_2u_n\\ \vdots & \vdots & & \vdots\\ -2u_nu_1 & -2u_nu_2 & \cdots & 1-2u_n^2\end{pmatrix}$$

定理 6.4.1　设有初等反射矩阵 $\boldsymbol{H}(\boldsymbol{u})=\boldsymbol{I}-2\boldsymbol{u}\boldsymbol{u}^{\mathrm{T}}$，其中 $\boldsymbol{u}^{\mathrm{T}}\boldsymbol{u}=1$，则

（1）$\boldsymbol{H}$ 是对称矩阵，即 $\boldsymbol{H}^{\mathrm{T}}=\boldsymbol{H}$；

（2）$\boldsymbol{H}$ 是正交矩阵，即 $\boldsymbol{H}^{-1}=\boldsymbol{H}$；

（3）设 $\boldsymbol{A}$ 为对称矩阵，那么 $\boldsymbol{A}_1=\boldsymbol{H}^{-1}\boldsymbol{A}\boldsymbol{H}=\boldsymbol{H}\boldsymbol{A}\boldsymbol{H}$ 亦是对称矩阵。

定理 6.4.2 设 $\boldsymbol{x}$ 和 $\boldsymbol{y}$ 为两个不相等的 n 维向量，$\|\boldsymbol{x}\|_2=\|\boldsymbol{y}\|_2$，则存在一个初等反射矩阵 $\boldsymbol{H}$，使 $\boldsymbol{H}\boldsymbol{x}=\boldsymbol{y}$。

证明 令 $\boldsymbol{u}=\dfrac{\boldsymbol{x}-\boldsymbol{y}}{\|\boldsymbol{x}-\boldsymbol{y}\|_2}$，则得到一个初等反射矩阵：

$$\boldsymbol{H}=\boldsymbol{I}-2\boldsymbol{u}\boldsymbol{u}^{\mathrm{T}}=\boldsymbol{I}-2\frac{(\boldsymbol{x}-\boldsymbol{y})(\boldsymbol{x}^{\mathrm{T}}-\boldsymbol{y}^{\mathrm{T}})}{\|\boldsymbol{x}-\boldsymbol{y}\|_2^2}$$

而且

$$\boldsymbol{H}\boldsymbol{x}=\boldsymbol{x}-2\frac{(\boldsymbol{x}-\boldsymbol{y})(\boldsymbol{x}^{\mathrm{T}}-\boldsymbol{y}^{\mathrm{T}})}{\|\boldsymbol{x}-\boldsymbol{y}\|_2^2}\boldsymbol{x}=\boldsymbol{x}-2\frac{(\boldsymbol{x}-\boldsymbol{y})(\boldsymbol{x}^{\mathrm{T}}\boldsymbol{x}-\boldsymbol{y}^{\mathrm{T}}\boldsymbol{x})}{\|\boldsymbol{x}-\boldsymbol{y}\|_2^2}$$

因为

$$\|\boldsymbol{x}-\boldsymbol{y}\|_2^2=(\boldsymbol{x}-\boldsymbol{y})^{\mathrm{T}}(\boldsymbol{x}-\boldsymbol{y})=2(\boldsymbol{x}^{\mathrm{T}}\boldsymbol{x}-\boldsymbol{y}^{\mathrm{T}}\boldsymbol{x})$$

所以

$$\boldsymbol{H}\boldsymbol{x}=\boldsymbol{x}-(\boldsymbol{x}-\boldsymbol{y})=\boldsymbol{y}$$

容易说明，$\boldsymbol{u}$ 是使 $\boldsymbol{H}\boldsymbol{x}=\boldsymbol{y}$ 成立的唯一模长等于 1 的向量（不计符号）。

Householder 矩阵变换的 MATLAB 程序：

```
%Householder 矩阵变换-- cmhouseh.m
function H=cmhouseh(x)
%用途：对于向量 x，构造 Householder 变换矩阵 H，使得 Hx=(*,0,0,···,0)'
%格式：function H=cmhouseh(x)，x 为输入列向量，H 为返回 Householder 变换矩阵
n=length(x);   I=eye(n);
sn=sign(x(1));
if sn==0, sn=1; end
z=x(2:n);
if norm(z,inf)==0
    H=I; return;
end
a=sn*norm(x,2);
u=x;   u(1)=u(1)+a;
rho=a*(a+x(1));
H=I-1.0/rho*u*u';
```

例 6.4.1 利用 Householder 变换程序，将向量 $\boldsymbol{x}=(2,1,-3,4)^{\mathrm{T}}$ 的后三个分量化为零。

解 在 MATLAB 命令窗口执行：

```
>> x=[2 1 -3 4]';
>> H=cmhouseh(x);x1=H*x
```

得到结果：

```
x1 =
     -5.4772
     0
     0
     0
```

6.4.2 QR 分解算法原理

定理 6.4.3 设矩阵 $\boldsymbol{A}\in\mathbf{R}^{n\times n}$，且非奇异，则一定存在正交矩阵 $\boldsymbol{Q}$，上三角矩阵 $\boldsymbol{R}$，使

$$\boldsymbol{A}=\boldsymbol{Q}\boldsymbol{R} \tag{6.4.1}$$

且当要求 $\boldsymbol{R}$ 的主对角元素均为正数时，分解式（6.4.1）是唯一的。

证明 存在性：由矩阵 $\boldsymbol{A}$ 的非奇异性及 Householder 变换矩阵的性质知，一定可构造 $n-1$ 个 $\boldsymbol{H}$ 矩阵：$\boldsymbol{H}_1,\boldsymbol{H}_2,\cdots,\boldsymbol{H}_{n-1}$，使

$$\boldsymbol{A}_{k+1}=\boldsymbol{H}_k\boldsymbol{A}_k \quad (k=1,2,\cdots,n-1)$$

其中，$\boldsymbol{A}_1=\boldsymbol{A}$，而

$$\boldsymbol{A}_n=\begin{pmatrix} -\sigma_1 & a_{12}^{(n)} & \cdots & a_{1n}^{(n)} \\ & -\sigma_2 & \cdots & a_{2n}^{(n)} \\ & \ddots & & \vdots \\ & & -\sigma_{n-1} & a_{n-1\ n}^{(n)} \\ & & & a_{nn}^{(n)} \end{pmatrix}\triangleq\boldsymbol{R}$$

因此有

$$\boldsymbol{H}_{n-1}\boldsymbol{H}_{n-2}\cdots\boldsymbol{H}_2\boldsymbol{H}_1\boldsymbol{A}=\boldsymbol{R}$$

即有

$$\boldsymbol{A}=\boldsymbol{Q}\boldsymbol{R}$$

其中，$\boldsymbol{Q}=\boldsymbol{H}_1\boldsymbol{H}_2\cdots\boldsymbol{H}_{n-1}$ 为正交矩阵。

唯一性：假设矩阵 $\boldsymbol{A}$ 有两种正交三角分解，即

$$\boldsymbol{A}=\boldsymbol{Q}_1\boldsymbol{R}_1=\boldsymbol{Q}_2\boldsymbol{R}_2$$

其中，$\boldsymbol{Q}_1$ 和 $\boldsymbol{Q}_2$ 为正交矩阵，$\boldsymbol{R}_1$ 和 $\boldsymbol{R}_2$ 为上三角矩阵，且主对角线元素均为正数。于是有

$$\boldsymbol{Q}_1^{\mathrm{T}}\boldsymbol{Q}_2=\boldsymbol{R}_1\boldsymbol{R}_2^{-1}\triangleq\boldsymbol{D}$$

这里，$\boldsymbol{D}$ 必是既为正交矩阵又是上三角矩阵，故

$$\boldsymbol{D}=\operatorname{diag}(d_1,d_2,\cdots,d_n)$$

且 $d_i^2=1(i=1,2,\cdots,n)$，因此，$\boldsymbol{R}_1=\boldsymbol{DR}_2$，由于 $\boldsymbol{R}_1$ 和 $\boldsymbol{R}_2$ 对角线元素均为正数，故 $d_i=1(i=1,2,\cdots,n)$，即有 $\boldsymbol{D}=\boldsymbol{I}$，$\boldsymbol{R}_1=\boldsymbol{R}_2$，$\boldsymbol{Q}_1=\boldsymbol{Q}_2$。

例 6.4.2 设矩阵：

$$\boldsymbol{A}=\begin{pmatrix}1&1&1\\2&-1&-1\\2&-4&5\end{pmatrix}$$

试作矩阵 $\boldsymbol{A}=\boldsymbol{QR}$。

解 为直观起见，下面给出 $\boldsymbol{H}$ 矩阵形式。

（1）求 $\boldsymbol{H}_1$，作 $\boldsymbol{A}_2=\boldsymbol{H}_1\boldsymbol{A}$。

1）$\sigma_1=\operatorname{sign}(a_{11})\left(\sum_{i=1}^{3}a_{i1}^2\right)^{\frac{1}{2}}=3$；

2）$u_1=a_{11}+\sigma_1=4$，$u_2=2$，$u=(4,2,2)^{\mathrm{T}}$；

3）$\rho_1=\sigma_1u_1=3\times4=12$，

$$\boldsymbol{H}_1=\boldsymbol{I}-\rho_1^{-1}\boldsymbol{uu}^{\mathrm{T}}=\frac{1}{3}\begin{pmatrix}-1&-2&-2\\-2&2&-1\\-3&-1&2\end{pmatrix}$$

4）$\boldsymbol{A}_2=\boldsymbol{H}_1\boldsymbol{A}=\begin{pmatrix}-3&3&-3\\0&0&-3\\0&-3&3\end{pmatrix}$。

（2）求 $\boldsymbol{H}_2$，作 $\boldsymbol{A}_3=\boldsymbol{H}_2\boldsymbol{A}_2=\boldsymbol{R}$。

1）$\sigma_2=\operatorname{sign}(a_{22}^{(2)})\left(\sum_{i=2}^{2}a_{i2}^{(2)^2}\right)=3$ ［约定 $\operatorname{sign}(0)=1$ ］；

2）$u_1=0$，$u_2=a_{22}^{(2)}+\sigma_2=3$，$u_3=a_{32}^{(2)}=-3$，$u=(0,3,-3)^{\mathrm{T}}$；

3）$\rho_2=\sigma_2u_2=9$，

$$\boldsymbol{H}_2=\boldsymbol{I}-\rho_2^{-1}\boldsymbol{uu}^{T}=\frac{1}{3}\begin{pmatrix}1&0&0\\0&0&1\\0&1&0\end{pmatrix}$$

4）$\boldsymbol{A}_3=\boldsymbol{H}_2\boldsymbol{A}_2=\begin{pmatrix}-3&3&-3\\0&-3&-3\\0&0&3\end{pmatrix}=\boldsymbol{R}$，

$$Q = H_1 H_2 = \frac{1}{3}\begin{pmatrix} -1 & -2 & -2 \\ -2 & -1 & 2 \\ -2 & 2 & 1 \end{pmatrix}$$

6.4.3 QR 分解算法及其 MATLAB 程序

1. 算法（QR 分解算法）

设 $A = (a_{ij}) \in \mathbf{R}^{n \times n}$，QR 分解算法是对 A 进行一系列的正交相似变换，求出矩阵 A 的全部特征值和相应的特征向量。算法如下：

（1）分解：$A_k = Q_k R_k$。

（2）构造：$A_{k+1} = Q_k^{\mathrm{T}} A_k Q_k = R_k Q_k (k = 1, 2, 3, \cdots)$。

这里 Q_k 为正交矩阵，R_k 为上三角矩阵，且当 R_k 主对角线元素均为正数时，上述正交三角分解唯一。

2. MATLAB 程序（QR 分解算法）

```
%基本 QR 分解算法--cmeigqrdm.m
function [Iter,D]=cmeigqrdm(A,eps)
%用途：用基本 QR 算法求实方阵的全部特征值
%输入：n 阶方阵 A，控制精度 eps（默认是 1e-5）
%输出：迭代次数 Iter，A 的全部特征值 D
if nargin<2,eps=1e-5;end
[n,n]=size(A);
D=zeros(n,1); i=n; Iter=0;
A=mhessen(A);
while(1)
    if n<=2
        la=eig(A(1:n,1:n)); D(1:n)=la';    break;
    end
    Iter=Iter+1;
    [Q, R]=mqrdecomp(A);
    A=R*Q;
    for k=n-1:-1:1
        if abs(A(k+1,k))<eps
            if n-k<=2
                la=eig(A(k+1:n,k+1:n));
                j=i-n+k+1; D(j:i)=la';
                i=j-1; n=k; break;
            end
        end
    end
end
```

例 6.4.3 设矩阵：

$$A=\begin{pmatrix}2 & 1\\1 & 2\end{pmatrix}$$

试用 QR 分解算法求它的特征值（近似到 0.01）。

解 令 $A_1=A$，并对 A_1 作 QR 分解得

$$Q_1=\begin{pmatrix}0.8944 & -0.4472\\0.4472 & 0.8944\end{pmatrix},\quad R_1=\begin{pmatrix}2.2361 & 1.7889\\0 & 1.3416\end{pmatrix}$$

于是

$$A_2=R_1Q_1=\begin{pmatrix}2.8000 & 0.6000\\0.6000 & 1.2000\end{pmatrix}$$

再分解得

$$A_2=Q_2R_2=\begin{pmatrix}0.9778 & -0.2095\\0.2095 & 0.9778\end{pmatrix}\begin{pmatrix}2.8636 & 0.8381\\0 & 1.0477\end{pmatrix}$$

因而

$$A_3=R_2Q_2=\begin{pmatrix}2.9756 & 0.2195\\0.2195 & 1.0244\end{pmatrix}$$

重复上述过程得

$$A_4=\begin{pmatrix}2.9837 & 0.2943\\0 & 1.0055\end{pmatrix}\begin{pmatrix}0.9973 & -0.0735\\0.0736 & 0.9973\end{pmatrix}=\begin{pmatrix}2.9973 & 0.0740\\0.0740 & 1.0027\end{pmatrix}$$

$$A_5=\begin{pmatrix}2.9982 & 0.9869\\0 & 1.0006\end{pmatrix}\begin{pmatrix}0.9997 & -0.0247\\0.0247 & 0.9997\end{pmatrix}=\begin{pmatrix}2.9997 & 0.0247\\0.0247 & 1.0003\end{pmatrix}$$

$$A_6=\begin{pmatrix}2.9982 & 0.0329\\0 & 1.0001\end{pmatrix}\begin{pmatrix}1.0000 & -0.0083\\0.0083 & 1.0000\end{pmatrix}=\begin{pmatrix}3.0000 & 0.0082\\0.0082 & 1.0000\end{pmatrix}$$

从 A_6 可以看出，已近似接近对角矩阵，即有特征值 $\lambda_1\approx 3.00$，$\lambda_2\approx 1.00$。

例 6.4.4 利用基本 QR 算法程序，求矩阵 $A=\begin{pmatrix}-1 & 2 & 3\\2 & -3 & 5\\3 & 5 & -2\end{pmatrix}$ 的全部特征值和对应的特征向量。

解 在 MATLAB 命令窗口执行：

```
>> A=[-1 2 3;2 -3 5;3 5 -2];
>> [Iter D]=cmeigqrdm(A)
```

得到结果：

```
Iter =
        33
```

```
D=
    -7.5778
    4.7470
    -3.1692
```

6.5　基于 MATLAB 的矩阵特征值问题的数值解法

在 MATLAB 中，可以使用 eig 函数来求解矩阵的特征值问题。该函数可以计算方阵的特征值，以及可选的特征向量。如果只需要特征值，可以直接调用 eig(A)；如果还需要特征向量，可以使用[V,D]=eig(A)，其中 A 是一个矩阵，V 是包含特征向量的矩阵，D 是对角矩阵，其对角线上的元素是对应的特征值。

下面是一个 MATLAB 脚本的例子，用于计算矩阵的特征值和特征向量：

```
>> %定义一个矩阵 A
>> A = [4, 2, 1;
        2, 4, 2;
        1, 2, 4];
>> %计算矩阵 A 的特征值和特征向量
>> [V, D] = eig(A);
>> %显示特征值
>> disp('矩阵 A 的特征值是：');
>> disp(diag(D));
>> %显示特征向量
>> disp('矩阵 A 的特征向量是：');
>> disp(V);
```

得到结果：

```
矩阵 A 的特征值是：
    1.6277
    3.0000
    7.3723
矩阵 A 的特征向量是：
   -0.4544    -0.7071    0.5418
    0.7662     0.0000    0.6426
   -0.4544     0.7071    0.5418
```

当运行这个脚本时，MATLAB 会显示矩阵 A 的特征值和特征向量。

在数值计算中，求解特征值问题是一个复杂的过程，可能涉及多种算法，比如乘幂法、QR 算法等。MATLAB 的 eig 函数内部实现了这些复杂的算法，但是从用户的角度来看，只需要简单地调用 eig 函数即可。

如果矩阵很大或者有特殊结构（稀疏、对称等），可能需要使用更专门的函数来提高计算效率，比如 eigs 函数用于大型稀疏矩阵的一部分特征值和特征向量的计算。

请注意，对于非对称矩阵，eig 函数可能返回复数特征值和特征向量，即使矩阵的元素都是实数。这是因为非对称矩阵的特征值可能是复数。

数学家和数学家精神

林群（1935 年至今），数学家，中国科学院院士。林群主要从事计算数学、有限元分析研究，是提出积分方程超收敛的作者之一。林群的代表性成果：对偏微分方程的求解，寻找高性能的有限元算法，包括寻找有限元误差的符号、大小以及后验判断，寻找削减误差的方法（如外推、超收敛）等，最终使得简单元、粗网格也能具有高精度和可靠性；将有限元分析建立在积分恒等式、最优剖分以及“超收敛形函数”的基础之上，使各种方程各类算法的分析走向统一化、精确化和表格化；建立了包括超收敛、校正和外推在内的高精度算法的系统理论，改变了过去以复杂算法换取高精度的技术路线，给出了以最优剖分获取高精度的技术路线。林群认为，对学术的热爱，对学术的忠诚度，要有坚决的态度和毅力。他始终坚信：“不管你做什么，学习也好，研究也好，一定要有刨根问底的决心”。同时他在科普上做了很多工作，一直致力于把难学、难懂的数学理论简化再简化，直至低年级大学生甚至中学生都能读懂为止。

习 题 6

1．用乘幂法求矩阵 $\boldsymbol{A}=\begin{pmatrix}10 & 1\\ 1 & 1\end{pmatrix}$ 按模最大的特征值及其相应的单位特征向量，迭代至特征值的相邻两次的近似值的距离小于 0.05，取特征向量的初始近似值为 $(1,0)^{\mathrm{T}}$。

2．用乘幂法求矩阵 $\boldsymbol{A}=\begin{pmatrix}4 & 0 & 0\\ -1 & 2 & -1\\ 0 & -1 & 2\end{pmatrix}$ 按模最大的特征值及其相应的特征向量，列表计算三次取 $\boldsymbol{x}^{(0)}=(1,1,1)^{\mathrm{T}}$，保留两位小数。

3．设 $\boldsymbol{A}=\begin{pmatrix}4 & -1 & 1\\ -1 & 3 & -2\\ 1 & -2 & 3\end{pmatrix}$，用乘幂法求矩阵 $\boldsymbol{A}$ 按模最大的特征值的近似值，取初始向量 $\boldsymbol{x}^{(0)}=(1,0,0)^{\mathrm{T}}$，迭代两次求得近似值 $\lambda^{(2)}$ 即可。

4．用乘幂法求矩阵 $\boldsymbol{A}=\begin{pmatrix}4 & 3 & 0\\ 5 & 2 & 0\\ 3 & 0 & 1\end{pmatrix}$ 按模最大的特征值的近似值，取初始向量

$\boldsymbol{x}^{(0)}=(1,1,1)^{\mathrm{T}}$，迭代两次求得近似值 $\lambda^{(2)}$ 即可。

5．用乘幂法求矩阵 $\boldsymbol{A}=\begin{pmatrix}10 & 1\\ 1 & 1\end{pmatrix}$ 按模最大的特征值及相应的特征向量的近似值，取初始向量 $\boldsymbol{v}_0=(1,0)^{\mathrm{T}}$，迭代三次求得近似值 $\lambda^{(3)}$ 即可。

6．用反幂法求矩阵 $\boldsymbol{A}=\begin{pmatrix}2 & 1\\ 1 & 2\end{pmatrix}$ 按模最小的特征值和相应的特征向量。

7．用雅可比方法求矩阵 $\boldsymbol{A}=\begin{pmatrix}2 & -1 & 0\\ -1 & 3 & -1\\ 0 & -1 & 5\end{pmatrix}$ 的全部特征值与特征向量。

8．用 Householder 变换将矩阵 $\boldsymbol{A}=\begin{pmatrix}1 & 2 & 2\\ 2 & -1 & -4\\ 2 & -4 & 5\end{pmatrix}$ 化为拟上三角阵。

9．设 $\boldsymbol{A}$ 为实对称矩阵，$\{\boldsymbol{A}_k\}$ 是按雅可比方法产生的矩阵序列，记 $S(\boldsymbol{A})=\sum\limits_{\substack{i,j=1\\ i\neq j}}^{n}(a_{ij}^{(k)})^2$，证明：$\lim\limits_{k\to\infty}S(\boldsymbol{A})=0$。

实　验　题

1．一个振动固有频率问题可被离散化变换为矩阵特征值问题 $\boldsymbol{Ax}=\lambda\boldsymbol{x}$，其中

$$\boldsymbol{A}=\begin{pmatrix}4 & -1 & 0 & 0\\ -1 & 2 & -1 & 0\\ 0 & -1 & 5 & -1\\ 0 & 0 & -1 & 3\end{pmatrix}$$

用反幂法求出该问题（模）最小特征值的近似值和对应的特征向量。

2．用 QR 分解算法求下面矩阵的全部特征值。

$$\boldsymbol{A}=\begin{pmatrix}5 & -2 & -0.5 & 1.5\\ -2 & 5 & 1.5 & -0.5\\ -0.5 & 1.5 & 5 & -2\\ 1.5 & -0.5 & -2 & 5\end{pmatrix}$$

第 7 章　常微分方程的数值解法

许多工程与科学技术实际问题的数学模型是微分方程或微分方程的定解问题，如物体运动、电路振荡、化学反应及生物群体的变化等。在高等数学中，对于常微分方程，给出了一些求解析解的基本方法，如可分离变量法、常系数齐次线性方程的解法、常系数非齐次线性方程的解法等。能用解析方法求出精确解的微分方程为数不多，而且有的方程即使有解析解，也可能由于解的表达式非常复杂而不易计算。事实上，对于许多实际问题，并不需要方程解的表达式，而仅仅需要获得解在若干点上的近似值即可。因此有必要研究微分方程的数值解法。

本章主要介绍一阶常微分方程初值问题的离散变量法、欧拉法、龙格-库塔法、线性多步法等。

7.1　常微分方程数值解法的基本理论

本章主要介绍一阶常微分方程初值问题

$$\begin{cases} \dfrac{\mathrm{d}y}{\mathrm{d}x} = f(x,y) \\ y(a) = y_0 \end{cases} \quad x \in [a,b] \tag{7.1.1}$$

的数值解法。其中 $f(x,y)$ 为已知函数， $y(a) = y_0$ 为初值条件。

首先介绍两个有关数值解法的定理。

定理 7.1.1　如果函数 $f(x,y)$ 在区域 $D = \{(x,y) | a \leqslant x \leqslant b, y \in \mathbf{R}\}$ 上有定义且连续，并且满足李普希兹（Lipschitz）条件，当 $(x,y_1),(x,y_2) \in D$ 时，存在常数 $L > 0$，使得

$$|f(x,y_1) - f(x,y_2)| \leqslant L|y_1 - y_2|$$

成立，则初值问题（7.1.1）在 $[a,b]$ 上存在唯一连续可微解 $y = y(x)$。

另外，在实际问题中初值常常容易得到。因此，除了保证初值问题解的存在性，还需要保证它是稳定的。在常微分方程中有以下稳定性理论。

定理 7.1.2　如果函数 $f(x,y)$ 在区域 $D = \{(x,y) | a \leqslant x \leqslant b, y \in \mathbf{R}\}$ 上满足李普希兹条件，则初值问题（7.1.1）的数值解是稳定的。

7.2　离散变量法

在实际问题中，对于常微分方程的初值问题，当求不出解析解时，只能求出其近似解。离散变量法是求初值问题（7.1.1）的近似解的一类常用方法，所谓微分方程数值解法，就是求初值问题（7.1.1）的解 $y(x)$ 在一系列离散节点

$$a = x_0 < x_1 < \cdots < x_n = b$$

处的解 $y(x_k)$ 的近似值 $y_k(k = 0,1,2,\cdots,n)$ 的方法，其中 $[a,b]$ 称为求解区间，$h_k = x_{k+1} - x_k$ 称为步长，$x_k = a + kh$，通常取步长为常数 $h = \dfrac{b-a}{n}$。

建立数值解法，首先要将微分方程离散化，通常有三种离散化方法：差商代替导数法，数值积分法和泰勒展开法。这里首先介绍差商代替导数法和泰勒展开法，下一节推导欧拉公式时，用数值积分法进行推导。

7.2.1　差商代替导数法

对于初值问题（7.1.1），用向前差商 $\dfrac{y(x_{k+1}) - y(x_k)}{h}$ 代替 $y'(x_k)$，则有

$$\frac{y(x_{k+1}) - y(x_k)}{h} \approx f\left[x_k, y(x_k)\right] \quad (k = 0,1,2,\cdots,n-1)$$

分别由 y_{k+1} 和 y_k 近似代替 $y(x_{k+1})$ 和 $y(x_k)$，则有

$$y_{k+1} = y_k + hf(x_k, y_k) \qquad (k = 0,1,2,\cdots,n-1)$$

于是初值问题（7.1.1）的近似解可通过下述问题

$$\begin{cases} y_{k+1} = y_k + hf(x_k, y_k) \\ y_0 = y(x_0) \end{cases} \qquad (k = 0,1,2,\cdots,n-1) \tag{7.2.1}$$

求得，按式（7.2.1）由初值 y_0 经过 n 步迭代，可逐步算出 $y_1, y_2, \cdots, y_n$。

注：用不同的差商代替导数，将得到不同的计算公式。

7.2.2　泰勒展开法

设初值问题（7.1.1）满足定理 7.1.1 的条件，且函数 $f(x,y)$ 足够次可微。则由泰勒公式有

$$y(x+h) = y(x) + hf[x, y(x)] + \frac{h^2}{2!}f'[x, y(x)] + \cdots + \frac{h^n}{n!}f^{(n-1)}[x, y(x)] + \frac{h^{n+1}}{(n+1)!}y^{(n+1)}(\xi)$$

$$\xi \in (x, x+h)$$

记

$$\Phi(x,y,h) = f[x,y(x)] + \frac{h}{2!}f'[x,y(x)] + \cdots + \frac{h^{n-1}}{n!}f^{(n-1)}[x,y(x)]$$

则上式可改写为

$$y(x+h) = y(x) + h\Phi(x,y,h) + \frac{h^{n+1}}{(n+1)!}y^{(n+1)}(\xi) \tag{7.2.2}$$

取 $x = x_k$ ，由 y_{k+1} 和 y_k 近似代替 $y(x_{k+1})$ 和 $y(x_k)$ ，截断最后一项，得到

$$y_{k+1} = y_k + h\Phi[x_k, y(x_k), h] \quad (k = 0,1,2,\cdots,n-1) \tag{7.2.3}$$

7.2.3 数值积分法

将问题（7.1.1）中的微分方程在区间 $[x_n, x_{n+1}]$ 上两边积分，可得

$$y(x_{n+1}) - y(x_n) = \int_{x_n}^{x_{n+1}} f[x,y(x)]\mathrm{d}x \quad (n = 0,1,\cdots,N-1) \tag{7.2.4}$$

用 y_{n+1} 和 y_n 分别代替 $y(x_{n+1})$ 和 $y(x_n)$ ，若对右端积分采用取左端点的矩形公式，即

$$\int_{x_n}^{x_{n+1}} f[x,y(x)]\mathrm{d}x \approx hf(x_n, y_n)$$

同样可得出显式公式（7.2.1）。

以上三种方法都是将微分方程离散化的常用方法，每一类方法又可导出不同形式的计算公式。其中泰勒展开法不仅可以得到求数值解的公式，而且容易估计截断误差。

上面给出了求解初值问题（7.1.1）的一种最简单的数值公式（7.2.1），它的精度比较低，实践中很少采用，但它的导出过程能较清楚地说明构造数值解公式的基本思想，且几何意义明确，因此在理论上仍占有一定的地位。

7.3 欧拉方法及其改进

7.3.1 欧拉公式

欧拉（Euler）方法是解初值问题

$$\begin{cases} \dfrac{\mathrm{d}y}{\mathrm{d}x} = f(x,y) \\ y(a) = y_0 \end{cases} \quad x \in [a,b]$$

最简单的数值方法。推导欧拉公式有多种方法，例如利用差商代替导数法、数值

积分法、数值微分法、泰勒展开法等。下面以数值积分法为例进行推导。

对式（7.1.1）的第一个等式 $y'=f(x,y)$ 两端在区间 $[x_k,x_{k+1}]$ 上进行积分，得

$$\int_{x_k}^{x_{k+1}} y'\mathrm{d}x=\int_{x_k}^{x_{k+1}} f(x,y)\mathrm{d}x$$

即

$$y(x_{k+1})=y(x_k)+\int_{x_k}^{x_{k+1}} f(x,y)\mathrm{d}x=y(x_k)+\int_{x_k}^{x_{k+1}} f[x,y(x)]\mathrm{d}x \qquad (7.3.1)$$

选择不同的计算方法计算积分项 $\int_{x_k}^{x_{k+1}} f[x,y(x)]\mathrm{d}x$，就会得到一系列不同形式的欧拉公式。

用左矩形公式计算积分项 $\int_{x_n}^{x_{n+1}} f[x,y(x)]\mathrm{d}x$，得

$$\int_{x_k}^{x_{k+1}} f[x,y(x)]\mathrm{d}x\approx hf[x_k,y(x_k)]$$

代入式（7.3.1）中，并用 y_k 近似代替式中 $y(x_k)$，即可得到**向前欧拉公式**：

$$y_{k+1}=y_k+hf(x_k,y_k) \qquad (7.3.2)$$

这是一种显式形式的方程。因此也称为显式欧拉公式。

用右矩形公式计算积分项 $\int_{x_k}^{x_{k+1}} f[x,y(x)]\mathrm{d}x$，得

$$\int_{x_k}^{x_{k+1}} f[x,y(x)]\mathrm{d}x\approx hf[x_{k+1},y(x_{k+1})]$$

代入式（7.3.1）中，并用 y_{k+1} 近似代替式中 $y(x_{k+1})$，即可得到**向后欧拉公式**：

$$y_{k+1}=y_k+hf(x_{k+1},y_{k+1}) \qquad (7.3.3)$$

这是一种隐式形式的方程，因此也称为隐式欧拉公式。

同样由中心差商公式可导出**两步欧拉公式**：

$$y_{k+1}=y_{k-1}+2hf(x_k,y_k)$$

由于数值积分的矩形方法精度很低，所以欧拉公式比较粗糙。

欧拉方法的几何意义十分清楚，如图 7.3.1 所示，式(7.1.1)的解曲线 $y=y(x)$ 过 $P_0(x_0,y_0)$ 点，从 P_0 出发以 $f(x_0,y_0)$ 为斜率作直线段，与 $x=x_1$ 相交于 $P_1(x_1,y_1)$，显然有 $y_1=y_0+hf(x_0,y_0)$；同理，再从 P_1 出发，以 $f(x_1,y_1)$ 为斜率作直线段，与 $x=x_2$ 相交于 $P_2(x_2,y_2)$；依此类推，可得一条折线 $\overline{P_0P_1},\overline{P_1P_2},\cdots,\overline{P_{n-1}P_n}$，将其作为解曲线 $y=y(x)$ 的近似曲线，故欧拉方法又称为欧拉折线法。

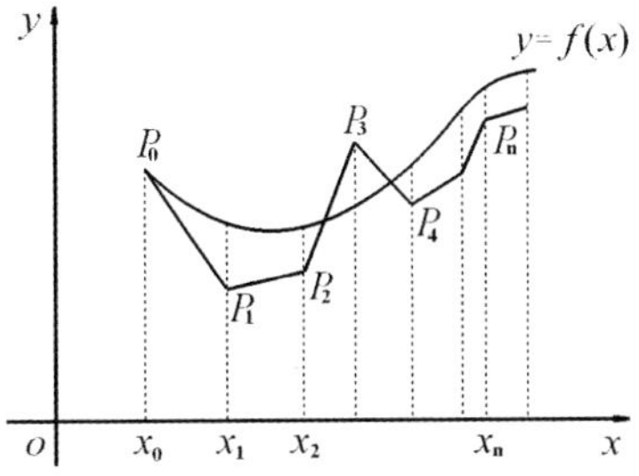

图 7.3.1　欧拉方法的几何意义

由于数值积分的矩形方法精度很低，所以欧拉方法精度较差。为了提高精度，

用梯形公式计算积分项$\int_{x_k}^{x_{k+1}} f[x,y(x)]\mathrm{d}x$，得

$$\int_{x_k}^{x_{k+1}} f[x,y(x)]\mathrm{d}x \approx \frac{h}{2}\{f[x_k,y(x_k)]+f[x_{k+1},y(x_{k+1})]\}$$

并用y_k近似代替式中$y(x_k)$，y_{k+1}近似代替式中$y(x_{k+1})$，即可得到**梯形公式**：

$$y_{k+1}=y_k+\frac{h}{2}[f(x_k,y_k)+f(x_{k+1},y_{k+1})] \tag{7.3.4}$$

由于数值积分的梯形公式要比矩形公式精度高，因此梯形公式（7.3.4）要比欧拉公式（7.3.1）的精度高。梯形法是一种隐式单步法，从$k=0$开始，每步都要解关于y_{k+1}的一个方程。一般来说，这是一个非线性方程，因此要用迭代法求解。

7.3.2 欧拉方法的改进

显式欧拉公式计算工作量小，但精度低。梯形公式虽提高了精度，但为隐式公式，需用迭代法求解，计算工作量大。综合欧拉公式和梯形公式便可得到改进的欧拉公式。

具体地说，就是先用欧拉公式求出一个初步的近似值$\tilde{y}_{k+1}$，称之为预测值。预测值的精度可能很差，再用梯形公式对它校正一次，即迭代一次，求得的y_{n+1}称为校正值，由这种预测-校正方法得到的公式称为**改进欧拉公式**：

$$\begin{cases}\tilde{y}_{k+1}=y_k+hf(x_k,y_k)\\ y_{k+1}=y_k+\dfrac{h}{2}[f(x_k,y_k)+f(x_{k+1},\tilde{y}_{k+1})]\end{cases} \tag{7.3.5}$$

第一式称为预测算式，第二式称为校正算式。

按照上述思想，如果预测时用其他公式（例如中矩形公式、辛普森公式等），可以得到其他形式的预测-校正式。如采用中矩形公式，便有下述的公式：

$$\begin{cases}\tilde{y}_{k+1}=y_{k-1}+2hf(x_k,y_k)\\ y_{k+1}=y_k+\dfrac{h}{2}[f(x_k,y_k)+f(x_{k+1},\tilde{y}_{k+1})]\end{cases}$$

7.3.3 局部截断误差和阶

定义 7.3.1 称某一数值方法在点x_k处的整体截断误差为

$$e_k=y(x_k)-y_k$$

显式单步法式$y_{k+1}=y_k+h\Phi(x_k,y_k,h)$在$x_{k+1}$处的**局部截断误差**为

$$R_{k,h}=y(x_{k+1})-y(x_k)-h\Phi[x_k,y(x_k),h]$$

其中，$y(x)$为初值问题（7.1.1）的精确解。

$R_{k,h}$ 之所以称为局部的，是因为如果假设 $y(x_k)=y_k$，即第 k 步以及以前各步都没有误差，则由式 $y_{k+1}=y_k+h\Phi(x_k,y_k,h)$ 所得的 y_{k+1} 与 $y(x_{k+1})$ 之差为

$$
\begin{aligned}
y(x_{k+1})-y_{k+1} &= y(x_{k+1})-[y_k+h\Phi(x_k,y_k,h)] \\
&= y(x_{k+1})-y(x_k)-h\Phi[x_k,y(x_k),h]
\end{aligned}
$$

即在假定的 $y(x_k)=y_k$ 条件下，$R_{k,h}=y(x_{k+1})-y_{k+1}$，这就是 $R_{k,h}$ 称为局部的含义。

定义 7.3.2　若数值方法的局部截断误差为 $o(h^{p+1})$，则称这种方法为 p 阶的。通常 p 越大，h 越小，则截断误差越小，数值方法越精确。

例 7.3.1　证明欧拉方法是一阶方法。

证明　设 $y(x_k)=y_k$，把 $y(x_{k+1})$ 在 x_k 处展开成泰勒级数，即

$$y(x_{k+1})=y(x_k)+hy'(x_k)+\frac{1}{2!}h^2y''(\xi)\text{，}\quad \xi\in(x_n,x_{n+1})$$

由欧拉公式可得

$$y_{k+1}=y_k+hf(x_k,y_k)=y(x_k)+hf[x_k,y(x_k)]=y(x_k)+hy'(x_k)$$

两式相减得欧拉公式的局部截断误差为

$$R_{k,h}=\frac{1}{2}h^2y''(\xi)$$

若 $y(x)$ 在 $[a,b]$ 上充分光滑，且令 $M=\max\limits_{x\in[a,b]}\left|y''(x)\right|$，则

$$\left|R_{k,h}\right|\leqslant\frac{h^2}{2}M=o(h^2)$$

故欧拉方法是一阶方法。

例 7.3.2　证明改进欧拉方法是二阶方法。

证明　对于改进欧拉方法（7.3.5）有

$$
\begin{cases}
\tilde{y}_{k+1}=y_k+hf(x_k,y_k) \\
y_{k+1}=y_k+\dfrac{h}{2}[f(x_k,y_k)+f(x_{k+1},\tilde{y}_{k+1})]
\end{cases}
\quad (k=1,2,3,\cdots)
$$

当 $y(x_k)=y_k$ 时，由二元函数的泰勒公式，得

$$
\begin{aligned}
f(x_{k+1},\tilde{y}_{k+1}) &= f(x_k,y_k)+hf_x(x_k,y_k)+hf(x_k,y_k)f_y(x_k,y_k)+o(h^2) \\
&= f[x_k,y(x_k)]+hf_x[x_k,y(x_k)]+hy'(x_k)f_y[x_k,y(x_k)]+o(h^2) \\
&= y'(x_k)+y''(x_k)+o(h^2)
\end{aligned}
$$

于是

$$
\begin{aligned}
y_{k+1} &= y_k+\frac{h}{2}[y'(x_k)+y'(x_k)+y''(x_k)+o(h^2)] \\
&= y(x_k)+hy'(x_k)+\frac{h}{2}y''(x_k)+o(h^3)
\end{aligned}
$$

根据泰勒公式

$$y(x_{k+1}) = y(x_k + h) = y(x_k) + hy'(x_k) + \frac{h}{2}y''(x_k) + o(h^3)$$

两式相减得改进欧拉公式的局部截断误差为

$$R_{k,h} = o(h^3)$$

故改进欧拉方法是二阶方法。

类似地，可证梯形法也为二阶方法。

例 7.3.3 应用向前欧拉公式求初值问题：

$$\begin{cases} y' = x - y + 1 \\ y(0) = 1 \end{cases} \quad (0 \leqslant x \leqslant 1)$$

取步长 $h = 0.1$，将计算结果与精确解 $y = x + e^{-x}$ 比较。

解 将区间[0,1]进行 10 等分，步长 $h = 0.1$，节点 $x_n = nh$（$n = 0,1,\cdots,10$）。

向前欧拉公式为

$$\begin{cases} y_{n+1} = y_n + 0.1(x_n - y_n + 1) \\ y_0 = 1 \end{cases}$$

数值解 y_n 与精确解 $y(x_n)$ 及误差列于表 7.3.1 中。

表 7.3.1 计算结果

x_n	y_n	$y(x_n)$	$\lvert y_n - y(x_n) \rvert$
0.0	1.000000	1.000000	0.000000
0.1	1.000000	1.004837	0.004837
0.2	1.010000	1.018731	0.008731
0.3	1.029000	1.040818	0.011818
0.4	1.056100	1.070320	0.014220
0.5	1.090490	1.106531	0.016041
0.6	1.131441	1.148812	0.017371
0.7	1.178297	1.196585	0.018288
0.8	1.230467	1.249329	0.018862
0.9	1.287420	1.306570	0.014150
1.0	1.348678	1.367879	0.019201

注 从表中最后一列误差 $\lvert y_n - y(x_n) \rvert$ 可以发现，误差随 x_n 增大而增大，但这个增长是可以控制的，这是由于向前欧拉方法是稳定的算法。

例 7.3.4　用改进欧拉法求初值问题：

$$\begin{cases} y' = -y \\ y(0) = 1 \end{cases} \quad (0 \leqslant x \leqslant 1)$$

取步长 $h = 0.1$，将计算结果与精确解 $y = \mathrm{e}^{-x}$ 比较。

解　将区间[0,1]进行 10 等分，步长 $h = 0.1$，节点 $x_n = nh$（$n = 0,1,\cdots,10$）。

应用改进欧拉公式：

$$\begin{cases} y_0 = 1 \\ \tilde{y}_{n+1} = y_n + hf(x_n, y_n) = y_n - 0.1y_n = 0.9y_n \\ y_{n+1} = y_n + \dfrac{h}{2}[f(x_n, y_n) + f(x_{n+1}, \tilde{y}_{n+1})] = y_n + 0.05(-y_n - 0.9y_n) = 0.905y_n \end{cases}$$

由此，$y_1 = 0.905, y_2 = 0.905^2, \cdots, y_{10} = 0.905^{10}$

数值解 y_n 与精确解 $y(x_n)$ 及误差列于表 7.3.2 中。

表 7.3.2　计算结果

x_n	y_n	$y(x_n)$	$\lvert y_n - y(x_n)\rvert$
0.0	1.000000	1.000000	0.000000
0.1	0.905000	0.904837	0.000163
0.2	0.819025	0.818731	0.000294
0.3	0.741218	0.740818	0.000400
…	…	…	…
0.9	0.407228	0.406570	0.000658
1.0	0.368541	0.367879	0.000662

例 7.3.5　对初值问题：

$$\begin{cases} y' = -y \\ y(0) = 1 \end{cases} \quad (0 \leqslant x \leqslant 1)$$

试证明：（1）用梯形公式求得的数值解为 $y_n = \left(\dfrac{2-h}{2+h}\right)^n$；

（2）当步长 $h \to 0$ 时，y_n 收敛于精确解 $y = \mathrm{e}^{-x}$。

证明　（1）应用梯形公式：

$$y_{n+1} = y_n + \frac{h}{2}[f(x_n, y_n) + f(x_{n+1}, y_{n+1})] = y_n + \frac{h}{2}[-y_n - y_{n+1}]$$

整理上式，得 $y_{n+1} = \dfrac{2-h}{2+h} y_n$。

由此公式递推可得

$$y_n = \frac{2-h}{2+h} y_{n-1}, y_{n-1} = \frac{2-h}{2+h} y_{n-2}, \cdots, y_1 = \frac{2-h}{2+h} y_0$$

于是 $y_n = \left(\frac{2-h}{2+h}\right)^n$，$y_0 = \left(\frac{2-h}{2+h}\right)^n$。

（2）设区间是等距划分的，对于任意给定的节点 $x = x_n = nh$，步长 $h = \frac{x}{n}$。显然当 $h \to 0$ 的同时，$n \to \infty$。由此

$$\lim_{h\to 0} y_n = \lim_{h\to 0}\left(\frac{2-h}{2+h}\right)^{\frac{x}{h}} = \lim_{h\to 0}\frac{\left(1-\frac{h}{2}\right)^{\left(-\frac{2}{h}\right)\left(-\frac{x}{2}\right)}}{\left(1+\frac{h}{2}\right)^{\left(\frac{2}{h}\right)\left(\frac{x}{2}\right)}} = \frac{e^{-\frac{x}{2}}}{e^{\frac{x}{2}}} = e^{-x}$$

证毕。

改进欧拉公式的 MATLAB 程序：

```
%改进欧拉公式-- cmeuler.m
function [x,y]=cmeuler(df,xspan,y0,h)
%用途：改进欧拉公式求解常微分方程 y'=f(x,y)，y(x0)=y0
%格式：[x,y]=cmeuler(df,xspan,y0,h)，df 为函数 f(x,y)，xspan 为求解区间[x0,xn]，
%y0 为初值 y(x0)，h 为步长，[x,y]为返回节点和数值解矩阵。
x=xspan(1):h:xspan(2);    y(1)=y0;
for n=1:(length(x)-1)
    k1=feval(df,x(n),y(n));
    y(n+1)=y(n)+h*k1;
    k2=feval(df,x(n+1),y(n+1));
    y(n+1)=y(n)+h*(k1+k2)/2;
end
```

例 7.3.6 取步长 $h = 0.1$，用改进欧拉公式程序，求解下列初值问题。

$$\begin{cases} y' = x + y - 1 \\ y(0) = 1 \end{cases} \quad (0 \leqslant x \leqslant 0.5)$$

并与精确解 $y(x) = e^x - x$ 进行比较。

解 在 MATLAB 命令窗口执行：

```
>> df=@(x,y)x+y-1;
>> [x,y]=cmeuler(df,[0,0.5],1,0.1)
```

得到结果：

```
x =
         0    0.1000    0.2000    0.3000    0.4000    0.5000
```

```
y =
      1.0000     1.0050     1.0210     1.0492     1.0909     1.1474
```

再执行：

```
>> y1=exp(x)-x
```

得到结果：

```
y1 =
      1.0000     1.0052     1.0214     1.0499     1.0918     1.1487
```

再执行：

```
>> y-y1
```

得到结果：

```
ans =
           0    -0.0002    -0.0004    -0.0006    -0.0009    -0.0013
```

7.4　龙格-库塔方法

本节中将向大家介绍求解初值问题（7.1.1）的一类高精度的单步法——龙格-库塔（Runge-Kutta）方法。

7.4.1　龙格-库塔方法的基本思想

首先从欧拉公式及改进欧拉公式进行分析。欧拉公式可改写为

$$\begin{cases} y_{n+1} = y_n + K_1 \\ K_1 = hf(x_n, y_n) \end{cases}$$

用它计算 y_{n+1} 需要计算一次 $f(x,y)$ 的值。若设 $y_n = y(x_n)$，则 y_{n+1} 的表达式与 $y(x_{n+1})$ 在 x_n 处的泰勒展开式的前两项完全相同，即局部截断误差为 $o(h^2)$。

改进欧拉公式又可改写为

$$\begin{cases} y_{n+1} = y_n + \dfrac{h}{2}(K_1 + K_2) \\ K_1 = hf(x_n, y_n) \\ K_2 = hf(x_n + h, y_n + K_1) \end{cases}$$

用它计算 y_{n+1} 需要计算两次 $f(x,y)$ 的值。若设 $y_n = y(x_n)$，则 y_{n+1} 的表达式与 $y(x_{n+1})$ 在 x_n 处的泰勒展开式的前三项完全相同，即局部截断误差为 $o(h^3)$。

这两组公式在形式上有一个共同点：都是用 $f(x,y)$ 在某些点上值的线性组合得出 $y(x_{n+1})$ 的近似值 y_{n+1}，而且增加计算 $f(x,y)$ 的次数，可提高截断误差的阶。

因此，可考虑用函数 $f(x,y)$ 在若干点上的函数值的线性组合来构造近似公

式，构造时要求近似公式在(x_n, y_n)处的泰勒展开式与解$y(x)$在x_n处的泰勒展开式的前面几项重合，从而获得达到一定精度的数值计算公式。这就是龙格–库塔的基本思想。

7.4.2 龙格–库塔方法的推导

按照上述思想，龙格–库塔方法的一般形式设定为

$$\begin{cases} y_{n+1} = y_n + \sum_{i=1}^{r} \omega_i K_i \\ K_1 = hf(x_n, y_n) \qquad\qquad (j = 2,3,\cdots,r) \\ K_i = hf(x_n + \alpha_i h, y_n + h\sum_{j=1}^{i-1} \beta_{ij} K_j) \end{cases} \tag{7.4.1}$$

其中，ω_i、α_i、β_{ij}为待定常数。从上式可以看到用它计算y_{n+1}需要计算r次$f(x, y)$的值，因此式（7.4.1）被称为r阶龙格–库塔方法。

下面来了解几种常用的龙格–库塔方法。

1. 二阶龙格–库塔方法

当$r = 2$时，龙格–库塔方法的形式为

$$\begin{cases} y_{n+1} = y_n + \omega_1 K_1 + \omega_2 K_2 \\ K_1 = hf(x_n, y_n) \\ K_2 = hf(x_n + \alpha_2 h, y_n + \beta_{21} K_1) \end{cases}$$

适当选取参数ω_1、ω_2、α_2、β_{21}的值，使得在$y_n = y(x_n)$的假设下，局部截断误差为$y(x_{n+1}) - y_{n+1} = o(h^3)$。为此把$K_1$和$K_2$代入第一式$y_{n+1} = y_n + \omega_1 K_1 + \omega_2 K_2$中，得

$$y_{n+1} = y_n + \omega_1 hf(x_n, y_n) + \omega_2 hf[x_n + \alpha_2 h, y_n + \beta_{21} hf(x_n, y_n)]$$

然后在(x_n, y_n)处作泰勒展开，可得

$$\begin{aligned} y_{n+1} &= y_n + \omega_1 hf_n + \omega_2 h\left[f_n + h\left(\alpha_2 \frac{\partial f_n}{\partial x} + \beta_{21} \frac{\partial f_n}{\partial y} \cdot f_n\right) + o(h^2)\right] \\ &= y_n + \omega_1 hf_n + \omega_2 \left[hf_n + h^2\left(\alpha_2 \frac{\partial f_n}{\partial x} + \beta_{21} \frac{\partial f_n}{\partial y} \cdot f_n\right)\right] + o(h^3) \\ &= y_n + (\omega_1 f_n + \omega_2 f_n)h + \omega_2 \left(\alpha_2 \frac{\partial f_n}{\partial x} + \beta_{21} \frac{\partial f_n}{\partial y} \cdot f_n\right)h^2 + o(h^3) \end{aligned} \tag{7.4.2}$$

这里记$f_n = f(x_n, y_n)$。

而微分方程$y' = f(x, y)$的精确解$y = y(x)$在点x_n处的泰勒展开式为

$$y(x_{n+1})=y(x_n+h)=y(x_n)+y'(x_n)h+\frac{1}{2!}y''(x_n)h^2+o(h^3)$$

$$=y_n+f_nh+\frac{1}{2}\left(\frac{\partial f_n}{\partial x}+\frac{\partial f_n}{\partial y}\cdot f_n\right)h^2+o(h^3) \quad (7.4.3)$$

把式（7.4.2）与式（7.4.3）进行比较，为使 $y(x_{n+1})-y_{n+1}=o(h^3)$，令 h 和 h^2 项系数相等，则有下列方程组：

$$\begin{cases}\omega_1+\omega_2=1\\ \omega_2\alpha_2=\dfrac{1}{2}\\ \omega_2\beta_{21}=\dfrac{1}{2}\end{cases}$$

此方程有无穷多个解，从而有无穷多个二阶龙格-库塔方法。按此方程组解出的每一组解，对应的二阶龙格-库塔方法都是二阶的。

常用的二阶龙格-库塔方法如下：

（1）当 $\omega_1=\omega_2=\dfrac{1}{2}$，$\alpha_2=\beta_{21}=1$ 时，有

$$\begin{cases}y_{n+1}=y_n+\dfrac{h}{2}(K_1+K_2)\\ K_1=hf(x_n,y_n)\\ K_2=hf(x_n+h,y_n+K_1)\end{cases}$$

这正好是改进欧拉公式。

（2）当 $\omega_1=0$，$\omega_2=1$，$\alpha_2=\beta_{21}=\dfrac{1}{2}$ 时，有

$$\begin{cases}y_{n+1}=y_n+K_2\\ K_1=hf(x_n,y_n)\\ K_2=hf\left(x_n+\dfrac{1}{2}h,y_n+\dfrac{1}{2}K_1\right)\end{cases}$$

这种方法称为中间点法。

2. 三阶龙格-库塔方法

此时 $r=3$，一般格式为

$$\begin{cases} y_{n+1} = y_n + \omega_1 K_1 + \omega_2 K_2 + \omega_3 K_3 \\ K_1 = hf(x_n, y_n) \\ K_2 = hf(x_n + \alpha_2 h, y_n + \beta_{21} K_1) \\ K_3 = hf(x_n + \alpha_3 h, y_n + \beta_{31} K_1 + \beta_{32} K_2) \end{cases}$$

把 K_1、K_2、K_3 代入 y_{n+1} 的表达式中，再在 (x_n, y_n) 处作泰勒展开，然后与 $y(x_{n+1})$ 在 x_n 处的泰勒展开式作比较，并且要使 $y(x_{n+1}) - y_{n+1} = o(h^4)$。可得下列方程组：

$$\begin{cases} \omega_1 + \omega_2 + \omega_3 = 1 \\ \alpha_2 = \beta_{21} \\ \alpha_3 = \beta_{31} + \beta_{32} \\ \omega_2 \alpha_2 + \omega_3 \alpha_3 = \dfrac{1}{2} \\ \omega_2 \alpha_2^2 + \omega_3 \alpha_3^2 = \dfrac{1}{3} \\ \omega_2 \beta_{32} \alpha_2 = \dfrac{1}{6} \end{cases}$$

此方程有无穷多个解，因此有无穷多个三阶龙格-库塔方法。

常用的三阶龙格-库塔方法：

$$\begin{cases} y_{n+1} = y_n + \dfrac{1}{6}(K_1 + 4K_2 + K_3) \\ K_1 = hf(x_n, y_n) \\ K_2 = hf(x_n + \dfrac{1}{2}h, y_n + \dfrac{1}{2}K_1) \\ K_3 = hf(x_n + h, y_n - K_1 + 2K_2) \end{cases}$$

此方法称为三阶龙格-库塔方法。

3. 四阶龙格-库塔方法

在实际应用中，最常用的龙格-库塔方法是四阶龙格-库塔方法。类似于二、三阶龙格-库塔方法的推导，可得一个含有 13 个未知量，11 个方程组成的方程组。由于推导复杂，这里从略。只介绍最常用的一种四阶龙格-库塔方法，如下：

$$\begin{cases} y_{n+1} = y_n + \frac{1}{6}(K_1 + 2K_2 + 2K_3 + K_4) \\ K_1 = hf(x_n, y_n) \\ K_2 = hf\left(x_n + \frac{1}{2}h, y_n + \frac{1}{2}K_1\right) \\ K_3 = hf\left(x_n + \frac{1}{2}h, y_n + \frac{1}{2}K_2\right) \\ K_4 = hf(x_n + h, y_n + K_3) \end{cases} \tag{7.4.4}$$

此方法称为经典四阶龙格-库塔方法。

四阶龙格-库塔方法的 MATLAB 程序：

```
%经典四阶龙格-库塔方法-- cm4rkutta.m
function [x,y]=cm4rkutta(df,xspan,y0,h)
%用途：经典四阶龙格-库塔方法求解常微分方程 y'=f(x,y)，y(x0)=y0
%格式：[x,y]=cm4rkutta(df,xspan,y0,h)，df 为函数 f(x,y)，xspan 为求解区间[x0,xn]，
%y0 为初值 y(x0)，h 为步长，y 为返回数值解
x=xspan(1):h:xspan(2);   y(1)=y0;
for n=1:(length(x)-1)
    k1=feval(df, x(n), y(n));
    k2=feval(df, x(n)+h/2, y(n)+h/2*k1);
    k3=feval(df, x(n)+h/2, y(n)+h/2*k2);
    k4=feval(df, x(n+1), y(n)+h*k3);
    y(n+1)=y(n)+h*(k1+2*k2+2*k3+k4)/6;
end
```

例 7.4.1 取步长 $h=0.2$，用经典四阶龙格-库塔方法求解初值问题：

$$\begin{cases} y' = 2xy \quad (0 \leqslant x \leqslant 1) \\ y(0) = 1 \end{cases}$$

解 已知 $f(x,y)=2xy$，$x_0=0$，$y_0=1$，$h=0.2$，由四阶龙格-库塔方法（7.4.4）可得

$$K_1 = hf(x_0, y_0) = 0.2f(0,1) = 0.2\times 2\times 0\times 1 = 0$$

$$K_2 = hf\left(x_0 + \frac{1}{2}h, y_0 + \frac{1}{2}K_1\right) = 0.2f(0.1,1) = 0.2\times 2\times 0.1\times 1 = 0.04$$

$$K_3 = hf\left(x_0 + \frac{1}{2}h, y_0 + \frac{1}{2}K_2\right) = 0.2f(0.1,1.02) = 0.2\times 2\times 0.1\times 1.02 = 0.0408$$

$$K_4 = hf(x_0 + h, y_0 + K_3) = 0.2f(0.2,1.0408) = 0.2\times 2\times 0.2\times 1.0408 = 0.083264$$

代入 $y_{n+1}=y_n+\frac{1}{6}(K_1+2K_2+2K_3+K_4)$ ($n=0,1,2,\cdots,5$)求解。本例方程的解为 $y=e^{x^2}$ ，数值解 y_n 与精确解 $y(x_n)$ 的对照表 7.4.1 如下。

表 7.4.1 计算结果

x_n	0	0.2	0.4	0.6	0.8	1.0
$y(x_n)$	1.000000	1.040811	1.173511	1.433321	1.896441	2.718107
$y(x_n)$	1.000000	1.040811	1.173511	1.433329	1.896481	2.718282

龙格-库塔方法的推导基于泰勒展开方法，因而它要求所求的解具有较好的光滑性。如果解的光滑性差，那么，使用四阶龙格-库塔方法求得的数值解，其精度可能反而不如改进的欧拉方法。在实际计算时，应当针对问题的具体特点选择合适的算法。

例 7.4.2 取步长 $h=0.1$ ，用四阶龙格-库塔方法程序，求解下列初值问题。

$$\begin{cases} y'=x+y-1 \\ y(0)=1 \end{cases} \quad (0\leqslant x\leqslant 0.5)$$

并与精确解 $y(x)=e^x-x$ 进行比较。

解 在 MATLAB 命令窗口执行：

```
>> df=@(x,y)x+y-1;
>> [x,y]=cmeuler(df,[0,0.5],1,0.1)
```

得到结果：

```
x =
        0    0.1000    0.2000    0.3000    0.4000    0.5000
y =
   1.0000    1.0050    1.0210    1.0492    1.0909    1.1474
```

再执行：

```
>> y1=exp(x)-x
```

得到结果：

```
y1 =
   1.0000    1.0052    1.0214    1.0499    1.0918    1.1487
```

再执行：

```
>> y-y1
```

得到结果：

```
ans =
        0   -0.0002   -0.0004   -0.0006   -0.0009   -0.0013
```

7.5　稳定性与收敛性

7.5.1　算法的稳定性

稳定性在微分方程的数值解法中是一个非常重要的问题。因为在微分方程初值问题的数值方法求解过程中，存在各种计算误差。这些计算误差如舍入误差等引起的扰动，在传播过程中可能会大量积累，对计算结果的准确性产生影响，这就涉及算法稳定性问题。本节中仅介绍绝对稳定性的概念。

定义 7.5.1　当在某节点 x_n 上的值 y_n 有大小为 δ 的扰动时，如果在其后的各节点 $x_j(j>n)$ 上的值 y_j 产生的偏差都不大于 δ，则称这种方法是**绝对稳定**的。

稳定性不仅与算法有关，而且与方程中的函数 $f(x,y)$ 也有关，讨论起来比较复杂。为简单起见，通常只针对模型方程

$$y'=\lambda y \qquad (\lambda<0) \tag{7.5.1}$$

来讨论。一般方程若局部线性化，也可化为上述形式。模型方程相对比较简单，若一个数值方法对模型方程是稳定的，并不能保证该方法对任何方程都稳定，但若某方法对模型方程如此简单的问题都不稳定的话，也就很难用于其他方程的求解。

下面以欧拉方法为例讨论绝对稳定性。

先考查向前欧拉方法的稳定性。模型方程

$$y'=\lambda y \qquad (\lambda<0)$$

的欧拉公式为

$$y_{n+1}=y_n+\lambda h y_n=(1+\lambda h)y_n$$

设 y_n 有误差 δ_n，则实际参与运算的 $\tilde{y}_h=y_n+\delta_n$，由此引起 y_{n+1} 的误差为 δ_{n+1}，实际得到 $\tilde{y}_{n+1}=y_{n+1}+\delta_{n+1}$，即有

$$y_{n+1}+\delta_{n+1}=(1+\lambda h)(y_n+\delta_n)$$

从而有

$$\delta_{n+1}=(1+\lambda h)\delta_n$$

要使 $|\delta_{n+1}|<|\delta_n|$，必须有 $|1+\lambda h|<1$。因此，向前欧拉方法的**绝对稳定域**为 $|1+\lambda h|<1$。在复平面上，$|1+\lambda h|<1$ 是以 1 为半径，以(–1,0)为圆心的圆内部，所以向前欧拉方法的绝对稳定域是圆域，如图 7.5.1 所示。

用向后欧拉方法解模型方程的计算公式为

$$y_{n+1}=y_n+\lambda h y_{n+1}$$

解出 $y_{n+1}=\dfrac{1}{1-\lambda h}y_n$，则对于向后欧拉方法，$\delta_n$ 应满足 $\delta_{n+1}=\dfrac{1}{1-\lambda h}\delta_n$。由于 $\lambda<0$，则有 $\left|\dfrac{1}{1-\lambda h}\right|<1$，故恒有 $|\delta_{n+1}|<|\delta_n|$。因此，向后欧拉方法是绝对稳定的，它的**绝对稳定域**为 $|1-\lambda h|>1$。在复平面上，它是以(1,0)为圆心，以 1 为半径的圆外部，如图 7.5.2 所示。

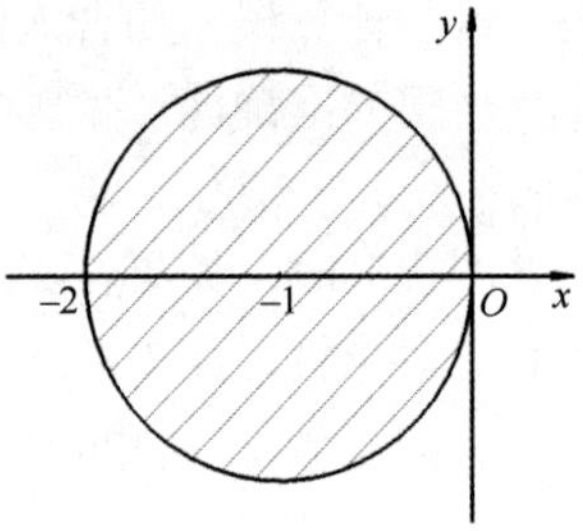

图 7.5.1　向前欧拉方法的绝对稳定域

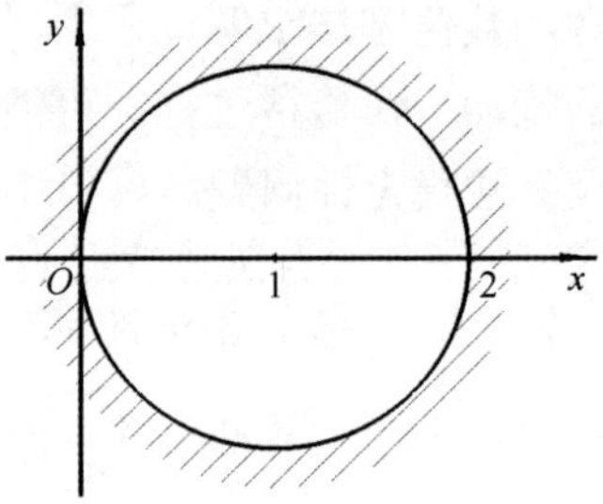

图 7.5.2　向后欧拉方法的绝对稳定域

由图 7.5.1 和图 7.5.2 可知，向后欧拉方法的绝对稳定域比向前欧拉方法的绝对稳定域大得多，但可以证明这两种方法的收敛阶数是相同的，只是向前欧拉方法是显式方法，向后欧拉方法是隐式方法。这也说明，隐式方法的稳定性一般比同阶的显式方法的稳定性要好得多。

用二阶龙格-库塔方法求解模型方程的计算公式为

$$\begin{aligned}y_{n+1}&=y_n+h[\omega_1\lambda y_n+\omega_2\lambda(y_n+\beta_{21}hy_n)]\\&=[1+(\omega_1+\omega_2)\lambda h+\omega_2\beta_{21}(\lambda h)^2]y_n\end{aligned}$$

利用二阶龙格-库塔方法的参数可知：

$$y_{n+1}=\left[1+\lambda h+\frac{1}{2}(\lambda h)^2\right]y_n$$

类似于向前欧拉方法的分析，可得二阶龙格-库塔方法的绝对稳定域为

$$\left|1+\lambda h+\frac{1}{2}(\lambda h)^2\right|<1$$

也就是 $|1+\lambda h|<1$，它与向前欧拉方法的绝对稳定域相同。

同理可得三阶龙格-库塔方法的绝对稳定域是

$$\left|1+\lambda h+\frac{1}{2!}(\lambda h)^2+\frac{1}{3!}(\lambda h)^3\right|<1$$

绝对稳定区间是 $(-2.51,0)$。

四阶龙格-库塔方法的绝对稳定域是

$$\left|1+\lambda h+\frac{1}{2!}(\lambda h)^2+\frac{1}{3!}(\lambda h)^3+\frac{1}{4!}(\lambda h)^4\right|<1$$

绝对稳定区间是 $(-2.78,0)$ 。

7.5.2 算法的收敛性

微分方程初值问题数值解法的基本思想是将微分方程转化为差分方程来求解，并用计算值 y_n 近似代替准确值 $y(x_n)$ 。这种近似代替是否合理，还需看当分割区间 $[x_{i-1},x_i]$ 的长度 h 越来越小（即 $h=x_i-x_{i-1}\to 0$ ）时，$y_n\to y(x_n)$ 是否成立。若成立，则称该方法是**收敛**的；否则称为**不收敛**。

这里仍以欧拉方法为例，来分析收敛性。

欧拉公式如下：

$$y_{n+1}=y_n+hf(x_n,y_n)$$

设 $\overline{y}_{n+1}$ 表示取 $y_n=y(x_n)$ 时，按欧拉公式的计算结果，即

$$\overline{y}_{n+1}=y(x_n)+hf[x_n,y(x_n)]$$

欧拉方法局部截断误差为

$$y(x_{n+1})-\overline{y}_{n+1}=\frac{h^2}{2}y''(\xi),\quad \xi\in(x_n,x_{n+1})$$

设有常数 $c=\frac{1}{2}\max\limits_{a\leqslant x\leqslant b}|y''(x)|$ ，则

$$|y(x_{n+1})-\overline{y}_{n+1}|\leqslant ch^2 \tag{7.5.2}$$

总体截断误差为

$$|\varepsilon_{n+1}|=|y(x_{n+1})-y_{n+1}|\leqslant|y(x_{n+1})-\overline{y}_{n+1}|+|y_{n+1}-\overline{y}_{n+1}|$$

又

$$\begin{aligned}|y_{n+1}-\overline{y}_{n+1}|&=|y_n+hf(x_n,y_n)-y(x_n)-hf[x_n,y(x_n)]|\\&\leqslant|y(x_n)-y_n|+h|f[x_n,y(x_n)]-f(x_n,y_n)|\end{aligned} \tag{7.5.3}$$

由于 $f(x,y)$ 关于 y 满足李普希兹条件，即有

$$|f[x_n,y(x_n)]-f(x_n,y_n)|\leqslant L|y(x_n)-y_n| \tag{7.5.4}$$

将式（7.5.4）代入式（7.5.3），有

$$|y_{n+1}-\overline{y}_{n+1}|\leqslant(1+hL)|y(x_n)-y_n|=(1+hL)|\varepsilon_n|$$

再利用式（7.5.3）、式（7.5.4）可得到

$$\begin{aligned}|\varepsilon_{n+1}|&=|y(x_{n+1})-y_{n+1}|\leqslant|y(x_{n+1})-\overline{y}_{n+1}|+|y_{n+1}-\overline{y}_{n+1}|\\&\leqslant(1+hL)|\varepsilon_n|+ch^2\end{aligned} \tag{7.5.5}$$

即

$$|\varepsilon_n| \leqslant (1+hL)|\varepsilon_{n-1}| + ch^2$$

上式反复递推后，可得

$$|\varepsilon_n| \leqslant (1+hL)^n|\varepsilon_0| + ch^2\sum_{k=0}^{n-1}(1+hL)^k \ = (1+hL)^n|\varepsilon_0| + \frac{ch}{L}[(1+hL)^n - 1]$$

设常数$T = nh$，因为$1+hL \leqslant \mathrm{e}^{hL}$，故$(1+hL)^n \leqslant \mathrm{e}^{nhL} \leqslant \mathrm{e}^{TL}$

把上式代入式（7.5.5），得

$$|\varepsilon_n| \leqslant \mathrm{e}^{TL}|\varepsilon_0| + \frac{ch}{L}(\mathrm{e}^{TL} - 1)x_n - x_0 - nh \leqslant T$$

若不计初值误差，即$\varepsilon_0 = 0$，则有

$$|\varepsilon_n| \leqslant \frac{ch}{L}(\mathrm{e}^{TL} - 1) \tag{7.5.6}$$

式（7.5.6）说明，当$h \to 0$时，$\varepsilon_n \to 0$，从而$y_n \to y(x_n)$，所以欧拉方法是收敛的，且其收敛速度为$o(h)$，即具有一阶收敛速度。

7.6 线性多步法

前两节介绍的几种求解初值问题的欧拉方程与龙格-库塔的方法是单步法，也就是说，当计算y_{k+1}时，只需知道$y(x_k)$的某个近似值y_k就足够了。因此，从初始值y_0开始，便能一步一步地做下去了。然而，正是由于“单步”的特点，在求y_{k+1}时忽视了前面已经算出的$y(x_{k-1}), y(x_{k-2}), \cdots$的近似值的有用信息，因而要提高方法的精度就比较困难。本节将要介绍一种所谓的线性多步法，它应用$y(x)$的n个近似值去计算下一个近似值，确切地说，当计算$y_{k+1}(k \geqslant n-1)$时，除了用到y_k以外，还要用到$y_{k-1}, y_{k-2}, \cdots, y_{k-n+1}$诸值。这样充分运用前面计算结果的做法可得到更精确的计算解。

一般地，线性多步法可以写成如下形式：

$$y_{k+1} = \sum_{j=0}^{n-1}\alpha_j y_{k-j} + h\sum_{j=-1}^{n-1}\beta_j f(x_{k-j}, y_{k-j}) \ (k \geqslant n-1) \tag{7.6.1}$$

其中，$h = \dfrac{b-a}{N}$，$N \geqslant n$，而各α_j与β_j均为常数且$|\alpha_{n-1}| + |\beta_{n-1}| \neq 0$，当$\beta_{-1} = 0$时，式（7.6.1）便对应着显式多步法；当$\beta_{-1} \neq 0$时，它便对应着隐式多步法。

不同于单步法，线性多步法在开始计算y_n时，除了已知的y_0以外，还需要$y_1, \cdots, y_{n-1}$作为表头值。通常，它们可以用（单步的）龙格-库塔方法求出。对于某个线性多步法（7.6.1），称之为p阶方法，假如$y_k, \cdots, y_{k-n+1}$准确，计算y_{k+1}时

的局部截断误差为 $o(h^{p+1})$。

单步法在计算 y_{n+1} 时，只用到前一步的信息 y_n，为提高精度，需重新计算多个点处的函数值，如龙格-库塔方法，计算量较大。通过较多地利用前面的已知信息，如 $y_n, y_{n-1}, \cdots, y_{n-k}$，来构造高精度的算法计算 y_{n+1}，这就是多步法的基本思想。

多步法中最常用的是线性多步法，它的一般形式为

$$\sum_{j=0}^{k}\alpha_j y_{n+j} = h\sum_{j=0}^{k}\beta_j f(x_{n+j}, y_{n+j})$$

其中，α_j 和 β_j 均为常数，$\alpha_k \neq 0$，也可表示为

$$y_{n+k} = \sum_{j=0}^{k-1}\alpha_j y_{n+j} + h\sum_{j=0}^{k}\beta_j f(x_{n+j}, y_{n+j})$$

若 $\alpha_0^2 + \beta_0^2 \neq 0$，称为多步法。当 $\beta_k = 0$ 时，为显式多步法；当 $\beta_k \neq 0$ 时，为隐式多步法。

构造线性多步公式常用泰勒展开和数值积分方法。

7.6.1 线性多步公式的导出

利用泰勒展开导出的基本方法：将线性多步公式在 x_n 处进行泰勒展开，然后与 $y(x_{n+1})$ 在 x_n 处的泰勒展开式相比较，要求它们前面的项重合，由此确定参数 α_i 和 β_i。

设初值问题的解 $y(x)$ 充分光滑，待定的两步公式为

$$y_{n+1} = \alpha_0 y_n + \alpha_1 y_{n-1} + h(\beta_{-1} f_{n+1} + \beta_0 f_n + \beta_1 f_{n-1})$$

记 $y_n^{(k)} = y^{(k)}(x_n)(k = 1, 2, \cdots)$，则 $y(x)$ 在 x_n 处的泰勒展开为

$$y(x) = y_n + y_n'(x - x_n) + \frac{y_n''}{2}(x - x_n)^2 + \cdots + \frac{y_n^{(p)}}{p!}(x - x_n)^p + o[(x - x_n)^{p+1}]$$

假设前 n 步计算结果都是准确的，即 $y_i = y(x_i)$，$y'(x_i) = f(x_i, y_i)(i \leqslant n)$，则有

$$y_{n-1} = y(x_n - h) = y_n - y_n'h + \frac{y_n''}{2!}h^2 - \frac{y_n'''}{3!}h^3 + \frac{y_n^{(4)}}{4!}h^4 - \frac{y_n^{(5)}}{5!}h^5 + o(h^{(6)})$$

$$f_{n-1} = f(x_{n-1}, y_{n-1}) = y'(x_{n-1}) = y_n' - y_n''h + \frac{y_n'''}{2!}h^2 - \frac{y_n^{(4)}}{3!}h^3 + \frac{y_n^{(5)}}{4!}h^4 + o(h^{(5)})$$

$$f_n = f(x_n, y_n) = y_n'$$

$$f_{n+1} = f(x_{n+1}, y_{n+1}) \approx y'(x_{n+1}) = y_n' + y_n''h + \frac{y_n'''}{2!}h^2 + \frac{y_n^{(4)}}{3!}h^3 + \frac{y_n^{(5)}}{4!}h^4 + o(h^{(5)})$$

将以上各公式代入并整理，得

$$y_{n+1}=(\alpha_0+\alpha_1)y_n+(-\alpha_1+\beta_{-1}+\beta_0+\beta_1)y_n'h+\left(\frac{\alpha_1}{2}+\beta_{-1}-\beta_1\right)y_n''h^2+$$
$$\left(-\frac{\alpha_1}{6}+\frac{\beta_{-1}}{2}+\frac{\beta_1}{2}\right)y_n'''h^3+\left(\frac{\alpha_1}{24}+\frac{\beta_{-1}}{6}-\frac{\beta_1}{6}\right)y_n^{(4)}h^4+$$
$$\left(-\frac{\alpha_1}{120}+\frac{\beta_{-1}}{24}+\frac{\beta_1}{24}\right)y_n^{(5)}h^5+o(h^6)$$

$$y_{n+1}=\alpha_0 y_n+\alpha_1 y_{n-1}+h(\beta_{-1}f_{n+1}+\beta_0 f_n+\beta_1 f_{n-1})$$

为使上式有 p 阶精度，只需使其与 $y(x_{n+1})$ 在 x_n 处的泰勒展开式

$$y(x_{n+1})=y_n+y_n'h+\frac{y_n''}{2!}h^2+\cdots+\frac{y_n^{(5)}}{5!}h^5+o(h^6)$$

的前 $p+1$ 项重合。

$$y_{n+1}=(\alpha_0+\alpha_1)y_n+(-\alpha_1+\beta_{-1}+\beta_0+\beta_1)y_n'h+\left(\frac{\alpha_1}{2}+\beta_{-1}-\beta_1\right)y_n''h^2+$$
$$\left(-\frac{\alpha_1}{6}+\frac{\beta_{-1}}{2}+\frac{\beta_1}{2}\right)y_n'''h^3+\left(\frac{\alpha_1}{24}+\frac{\beta_{-1}}{6}-\frac{\beta_1}{6}\right)y_n^{(4)}h^4+$$
$$\left(-\frac{\alpha_1}{120}+\frac{\beta_{-1}}{24}+\frac{\beta_1}{24}\right)y_n^{(5)}h^5+o(h^6)$$

$$\Rightarrow\begin{cases}a_0+a_1=1\\-a_0+\beta_{-1}+\beta_0+\beta_1=1\\\frac{1}{2}a_1+\beta_{-1}-\beta_1=\frac{1}{2}\\-\frac{1}{6}a_1+\frac{1}{2}\beta_{-1}+\frac{1}{2}\beta_1=\frac{1}{6}\\\frac{1}{24}a_1+\frac{1}{6}\beta_{-1}-\frac{1}{6}\beta_1=\frac{1}{24}\end{cases}$$

五个参数只需五个条件。由推导知，如果选取参数 α_i 和 β_i，使其满足前 $p+1$ 个方程($p=1,2,3,4$)，则近似公式为 p 阶公式。

如 $\alpha_0=1$，$\alpha_1=0$，$\beta_{-1}=\beta_0=\frac{1}{2}$，$\beta_1=0$，满足方程组前三个方程，故相应的线性二阶公式为

$$y_{n+1}=y_n+\frac{h}{2}(f_{n+1}+f_n)$$

又如解上面方程组得 $\alpha_0=0$，$\alpha_1=1$，$\beta_{-1}=\beta_1=\frac{1}{3}$，$\beta_0=\frac{4}{3}$，相应的线性二步四阶公式（辛普森公式）为

$$y_{n+1} = y_{n-1} + \frac{h}{3}(f_{n+1} + 4f_n + f_{n-1})$$

7.6.2　常用的线性多步公式

1. 阿达姆斯（Adams）公式

四阶阿达姆斯显示公式如下：

$$y_{n+1} = y_n + \frac{h}{24}(55f_n - 59f_{n-1} + 37f_{n-2} - 9f_{n-3})$$

其局部截断误差为 $R_{n+1} = \frac{251}{720}h^5 y_n^{(5)} + o(h^6)$。

四阶阿达姆斯隐式公式如下：

$$y_{n+1} = y_n + \frac{h}{24}(9f_{n+1} + 19f_n - 5f_{n-1} + f_{n-2})$$

其局部截断误差为 $R_{n+1} = -\frac{19}{720}h^5 y_n^{(5)} + o(h^6)$。

基于数值积分的阿达姆斯公式，其基本思想是首先将初值问题化成等价的积分形式：

$$y(x_{n+1}) - y(x_n) = \int_{x_n}^{x_{n+1}} f[x, y(x)]\mathrm{d}x = \int_{x_n}^{x_{n+1}} F(x)\mathrm{d}x$$

用过节点的 $F(x)$ 的 k 次插值多项式 $\varphi_k(x)$ 代替 $F(x)$ 求积分，即得 $k+1$ 阶的线性多步公式。

例如 $k=3$ 时，过节点 x_n、x_{n-1}、x_{n-2}、x_{n-3} 的 $F(x)$ 的三次插值多项式为

$$L_3(x) = \sum_{i=0}^{3} l_i(x)F(x_{n-i})$$

其中

$$l_i(x) = \frac{(x-x_n)(x-x_{n-1})(x-x_{n-2})(x-x_{n-3})}{(x-x_{n-i})\prod\limits_{\substack{j=0 \\ j\neq i}}^{3}(x_{n-i}-x_{n-j})} \quad (i=0,1,2,3)$$

$$\begin{aligned} y(x_{n+1}) - y(x_n) &\approx \int_{x_n}^{x_{n+1}} L_3(x)\mathrm{d}x = \sum_{i=0}^{3}\left[\int_{x_n}^{x_{n+1}} l_i(x)\mathrm{d}x\right]F(x_{n-i}) \\ &= F(x_n)\int_{x_n}^{x_{n+1}} \frac{(x-x_{n-1})(x-x_{n-2})(x-x_{n-3})}{6h^3}\mathrm{d}x + \\ &\quad F(x_{n-1})\int_{x_n}^{x_{n+1}} \frac{(x-x_n)(x-x_{n-2})(x-x_{n-3})}{-2h^3}\mathrm{d}x + \end{aligned}$$

$$F(x_{n-2})\int_{x_n}^{x_{n+1}}\frac{(x-x_n)(x-x_{n-1})(x-x_{n-3})}{2h^3}\mathrm{d}x+$$

$$F(x_{n-3})\int_{x_n}^{x_{n+1}}\frac{(x-x_n)(x-x_{n-1})(x-x_{n-2})}{-6h^3}\mathrm{d}x$$

$$=\frac{h}{24}[55F(x_n)-59F(x_{n-1})+37F(x_{n-2})-9F(x_{n-3})]$$

对上式用 y_n 和 y_{n+1} 代替 $y(x_n)$ 和 $y(x_{n+1})$，用 $f_k(x_k,y_k)$ 代替 $F(x_k)=f[x_k,y(x_k)]$ $(k=n,n-1,n-2,n-3)$，则得

$$y_{n+1}=y_n+\frac{h}{24}(55f_n-59f_{n-1}+37f_{n-2}-9f_{n-3}) \tag{7.6.2}$$

即为四步四阶阿达姆斯显式公式。由于积分区间在插值区间 $[x_{n-3},x_n]$ 外面，又称为四阶阿达姆斯外插公式。

由插值余项公式可得其局部截断误差为

$$R_{n+1}=\int_{x_n}^{x_{n+1}}\frac{F^{(4)}(\xi_x)}{4!}\prod_{j=0}^{3}(x-x_{n-j})\mathrm{d}x=\int_{x_n}^{x_{n+1}}\frac{y^{(5)}(\xi_x)}{4!}\prod_{j=0}^{3}(x-x_{n-j})\mathrm{d}x$$

由积分中值定理，存在 $\eta\in(x_{n-3},x_{n+1})$，使得

$$R_{n+1}=\frac{y^{(5)}(\eta)}{4!}\int_{x_n}^{x_{n+1}}\prod_{j=0}^{3}(x-x_{n-j})\mathrm{d}x=\frac{251}{720}h^5y^{(5)}(\eta)$$

同样，如果过节点 x_{n+1}、x_n、x_{n-1}、x_{n-2} 的 $F(x)$ 的三次插值多项式为

$$L_3(x)=\sum_{i=-1}^{2}l_i(x)F(x_{n-i})$$

其中，$l_i(x)=\dfrac{(x-x_{n-1})(x-x_n)(x-x_{n-1})(x-x_{n-2})}{(x-x_{n-i})\prod\limits_{\substack{j=-1\\ j\neq i}}^{3}(x_{n-i}-x_{n-j})}\quad(i=-1,0,1,2)$。

代替 $F(x)$ 求积分，即得三步四阶阿达姆斯隐式公式：

$$y_{n+1}=y_n+\frac{h}{24}(9f_{n+1}+19f_n-5f_{n-1}+f_{n-2}) \tag{7.6.3}$$

其局部截断误差为 $R_{n+1}=-\dfrac{19}{720}h^5y_n^{(5)}(\eta)(x_{n-2}<\eta<x_{n+1})$。

由于积分区间在插值区间 $[x_{n-2},x_{n+1}]$ 内，故阿达姆斯隐式公式又称为阿达姆斯内插公式。

2. 米尔尼（Miline）公式

米尔尼公式如下：

$$y_{n+1}=y_{n-3}+\frac{4}{3}h(2f_n-f_{n-1}+2f_{n-2})$$

其局部截断误差为 $R_{n+1}=\frac{14}{45}h^5y_n^{(5)}+o(h^6)$。

米尔尼公式是四步四阶显式公式。

3. 哈明（Hamming）公式

哈明公式如下：

$$y_{n+1}=\frac{1}{8}(9y_n-y_{n-2})+\frac{3}{8}h(f_{n+1}+2f_n-f_{n-1})$$

其局部截断误差为 $R_{n+1}=-\frac{1}{40}h^5y_n^{(5)}+o(h^6)$。

哈明公式是三步四阶隐式公式。

隐式法与显式法的比较：一般地，同阶的隐式法比显式法精确，而且数值稳定性也好。但在隐式公式中，通常很难解出 y_{n+1}，需要用迭代法求解，这样又增加了计算量。

在实际计算中，很少单独用显式公式或隐式公式，而是将它们联合使用，构成预测-校正方法。以四阶阿达姆斯公式为例，先用显式公式（7.6.2）求出 $y(x_{n+1})$ 的预测值，记作 $\overline{y}_{n+1}$，再用隐式公式对预测值进行校正，求出 $y(x_{n+1})$ 的近似值 y_{n+1}，即

$$\begin{cases}\overline{y}_{i+1}=y_i+\dfrac{h}{24}(-55y_i+59y_{i-1}-37y_{i-2}+9y_{i-3})\\ \overline{f}_{i+1}=f(x_{i+1},\overline{y}_{i+1})\\ y_{i+1}=y_i+\dfrac{0.1}{24}(9f_{i+1}+19f_i-5f_{i-1}+f_{i-2})\end{cases}\quad(i=3,4,\cdots,n-1)\qquad(7.6.4)$$

其中，初值 y_0、y_1、y_2 由四阶龙格-库塔方法计算。

四阶阿达姆斯显式公式的 MATLAB 程序：

```
function [k,X,Y,wucha,P]=cAdams4y(x0,b,y0,h)
x=x0;y=y0;p=128;
n=fix((b-x0)/h);
if n<5,
return,
end;
X=zeros(p,1);
Y=zeros(p,length(y));f=zeros(p,1);
k=1;X(k)=x;Y(k,:)=y';
for k=2:3
x1=x+h/2;x2=x+h/2;
x3=x+h;k1=x-y;
y1=y+h*k1/2;
```

```
x=x+h;k2=x1-y1;
y2=y+h*k2/2;k3=x2-y2;
y3=y+h*k3;k4=x3-y3;
y=y+h*(k1+2*k2+2*k3+k4)/6;
X(k)=x;Y(k,:)=y;k=k+1;
end
X,Y,
for k=3:n
X(k+1)=X(1)+h*k;
Y(k+1)=(1/24.9)*(0.24*k+0.12+(Y(k-2:k))'*[-0.1 0.5 22.1]'),
k=k+1,
end
for k=2:n+1
wucha(k)=norm(Y(k)-Y(k-1));
end
X=X(1:n+1);Y=Y(1:n+1,:);n=1:n+1,
wucha=wucha(1:n,:);P=[n',X,Y,wucha'];
```

例 7.6.1 以阿达姆斯公式为例，用四步四阶显式公式和三步四阶隐式公式求解初值问题：

$$\begin{cases} \dfrac{\mathrm{d}x}{\mathrm{d}y} = -y \\ y(0) = 1 \end{cases} \quad (0 \leqslant x \leqslant 1)$$

解 取步长 $h = 0.1$，代入四步四阶显式公式（7.6.2），得

$$\begin{aligned} y_{i+1} &= y_i + \frac{h}{24}(-55y_i + 59y_{i-1} - 37y_{i-2} + 9y_{i-3}) \\ &= \frac{1}{24}(18.5y_i + 5.9y_{i-1} - 3.7y_{i-2} + 0.9y_{i-3}) \quad (i = 3,4,\cdots,9) \end{aligned}$$

将 $h = 0.1$ 代入三步四阶隐式公式（7.6.3），得

$$y_{i+1} = y_i + \frac{0.1}{24}(-9y_{i+1} - 19y_i + 5y_{i-1} - y_{i-2})$$

整理得

$$y_{i+1} = \frac{10}{249}(22.1y_i + 0.5y_{i-1} - 0.1y_{i-2}) \quad (i = 2,3,\cdots,9)$$

若以精确解 $y = \mathrm{e}^{-x}$ 给出初值，计算结果见表 7.6.1。

表 7.6.1 计算结果

x_i	四步四阶显式公式		三步四阶隐式公式	
	y_i	$\lvert y_i - y(x_i) \rvert$	y_i	$\lvert y_i - y(x_i) \rvert$
0.3	—	—	0.74088006	2.14×10^{-7}
0.4	0.670322919	2.873×10^{-6}	0.670319661	3.85×10^{-7}

续表

x_i	四步四阶显式公式		三步四阶隐式公式	
	y_i	$\lvert y_i - y(x_i)\rvert$	y_i	$\lvert y_i - y(x_i)\rvert$
0.5	0.606535474	4.815×10^{-6}	0.606501380	5.21×10^{-7}
0.6	0.548818406	6.770×10^{-6}	0.548811007	6.29×10^{-7}
0.7	0.496593391	8.088×10^{-6}	0.496584852	7.11×10^{-7}
0.8	0.449338154	9.190×10^{-6}	0.449328191	7.73×10^{-7}
0.9	0.406579611	9.952×10^{-6}	0.406568844	8.15×10^{-7}
1.0	0.367889955	1.051×10^{-6}	0.367878598	8.43×10^{-7}

在 MATLAB 命令窗口执行：

```
>> x0=0;b=1;y0=1;b=1/10;
>> [k,X,Y,wucha,P]=cAdams4y (x0,b,y0,h)
```

阿达姆斯预测-校正法的 MATLAB 程序：

```
function y = cYCJZadms(f,h,a,b,y0, varvec)
% f 是函数
% h 是步长
% a 是区间起始值，b 是区间终点值
% y0 是函数初值
format long ;
N=(b-a) /h;
y=zeros(N+1,1);
x=a:h: b;
y(1)=y0;
y(2)=y0+h*Funval(f ,varvec, [x(1) y(1)])
for i=3:N+1
v1=Funval(f,varvec,[x(i-2) y(i-2)]);
v1=Funval(f,varvec,[x(i-2) y(i-2)]);
t=y(i-1) + h*(3*v2-v1)/2;
v3=Funval(f , varvec, [x(i) t]) ;
y(i)=y(i-1)+h*(v2+v3)/2;
end
format short;
```

例 7.6.2　用阿达姆斯预测-校正法求解初值问题：

$$\begin{cases} \dfrac{\mathrm{d}x}{\mathrm{d}y} = x + y \\ y(0) = 1 \end{cases} \quad (0 \leqslant x \leqslant 1)$$

解 取步长 $h=0.1$，选用四阶龙格-库塔方法，计算初值 y_1、y_2、y_3，将 $h=0.1$ 代入，得

$$\begin{cases} y_{i+1}=y_i+\dfrac{0.1}{6}(K_1+2K_2+2K_3+K_4) \\ K_1=f(x_i,y_i)=x_i+y_i \\ K_2=f(x_n+0.05,y_n+0.05K_1)=K_1+0.05(1+K_1) \\ K_3=f(x_n+0.05,y_n+0.05K_2)=K_1+0.05(1+K_2) \\ K_4=f(x_n+0.1,y_n+0.1K_3)=K_1+0.1(1+K_3) \end{cases}$$

将 $h=0.1$ 代入阿达姆斯预测-校正公式（7.6.4），利用已计算的起步初值 $y_i\ (i=0,1,2,3)$，计算 $y_i\ (i=4,\cdots,10)$，计算结果见表 7.6.2。表中列出了两种方法的计算结果，并列出了与精确解 $y=2e^x-x-1$ 的误差。

表 7.6.2 计算结果

x_i	四阶龙格-库塔方法		阿达姆斯预测-校正法	
	y_i	$\lvert y_i-y(x_i)\rvert$	y_i	$\lvert y_i-y(x_i)\rvert$
0.1	1.110341667	1.695×10^{-7}	—	—
0.2	0.242805142	3.746×10^{-7}	—	—
0.3	1.399716994	6.210×10^{-7}	—	—
0.4	1.583648480	9.151×10^{-7}	1.583649081	3.146×10^{-7}
0.5	1.797441277	1.264×10^{-6}	1.797441839	7.028×10^{-7}
0.6	2.044235924	1.667×10^{-6}	2.044236573	1.027×10^{-6}
0.7	2.327503253	2.162×10^{-6}	2.327504100	$1\ 314\times10^{-6}$
0.8	2.651079126	2.730×10^{-6}	2.651080099	1.758×10^{-6}
0.9	3.019202828	3.395×10^{-6}	3.019203948	2.274×10^{-6}
1.0	3.436559488	4.169×10^{-6}	3.436560812	2.845×10^{-6}

在 MATLAB 命令窗口执行：

```
>> y=cYCJZadms(x+y, 0.1,0,1,1,[x y])
```

7.7 基于 MATLAB 的常微分方程的数值解法

在 MATLAB 中，常微分方程（ODEs）的数值解法通常使用 ODE 求解器系列函数，如 ode45、ode23、ode113、ode15s、ode23s、ode23t、ode23tb、ode15i

等。每个求解器都适用于不同类型的 ODE 问题。比如，ode45 是一个基于龙格-库塔方法的非刚性问题求解器，而 ode15s 是一个用于刚性问题的数值求解器。

初值问题求解常用格式：

```
[t,y]=ode45(odefun,tspan,y0)
```

odefun：表示 f(t,y)的函数句柄或匿名函数，t 是标量，y 是标量或向量；

tspan：若为[t0, tf]，表示自变量初值 t0 和终值 tf，若为[t0,t1,…, tn]，表示输出节点列向量；

y0：表示函数值初值标量或向量 y0；

t：表示节点列向量$(t0, t1,\cdots,tn)^T$；

y：数值解矩阵，每一列对应 y 的一个分量。

下面是一个使用 ode45 求解常微分方程的示例。求解初值问题：

$$\frac{\mathrm{d}y}{\mathrm{d}t}=f(t,y)\text{，}\quad y(t_0)=y_0$$

其中，$f(t,y)$ 是想要求解的 ODE 的右侧函数，t_0 和 y_0 是初始条件。

例 7.7.1　解下列初值问题：

$$\frac{\mathrm{d}y}{\mathrm{d}t}=-2y\text{，}\quad y(0)=1$$

解　在 MATLAB 中的代码如下：

```
>> %定义 ODE 右侧的函数
>> f = @(t, y) -2 * y;
>> %设置初始条件
>> t0 = 0;          %初始时间
>> y0 = 1;          %初始值
>> %设置求解的时间区间
>> tspan = [t0, 5];
>> %  用 ode45 求解器
>> [t, y] = ode45(f, tspan, y0);
>> %绘制结果
>> plot(t, y);
>> title('ODE solution with ode45');
>> xlabel('Time t');
>> ylabel('Solution y');
```

运行结果如图 7.7.1 所示。

当运行这段代码时，MATLAB 会计算从时间 0 到时间 5 的解，并用一张图显示结果。

如果求解的 ODE 是一个系统或者更复杂的方程，则需要相应地修改函数 f。对于系统，y 将是一个向量，f 应该返回相同维度的导数向量。

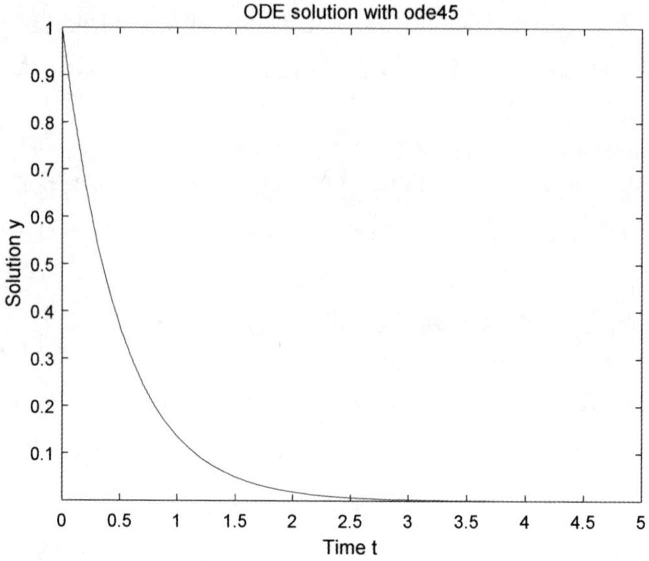

图 7.7.1　运行结果

对于刚性问题或者要求更高精度的问题，可能需要使用不同的求解器，比如 ode15s。使用时，只需要将 ode45 换成 ode15s，其他步骤相同。

在使用 MATLAB 的 ODE 求解器时，还可以设置选项来控制求解过程，比如误差容忍度、步长等。这可以通过 odeset 函数来完成。例如：

```
>> options = odeset('RelTol', 1e-5, 'AbsTol', 1e-7);
[t, y] = ode45(f, tspan, y0, options);
```

这会设置相对误差容忍度（RelTol）和绝对误差容忍度（AbsTol）的值。这些选项可以帮助控制求解器的精度和性能。

数学家和数学家精神

石钟慈（1933—2023 年），数学家，中国计算数学事业的建设者和领导者之一，院士。他曾获国家自然科学奖三等奖，何梁何利基金科学与技术进步奖，华罗庚数学奖，苏步青应用数学奖等。石钟慈从事有限元的理论研究和应用，首创的样条有限元被广泛应用于实际计算并引发了大量后继工作；研究非协调元的收敛性，证明国际上流行的一种检验方法既非必要也不充分，并提出新的判别准则；发现非协调元的一系列奇特的错向收敛性质，从理论上证实了早期工程计算中观察到的现象；分析并证明多种在应用上极有价值的非协调元的收敛性，奠定了它们的理论基础。20 世纪 50 年代末，石钟慈建立了一种将变分原理和摄动理论相结合的新算法并算出氦原子最低能态的良好近似值；研究了矩阵特征值的定位问题，得到精度很高的上下界估计公式。

习　题　7

1．当 $x_0=0$，$y_0=0$，$h=0.1$ 时，用改进欧拉公式，求初值问题 $\begin{cases} y'=x-y \\ y(0)=0 \end{cases}$ 在 $x_1=0.1$，$x_2=0.2$，$x_3=0.3$ 三个节点处的数值解 y_1、y_2、y_3。

2．取步长 $h=0.2$，用预测-校正法解常微分方程初值问题：

$$\begin{cases} y'=2x+3y \\ y(0)=1 \end{cases} \quad (0\leqslant x\leqslant 1)$$

3．分别用欧拉公式、隐式的欧拉公式、两步欧拉公式及改进欧拉公式求解初值问题：

$$\begin{cases} y'=x+y \\ y(0)=1 \end{cases} \quad (0\leqslant x\leqslant 0.4)$$

取 $h=0.1$，并与精确解 $y(x)=-x-1+2\mathrm{e}^x$ 比较。

4．考虑初值问题：

$$\begin{cases} y'=-y \\ y(0)=1 \end{cases}$$

（1）写出用梯形公式求解上述初值问题的计算公式；

（2）取步长 $h=0.1$，求 $y(0.2)$ 的近似值；

（3）证明用梯形公式求得的近似解为

$$y_n=\left(\frac{2-h}{2+h}\right)^n$$

并且当 $h\to 0$ 时，$y_n\to \mathrm{e}^{-x}$。

5．取步长 $h=0.1$，分别用改进欧拉方法与经典四阶龙格-库塔方法求解初值问题：

$$\begin{cases} \dfrac{\mathrm{d}y}{\mathrm{d}x}=-y+1 \\ y(0)=1 \end{cases}$$

求 $y(0.1)$ 的近似值。

6．对于一阶微分方程初值问题 $\begin{cases} y'=2x-y \\ y(0)=1 \end{cases}$，取步长 $h=0.2$，分别用改进欧

拉方法和经典四阶龙格-库塔方法，求 $y(0.2)$ 的近似值。

7．取步长 $h=0.2$，分别用改进欧拉方法和经典四阶龙格-库塔方法求解初值问题：

$$\begin{cases} y'=8-3y \\ y(0)=2 \end{cases} \quad (x \geqslant 0)$$

求 $y(0.2)$ 的近似值。

8．求参数 a 和 b，使得计算初值问题 $\begin{cases} \dfrac{\mathrm{d}y}{\mathrm{d}x}=f(x,y) \\ y(x_0)=y_0 \end{cases}$ $(c \leqslant x \leqslant d)$ 的两步数值方法 $y_{n+1}=y_n+h[af(x_n,y_n)+bf(x_{n-1},y_{n-1})]$ 的阶数尽量高，并给出局部截断误差的主项。

9．对于初值问题：

$$y'=-100(y-x^2)+2x，y(0)=1$$

（1）用欧拉法求解，步长 h 取什么范围的值才能使计算稳定？

（2）若用梯形公式计算，步长 h 有无限制？

10．取步长 $h=0.1$，试用欧拉公式求解下面的方程组。

$$\begin{cases} y'=3y+2z, y(0)=0 \\ z'=4y+z, z(0)=1 \end{cases} \quad (0 \leqslant x \leqslant 0.2)$$

实 验 题

1．用欧拉方法，改进欧拉方法，龙格-库塔方法求下列初值问题：

$$\begin{cases} y'=\dfrac{4x}{y}-xy \\ y(0)=0 \end{cases} \quad (0<x<1)$$

分别取 $h=0.1,0.2,0.4$ 时的数值解（初值问题的精确解 $y=\sqrt{4+5\mathrm{e}^{-x^2}}$ ）。

2．常微分方程初值问题：

$$\begin{cases} y'=-y+\cos 2x-2\sin 2x+2x\mathrm{e}^{-x} \\ y(0)=1 \end{cases} \quad (0<x<2)$$

有精确解 $y(x)=x^2\mathrm{e}^{-x}+\cos 2x$，选择不同步长 h，使用四阶龙格-库塔方法计算初值问题，比较不同步长时误差的变化。

习题答案

习 题 1

1.（1）0.5，0.00217%，5；（2）0.5×10^{-5}，0.217%，3；（3）0.5×10^{-2}，0.000217%，6；（4）0.5×10^{2}，0.0217%，3。

2．0.33%。

3．近似值 x^* 的相对误差为 $\delta = e_r^* = \dfrac{e^*}{x^*} = \dfrac{x^* - x}{x^*}$，而 $\ln x$ 的误差为 $e(\ln x^*) = \ln x^* - \ln x \approx \dfrac{1}{x^*}e^*$，进而有 $\varepsilon(\ln x^*) \approx \delta$。

4．（1）3.1416，0.5×10^{-4}；（2）3.1416，0.5×10^{-4}；（3）3.14159。

5．$\dfrac{5}{n}\times10^{-3}$。

6．因为 $Y_n = Y_{n-1} - \dfrac{1}{100}\sqrt{783}$，所以 $Y_{100} = Y_{99} - \dfrac{1}{100}\sqrt{783}$，$Y_{99} = Y_{98} - \dfrac{1}{100}\sqrt{783}$，$Y_{98} = Y_{97} - \dfrac{1}{100}\sqrt{783}$，…，$Y_1 = Y_0 - \dfrac{1}{100}\sqrt{783}$，依次代入后，有 $Y_{100} = Y_0 - 100\times\dfrac{1}{100}\sqrt{783}$，即 $Y_{100} = Y_0 - \sqrt{783}$，若取 $\sqrt{783}\approx 27.982$，则 $Y_{100} = Y_0 - 27.982$，所以 $\varepsilon(Y_{100}^*) = \varepsilon(Y_0) + \varepsilon(2.982) = \dfrac{1}{2}\times10^{-3}$，所以 Y_{100} 的误差限为 $\dfrac{1}{2}\times10^{-3}$。

7．应先把算式分别变形为 $\sqrt{1+x} - \sqrt{x} = \dfrac{1}{\sqrt{1+x}+\sqrt{x}}$ 和 $\dfrac{1-\cos x}{\sin x} = \dfrac{\sin x}{1+\cos x}$，然后再计算，这样就可以避免相近数相减造成的有效数字严重损失。

8．$b \geqslant 0$ 时，x_1 取第二式，x_2 取第一式；$b < 0$ 时，x_1 取第一式，x_2 取第二式。

习 题 2

1．$D = \begin{vmatrix} -3 & 2 & 6 \\ 10 & 7 & 0 \\ 5 & -1 & 5 \end{vmatrix} = 155$，$D_1 = \begin{vmatrix} 4 & 2 & 6 \\ 7 & -7 & 0 \\ 6 & -1 & 5 \end{vmatrix} = 0$，$D_2 = \begin{vmatrix} -3 & 4 & 6 \\ 10 & 7 & 0 \\ 5 & 6 & 5 \end{vmatrix} = -155$，

$D_3=\begin{vmatrix}-3 & 2 & 4\\ 10 & 7 & 7\\ 5 & -1 & 6\end{vmatrix}=155$。则 $x_1=\dfrac{D_1}{D}=0$，$x_2=\dfrac{D_2}{D}=-1$，$x_3=\dfrac{D_3}{D}=1$，主元素依次为 10，$\dfrac{5}{2}$，$\dfrac{31}{5}$。

2.（1）必要性：若顺序高斯消去法是可行的，即 $a_{kk}^{(k)}\neq 0$，则可进行消去法得 k-1 步（$k\leqslant n$），由于 $\boldsymbol{A}^k$ 是由 $\boldsymbol{A}$ 逐行实行初等变换（某数乘以某一行加到另一行）得到的，这些运算不改变相应顺序主子式的值，故有 $D_k=\begin{vmatrix}a_{11}^{(1)} & a_{12}^{(1)} & \cdots & a_{1k}^{(1)}\\ & a_{22}^{(2)} & \cdots & a_{2k}^{(2)}\\ & & \ddots & \vdots\\ & & & a_{kk}^{(k)}\end{vmatrix}=$ $a_{11}^{(1)}a_{22}^{(2)}\cdots a_{kk}^{(k)}\neq 0\ (k=1,2,\cdots,n)$。

（2）充分性：用归纳法证明，当 k=1 时显然成立，设命题对 k-1 成立，现设 $D_1\neq 0,D_2\neq 0,\cdots,D_{k-1}\neq 0,D_k\neq 0$。由归纳法假设有 $a_{11}^{(1)}\neq 0,a_{22}^{(1)}\neq 0,\cdots,a_{k-1,k-1}^{(1)}\neq 0$，因此，消去法可以进行第 k-1 步，$\boldsymbol{A}$ 约化为 $\boldsymbol{A}^{(k)}=\begin{pmatrix}\boldsymbol{A}_{11}^{(k-1)} & \boldsymbol{A}_{12}^{(k-1)}\\ & \boldsymbol{A}_{22}^{(k)}\end{pmatrix}$，其中 $\boldsymbol{A}_{11}^{(k-1)}$ 是对角线元素为 $a_{11}^{(1)},a_{22}^{(1)},\cdots,a_{k-1,k-1}^{(1)}$ 的上三角矩阵，因 $\boldsymbol{A}^{(k)}$ 是通过行初等变换由 $\boldsymbol{A}$ 逐步得到的，故 $\boldsymbol{A}$ 的 k 阶顺序主子式与 $\boldsymbol{A}^{(k)}$ 的 k 阶顺序主子式相等，即 $D_k=\det\begin{pmatrix}\boldsymbol{A}_{11}^{(k-1)} & \boldsymbol{A}_{12}^{(k-1)}\\ & \boldsymbol{A}_{22}^{(k)}\end{pmatrix}=a_{11}^{(1)}a_{22}^{(2)}\cdots a_{k-1,k-1}^{(k-1)}a_{kk}^{(k)}$。故由 $D_k\neq 0$ 及归纳假设可推出 $a_{kk}^{(k)}\neq 0$。

3．因矩阵 $\boldsymbol{A}$ 对称正定，故 $a_{ii}=(\boldsymbol{A}\boldsymbol{e}_i,\boldsymbol{e}_i)>0(i=1,2,\cdots,n)$，其中 $\boldsymbol{e}_i=(0,\cdots,0,1,0,\cdots,0)^{\mathrm{T}}$，为第 i 个单位向量。由矩阵 $\boldsymbol{A}$ 的对称性及消元公式得 $a_{ij}^{(2)}=a_{ij}-\dfrac{a_{i1}}{a_{11}}a_{1j}=a_{ji}-\dfrac{a_{j1}}{a_{11}}a_{1i}=a_{ji}^{(2)}(i,j=2,\cdots,n)$。故 $\boldsymbol{A}_2$ 也对称。又 $\begin{pmatrix}a_{11} & \boldsymbol{a}_1^{\mathrm{T}}\\ 0 & \boldsymbol{A}_2\end{pmatrix}=\boldsymbol{L}_1 A$，其中 $\boldsymbol{L}_1=\begin{pmatrix}1 & & & \\ -\dfrac{a_{21}}{a_{11}} & 1 & & \\ \vdots & & \ddots & \\ -\dfrac{a_{n1}}{a_{11}} & \cdots & & 1\end{pmatrix}$，显然 $\boldsymbol{L}_1$ 非奇异，从而对任意的 $\boldsymbol{x}\neq\boldsymbol{0}$，有 $\boldsymbol{L}_1^{\mathrm{T}}\boldsymbol{x}\neq\boldsymbol{0},(\boldsymbol{x},\boldsymbol{L}_1,\boldsymbol{A}\boldsymbol{L}_1^{\mathrm{T}}\boldsymbol{x})=$

$(\boldsymbol{L}_1^{\mathrm{T}}\boldsymbol{x}, \boldsymbol{A}\boldsymbol{L}_1^{\mathrm{T}}\boldsymbol{x}) > 0$，故 $\boldsymbol{L}_1$，$\boldsymbol{A}\boldsymbol{L}_1^{\mathrm{T}}$ 正定。又 $\boldsymbol{L}_1\boldsymbol{A}\boldsymbol{L}_1^{\mathrm{T}} = \begin{pmatrix} a_{11} & 0 \\ 0 & \boldsymbol{A}_2 \end{pmatrix}$，而 $a_{11} > 0$，故 $\boldsymbol{A}_2$ 正定。

4. $$\begin{aligned}\sum_{j=2,j\neq i}^{n}\left|a_{ij}^{(2)}\right| &= \sum_{j=2,j\neq i}^{n}\left|a_{ij} - \frac{a_{i1}}{a_{11}}a_{1j}\right| \leqslant \sum_{j=2,j\neq i}^{n}\left|a_{ij}\right| + \sum_{j=2,j\neq i}^{n}\left|\frac{a_{i1}}{a_{11}}a_{1j}\right| \\ &= \sum_{j=1,j\neq i}^{n}\left|a_{ij}\right| - \left|a_{i1}\right| + \left|\frac{a_{i1}}{a_{11}}\right|\sum_{j=2,j\neq i}^{n}\left|a_{1j}\right| < \left|a_{ii}\right| - \left|a_{i1}\right| + \left|\frac{a_{i1}}{a_{11}}\right|\sum_{j=2,j\neq i}^{n}\left|a_{1j}\right| \\ &= \left|a_{ii}\right| - \left|\frac{a_{i1}}{a_{11}}\right|\left(\left|a_{11}\right| - \sum_{j=2,j\neq i}^{n}\left|a_{1j}\right|\right) = \left|a_{ii}\right| - \left|\frac{a_{i1}}{a_{11}}\right|\left(\left|a_{11}\right| - \sum_{j=2}^{n}\left|a_{1j}\right| + \left|a_{1i}\right|\right) \\ &\leqslant \left|a_{ii}\right| - \left|\frac{a_{i1}}{a_{11}}\right|\left|a_{1i}\right| \leqslant \left|a_{ii} - \frac{a_{i1}}{a_{11}}a_{1i}\right| = \left|a_{ii}^{(2)}\right|\end{aligned}$$

这已表明，$\boldsymbol{A}_2$ 是严格对角占优矩阵。

5．由 $\boldsymbol{LDL}^{\mathrm{T}}$ 分解算法，得 $\boldsymbol{L} = \begin{pmatrix} 1 & & \\ -0.25 & 1 & \\ 0.25 & 0.75 & 1 \end{pmatrix}\boldsymbol{x} = \begin{pmatrix} 6 \\ -0.5 \\ 1.25 \end{pmatrix}$，$\boldsymbol{D} = \begin{pmatrix} 4 & & \\ & 4 & \\ & & 1 \end{pmatrix}$，

解得 $\boldsymbol{Ly} = \boldsymbol{b}$，得 $\boldsymbol{y} = (6,1,-1)^{\mathrm{T}}$，解得 $\boldsymbol{L}^{\mathrm{T}}\boldsymbol{x} = \boldsymbol{D}^{-1}\boldsymbol{y}$，得 $\boldsymbol{x} = (2,1,-1)^{\mathrm{T}}$。

6．计算 $\{\beta_i\}$：$\beta_1 = \dfrac{c_1}{b_1} = -\dfrac{1}{2}$，$\alpha_2 = b_2 - a_2\beta_1 = \dfrac{3}{2}$，$\beta_2 = \dfrac{c_2}{\alpha_2} = -\dfrac{2}{3}$，$\alpha_3 = b_3 - a_3\beta_2 = \dfrac{4}{3}$，$\beta_3 = \dfrac{c_3}{\alpha_3} = -\dfrac{3}{4}$，$\alpha_4 = b_4 - a_4\beta_3 = \dfrac{5}{4}$。计算 $\{y_i\}$：$y_1 = \dfrac{f_1}{b_1} = \dfrac{1}{2}$，$y_2 = \dfrac{f_2 - a_2y_1}{\alpha_2} = \dfrac{1}{3}$，$y_3 = \dfrac{f_3 - a_3y_2}{\alpha_3} = \dfrac{1}{4}$，$y_4 = \dfrac{f_4 - a_4y_3}{\alpha_4} = 1$。求解 $\{x_i\}$：$x_4 = y_4 = 1$，$x_3 = y_3 - \beta_3x_4 = 1$，$x_2 = y_2 - \beta_2x_3 = 1$，$x_1 = y_1 - \beta_1x_2 = 1$。

7．原线性方程组的系数矩阵，右端列向量为 $\boldsymbol{A} = \begin{pmatrix} 2 & 1 & 1 \\ 1 & 1 & 1 \\ 1 & 1 & 2 \end{pmatrix}$，$\boldsymbol{b} = \begin{pmatrix} 0 \\ 3 \\ 1 \end{pmatrix}$。

$\boldsymbol{A} = \boldsymbol{LU}$，其中，$\boldsymbol{L} = \begin{pmatrix} 1 & 0 & 0 \\ \frac{1}{2} & 1 & 0 \\ \frac{1}{2} & 1 & 1 \end{pmatrix}$，$\boldsymbol{U} = \begin{pmatrix} 2 & 1 & 1 \\ 0 & \frac{1}{2} & \frac{1}{2} \\ 0 & 0 & 1 \end{pmatrix}$，解 $\boldsymbol{Ly} = \boldsymbol{b}$，可得：$\boldsymbol{y} = \begin{pmatrix} 0 \\ 3 \\ -2 \end{pmatrix}$。

$\boldsymbol{Ux} = \boldsymbol{y}$，可得：$\boldsymbol{x} = \begin{pmatrix} -3 \\ 8 \\ -2 \end{pmatrix}$。

8．令 $A=\begin{pmatrix}0 & 1\\1 & 0\end{pmatrix}$，则 $|A|=-1\neq 0$，所以 A 是非奇异矩阵。

若 A 有 LU 分解，则存在 a，b，c，d 使 $\begin{pmatrix}0 & 1\\1 & 0\end{pmatrix}=\begin{pmatrix}1 & 0\\a & 1\end{pmatrix}\begin{pmatrix}b & d\\0 & c\end{pmatrix}$，比较等式两边的第一列元素得 $b=0$，$ab=1$，显然这两个式子不可能同时成立，因而 A 不存在 LU 分解。

9．$x_1=0.7674$，$x_2=1.1384$，$x_3=2.1254$。

10．解得 $x_1=-4.00$，$x_2=3.00$，$x_3=2.00$。高斯-赛德尔计算至 $k=9$，SOR 计算至 $k=7$。

习　题　3

1．3.9 次，$x^*\approx 1.325$。

2．$\Phi(x)=\sqrt{2+x}$，当 $x>0$ 时，$\Phi(x)>0$ 且 $|\Phi'(x)|\leqslant\dfrac{1}{2\sqrt{2}}$，故迭代值收敛到 $x=\Phi(x)$ 的根 $x^*=2$。

3．由于 $f'(x)>0$，$f(x)$ 为单调递增函数，故方程 $f(x)=0$ 的根 x^* 是唯一的。迭代函数 $\varphi(x)=x-\lambda f(x)$，$|\varphi'(x)|=|1-\lambda f'(x)|$。由 $0<m\leqslant f'(x)\leqslant M$ 及 $0<\lambda<\dfrac{2}{M}$，得 $0<\lambda m\leqslant\lambda f'(x)\leqslant\lambda M<2$，$-1<1-\lambda M\leqslant 1-\lambda f'(x)\leqslant 1-\lambda m<1$，故 $|\varphi'(x)|\leqslant L=\max\{|1-\lambda m|,|1-\lambda M|\}<1$，由此可得 $|x_k-x^*|\leqslant L|x_{k-1}-x^*|\leqslant\cdots\leqslant L^k|x_0-x^*|\to 0(k\to\infty)$，即 $\lim\limits_{k\to\infty}x_k=x^*$。

4．这里牛顿公式为 $x_{k+1}=x_k-\dfrac{x_k-\mathrm{e}^{-x_k}}{1+x_k}$，取迭代初值 $x_0=0.5$，迭代结果见下表。

k	0	1	2	3
x_k	0.5	0.57102	0.56716	0.56714

这里迭代三次得到了精度为 10^{-5} 的结果，可见牛顿法收敛得很快。

5．对应 $g(x)=\mathrm{e}^{-x}$，由 $x=g(x)\Leftrightarrow x\mathrm{e}^x=1$ 知，解为 $x\mathrm{e}^x=1$ 的格式。显然 $g(x)$ 单调递减且 $g:[0.36,1]\to[0.36,1]$。又在 $[0.36,1]$ 上，$|g'(x)|\leqslant\mathrm{e}^{-0.36}\leqslant 0.6977<1$，

知收敛。迭代-加速格式 $x_k=\dfrac{1}{1.5}(\mathrm{e}^{-x_{k-1}}+0.5x_{k-1})$ 对应 $|\tilde{g}(x)|=\dfrac{1}{1.5}(\mathrm{e}^{-x}+0.5x)$，在 $[0.36,1]$ 上 $|\tilde{g}'(x)|=\left|\dfrac{1}{1.5}(-\mathrm{e}^{-x}+0.5)\right|\leqslant 0.1318$，而 $|g'(x)|\geqslant 0.3679$，知迭代-加速格式有更快的收敛速度。

6．$f(x)=\left(\sin x-\dfrac{x}{2}\right)$ 的根 x^* 为二重根，且 $f'(x)=2\left(\sin x-\dfrac{x}{2}\right)\left(\cos x-\dfrac{1}{2}\right)$，用牛顿迭代公式得 $x_{k+1}=x_k-\dfrac{\sin x_k-\dfrac{x_k}{2}}{2\cos x_k-1}(k=0,1,\cdots)$，令 $x_0=\dfrac{\pi}{2}$，则 $x_1=1.785398$，$x_2=1.844562$ …… 迭代到 $x_{20}=1.895494$，$|x^*-1.895494|<10^{-5}$。

用求重根的迭代公式 $x_{k+1}=x_k-\dfrac{\sin x_k-\dfrac{x_k}{2}}{\cos x_k-\dfrac{1}{2}}(k=0,1,\cdots)$，取 $x_0=\dfrac{\pi}{2}$，则 $x_1=2.000000$，$x_2=1.900996$，$x_3=1.895512$，$x_4=1.895494$，$x_5=1.895494$，四次迭代达到了上面 x_{20} 的结果。若用重根二阶收敛公式，则有 $x_{k+1}=x_k-\dfrac{f(x_k)f'(x_k)}{f'(x_k)^2-f(x_k)f''(x_k)}$，将 $f(x)$, $f'(x)$, $f''(x)$ 代入上述迭代公式，得 $x_{k+1}=x_k-\dfrac{\left(\sin x_k-\dfrac{x_k}{2}\right)\left(\cos x_k-\dfrac{1}{2}\right)}{\left(\cos x_k-\dfrac{1}{2}\right)^2+\sin x_k\left(\sin x_k-\dfrac{x_k}{2}\right)}$，$x_0=\dfrac{\pi}{2}$，结果与公式所求重根的迭代公式计算结果相同。

7．（1）迭代函数 $\varphi(x)=2+0.5\sin x$，又 $2-0.5\leqslant 2+0.5\sin x\leqslant 2+0.5$，$x\in(-\infty,+\infty)$，$\varphi(x)\in[2-0.5,2+0.5]\in(-\infty,+\infty)$，$\max\limits_{x\in\mathbf{R}}|\varphi'(x)|=|0.5\cos x|<1$，所以 $\lim\limits_{k\to\infty}x_k=x^*$。

（2）$x_1=2.4546$，$|x_1-x_0|=0.4546$；$x_2=2.3171$，$|x_2-x_1|=0.1376$；$x_3=2.3671$，$|x_3-x_2|=0.0500$；$x_4=2.3497$，$|x_4-x_3|=0.0174$；$x_5=2.3559$，$|x_5-x_4|=0.0062$；$x_6=2.3537$，$|x_6-x_5|=0.0022$；$x_7=2.3544$，$|x_7-x_6|=7.68\times10^{-4}$；取近似值 $x^*\approx x_7=2.3544$。

（3）取 $x^*\approx 2.3544$，则 $\varphi'(x^*)\approx 1.6471\neq 0$，故此迭代法是线性收敛的。

8．$f(1)<0$，$f(2)<0$，$f'(x)=3x^2-3=3(x^2-1)\geqslant 0$，$f''(x)=6x>0$，对

$\forall x \in [1,2]$。

（1）取 $x_0 = 2$，利用牛顿迭代法，得 $x_1 = 1.8889$， $x_2 = 1.8794$， $\left|x_2 - x^*\right| < \frac{1}{2} \times 10^{-3}$，故 $x^* \approx x_2 = 1.8794$。

（2）取 $x_0 = 2$，$x_1 = 1.9$，利用割线法，得 $x_2 = 1.8811$，$x_3 = 1.8794$，$\left|x_3 - x^*\right| < \frac{1}{2} \times 10^{-3}$，故 $x^* \approx x_2 = 1.8794$。

9．$x_{k+1} = \frac{1}{2}\left(x_k + \frac{a}{x_k}\right)$，若 $0 < x_0 < \sqrt{a}$，有 $x_1 - \sqrt{a} > 0$。若 $x_{k+1} > \sqrt{a}$，有 $x_{k+1} - x_k < 0$。所以 $\{x_k\}_{k=1}^{\infty}$ 单调递减有下界，当 $x_0 > 0$ 时，$\lim\limits_{k \to \infty} = \sqrt{a}$。

习 题 4

1．$\frac{5}{6}x^2 + \frac{3}{2}x - \frac{7}{3}$。

2．$-2 + (x-1) - 11(x-1)(x-2) + 3(x-1)(x-2)(x-3)$。近似值为–47。

3．（1）$f(1.75) \approx P_2(1.75) = 0.25$；（2）$f(1.75) \approx P_3(1.75) = 0.125$。

4．因为 $f(x)$ 在 $[a,b]$ 上有连续的二阶导数，所以插值余项的绝对值 $\left|R(x)\right| = \left|f(x) - P(x)\right| \leqslant \frac{1}{8}(b-a)^2 \left|f''(x)\right|$，而 $P(x) = \frac{x-a}{b-a}f(b) + \frac{x-b}{a-b}f(a)$，且 $f(a) = f(b) = 0$，即 $P(x) = 0$，所以有 $\max\limits_{a \leqslant x \leqslant b}\left|f(x)\right| \leqslant \frac{1}{8}(b-a)^2 \max\limits_{a \leqslant x \leqslant b}\left|f''(x)\right|$。

5．因为 115 在 100 和 121 之间，故取插值节点 $x_0 = 100$，$x_1 = 121$，相应的有 $y_0 = 10$，$y_1 = 11$，于是，由线性插值公式，可得 $L_1(x) = 10 \times \frac{x-121}{100-121} + 11 \times \frac{x-100}{121-100}$，故用线性插值求得的近似值为 $\sqrt{115} \approx L_1(115) = 10 \times \frac{115-121}{100-121} + 11 \times \frac{115-100}{121-100} \approx 10.714$。

6．0.1214。

7．
$$\int_a^b [f''(x) - S''(x)]^2 \, dx = \int_a^b [f''(x)]^2 \, dx + \int_a^b [S''(x)]^2 \, dx - 2\int_a^b f''(x)S''(x) dx$$
$$= \int_a^b [f''(x)]^2 \, dx - \int_a^b [S''(x)]^2 \, dx - 2\int_a^b S''(x)[f''(x) - S''(x)] dx$$

从而有

$$\int_a^b [f''(x)]^2 \mathrm{d}x - \int_a^b [S''(x)]^2 dx = \int_a^b [f''(x) - S''(x)]^2 \mathrm{d}x +$$
$$2\int_a^b S''(x)[f''(x) - S''(x)]\mathrm{d}x$$

8．若 x 为节点，结论显然成立，不妨假设 $a < c < x < b$，记 $\omega(t) = (t-a)(t-c)^2 (t-b)$，$R(t) = f(t) - H(t)$，$g(t) = R(t) - \dfrac{R(x)}{\omega(x)}\omega(t)$，因为 $g(a) = g(b) = g(c) = g(x) = 0$，由罗尔中值定理知 $g'(t)$ 在 (a,c), (c,x), (x,b) 内各有一个零点，又 $g'(c) = 0$，从而 $g'(t)$ 有四个不同的零点，由此导出 $g^{(4)}(t)$ 有一个零点，记为 ξ，最后有 $g^{(4)}(t) = f^{(4)}(t) - \dfrac{R(x)}{\omega(x)}4!$ 及 $g^{(4)}(\xi) = 0$。

9．（1）$N_3(x) = -4 + 3(x+1) - \dfrac{5}{6}(x+1)x + \dfrac{5}{12}(x+1)x(x-2)$，$f(1.5) \approx N_3(1.5) = -0.4063$；（2）由于 $y = f(x)$ 单调递减，故存在反函数 $x = f^{-1}(y)$。对反函数进行牛顿插值，得

$$\bar{N}_3(y) = -1 + \frac{1}{3}(y+4) + \frac{5}{12}(y+4)(y+2) - \frac{5}{42}(y+4)(y+1)y$$
$$f^{-1}(0.5) \approx \bar{N}_3(0.5) = 2.9107$$

10．（1）略；（2）$N_3(x) = -2x^3 + \dfrac{16}{3}x^2 - \dfrac{10}{3}x + 3$。

11．证明略。

12． $S(x) = \begin{cases} 1.377x^2 - 1.8666x^2 + 1.9999x & x \in [0,1] \\ -0.6001x^3 + 2.5338x^2 - 5.4009x + 4.4673 & x \in [1,2] \\ 1.5334x - 10.2672x + 26.2.15x - 24.6015 & x \in [2,3] \end{cases}$

13．提示：是，验证 $S(x)$ 为分段三次多项式，满足插值条件，$S'(x)$ 和 $S''(x)$ 满足连接条件 $S'(x) = S''(x) = 0$。

14．在区间 $[a,b]$ 上 $x_0 = a$，$x_n = b$，$h_i = x_{i+1} - x_i (i = 0,1,\cdots,n-1)$，令 $h = \max\limits_{0 \leqslant i \leqslant n-1} h_i$，因为 $f(x) = x^4$，$f'(x) = 4x^3$，所以函数 $f(x)$ 在区间 $[x_i, x_{i+1}]$ 上的分段厄尔米特插值函数为

$$I_h(x) = \left(\frac{x - x_{i+1}}{x_i - x_{i+1}}\right)^2 \left(1 + 2\frac{x - x_i}{x_{i+1} - x_i}\right) f(x_i) + \left(\frac{x - x_i}{x_{i+1} - x_i}\right)^2 \left(1 + 2\frac{x - x_{i+1}}{x_i - x_{i+1}}\right) f(x_{i+1}) +$$
$$\left(\frac{x - x_{i+1}}{x_i - x_{i+1}}\right)^2 (x - x_i) f'(x_i) + \left(\frac{x - x_i}{x_{i+1} - x_i}\right)^2 (x - x_{i+1}) f'(x_{i+1})$$

$$=\frac{x_i^{\ 4}}{h_i^{\ 3}}(x-x_{i+1})^2(h_i+2x-2x_i)+\frac{x_{i+1}^{\ \ \ 4}}{h_i^{\ 3}}(x-x_i)^2(h_i-2x+2x_{i+1})+$$

$$\frac{4x_i^{\ 3}}{h_i^{\ 2}}(x-x_{i+1})^2(x-x_i)+\frac{4x_{i+1}^{\ \ \ 3}}{h_i^{\ 2}}(x-x_i)^2(x-x_{i+1})$$

误差为

$$\left|f(x)-I_h(x)\right|=\frac{1}{4!}\left|f^{(4)}(\xi)\right|(x-x_i)^2(x-x_{i+1})^2\le\frac{1}{24}\max_{a\le x\le b}\left|f^{(4)}(\xi)\right|\left(\frac{h_i}{2}\right)^4$$

又因为 $f(x)=x^4$，所以 $f^{(4)}(x)=4!=24$，$\max\limits_{a\leqslant x\leqslant b}\left|f(x)-I_h(x)\right|\leqslant\max\limits_{0\leqslant i\leqslant n-1}\frac{h_i^{\ 4}}{16}\leqslant\frac{h^4}{16}$。

15．这里 $f(x)=\sin x$，$\varphi_0(x)=x$，$\varphi_1(x)=x^3$，计算得 $(\varphi_0,\varphi_0)=\sum\limits_{i=1}^{4}x_i^2=3.8382$，$(\varphi_0,\varphi_1)=(\varphi_1,\varphi_0)=\sum\limits_{i=1}^{4}x_i^4=7.3658$，$(f,\varphi_0)=\sum\limits_{i=1}^{4}x_iy_i=2.7395$，$(\varphi_1,\varphi_1)=\sum\limits_{i=1}^{4}x_i^6=16.3611$，$(f,\varphi_1)=\sum\limits_{i=1}^{4}x_i^3y_i=4.9421$。得法方程组 $\begin{cases}3.8383a+7.3658b=2.7395\\7.3658a+16.3611b=4.9421\end{cases}$，解得 $a=0.9856$，$b=-0.1417$。从而对应已知数据 $\sin x$ 的最小二乘拟合曲线为 $\varphi(x)=0.9856x-0.1417x^3$。

习 题 5

1．（1）中点公式：近似值 0.0352，截断误差 $\left|R_{\mathrm{M}}(f)\right|\leqslant 0.0013$；（2）梯形公式：近似值 0.0391，截断误差 $\left|R_{\mathrm{T}}(f)\right|\leqslant 0.0026$；（3）辛普森公式：近似值 0.0365，截断误差 $\left|R_{\mathrm{S}}(f)\right|=0$。

2．当 $f(x)=1,x,x^2$ 时精确成立，即 $\begin{cases}2A+2B=2\\2A+\frac{1}{2}B=\frac{2}{3}\end{cases}$，得 $A=\frac{1}{9}$，$B=\frac{8}{9}$，求积公式为 $\int_{-1}^{1}f(x)\mathrm{d}x=\frac{1}{9}[f(-1)+f(1)]+\frac{8}{9}\left[f\left(-\frac{1}{2}\right)+f\left(\frac{1}{2}\right)\right]$。

当 $f(x)=x^3$ 时，公式显然精确成立；当 $f(x)=x^4$ 时，左式=$\frac{2}{5}$，右式=$\frac{1}{3}$。所以代数精度为 3。

$$\int_1^2 \frac{1}{x}\mathrm{d}x \overset{t=2x-3}{=} \int_{-1}^2 \frac{1}{t+3}\mathrm{d}x \approx \frac{1}{9}\left(\frac{1}{-1+3}+\frac{1}{1+3}\right)+\frac{8}{9}\left(\frac{1}{-\frac{1}{2}+3}+\frac{1}{\frac{1}{2}+3}\right)$$

$$=\frac{97}{140}\approx 0.69286$$

3．当 $f(x)=1$ 时显然精确成立；

当 $f(x)=x$ 时，$\int_0^h x\mathrm{d}x=\frac{h^2}{2}=\frac{h}{2}[0+h]+\lambda h^2[1-1]$；

当 $f(x)=x^2$ 时，$\int_0^h x^2\mathrm{d}x=\frac{h^3}{3}=\frac{h}{2}[0+h^2]+\lambda h^2[0-2h]=\frac{h^3}{2}-2\lambda h \Rightarrow \lambda=\frac{1}{12}$；

当 $f(x)=x^3$ 时，$\int_0^h x^3\mathrm{d}x=\frac{h^4}{4}=\frac{h}{2}[0+h^3]+\frac{1}{12}h^2[0-3h^2]$；

当 $f(x)=x^4$ 时，$\int_0^h x^4\mathrm{d}x=\frac{h^5}{5}\neq\frac{h}{2}[0+h^4]+\frac{1}{12}h^2[0-4h^3]=\frac{h^5}{6}$。

所以，其代数精度为 3。

4．方法 1：令公式对 $f(x)=1,x,x^2,x^3$ 精确成立，得 $\begin{cases} A_0+A_1=1 \\ x_0A_0+x_1A_1=\frac{1}{2} \\ x_0^2A_0+x_1^2A_1=\frac{1}{3} \\ x_0^3A_0+x_1^3A_1=\frac{1}{4} \end{cases}$，

解得 $x_0=\frac{1}{2}-\frac{1}{2\sqrt{3}}$，$x_1=\frac{1}{2}+\frac{1}{2\sqrt{3}}$，$A_0=A_1=\frac{1}{2}$，即 $\int_0^1 f(x)\mathrm{d}x=\frac{1}{2}f\left(\frac{1}{2}-\frac{1}{2\sqrt{3}}\right)+\frac{1}{2}f\left(\frac{1}{2}+\frac{1}{2\sqrt{3}}\right)$。

方法 2：利用公式 $\int_{-1}^1 f(x)\mathrm{d}x=f\left(-\frac{1}{\sqrt{3}}\right)+f\left(\frac{1}{\sqrt{3}}\right)$，作变量代换 $x=\frac{1}{2}t+\frac{1}{2}$，得到 $\int_0^1 f(x)\mathrm{d}x=\int_{-1}^1 f\left(\frac{1}{2}+\frac{1}{2}t\right)\mathrm{d}t$。

5．$\int_1^1 \mathrm{e}^x\mathrm{d}x\approx T_3=\frac{1-0}{2\times 3}[\mathrm{e}^0+2(\mathrm{e}^{1/3}+\mathrm{e}^{2/3})+\mathrm{e}^1]\approx 1.7342$，$f(x)=\mathrm{e}^x$，$f''(x)=\mathrm{e}^x$，当 $0\leqslant x\leqslant 1$ 时，$|f''(x)|\leqslant \mathrm{e}$，$|R|=\left|\mathrm{e}^x-T_3\right|\leqslant\frac{\mathrm{e}}{12\times 3^2}=\frac{\mathrm{e}}{108}=0.025\cdots\leqslant 0.05$，至少有 2 位有效数字。

6．5 个点对应的函数值 $f(x)=\dfrac{1}{1+2x^2}$ 见下表。

x_i	0	0.5	1	1.5	2
$f(x_i)$	1	0.666667	0.333333	0.181818	0.111111

（1）复化梯形公式$\left(n=4,h=\dfrac{2}{4}=0.5\right)$：

$T_4=\dfrac{0.5}{2}[1+2\times(0.66667+0.333333+0.181818)+0.111111]=0.868687$；

（2）复化辛普森公式$\left(n=2,h=\dfrac{2}{2}=1\right)$：

$S_2=\dfrac{1}{6}[1+4\times(0.66667+0.181818)+2\times0.333333+0.111111]=0.861953$。

7．$T_1=1.8591409$

$T_2=1.7539311,S_1=1.7188612$

$T_4=1.7272219,S_2=1.7183188,C_1=1.7182827$

$T_8=1.7205186,S_4=1.7182841,C_2=1.7182818,R_1=1.7182818$

$T_{16}=1.7188411,S_8=1.7182820,C_4=1.7182818,R_2=1.7182818$

8．设求积公式为 $\int_{-1}^{1}f(x)\mathrm{d}x\approx A_0f(-\lambda)+A_1f(0)+A_2f(\lambda)$，分别对 $f(x)=1,$ x^2,x^3,x^4,x^5 均准确成立，求得 $\lambda=\pm\sqrt{\dfrac{3}{5}}$，$A_0=\dfrac{5}{9}$，$A_1=\dfrac{8}{9}$，$A_2=\dfrac{5}{9}$，故

$$\int_{-1}^{1}f(x)\mathrm{d}x=\frac{1}{9}\left[5f\left(-\sqrt{\frac{3}{5}}\right)+8f(0)+5f\left(\sqrt{\frac{3}{5}}\right)\right]$$

假设公式的代数精度至少为 5 次，将 $f(x)=x^6$ 代入求积公式，左式=$\dfrac{2}{7}$，右式=$\dfrac{6}{25}$，公式不准确成立，故代数精度为 5 次。

9.（1）$f'(1.0)\approx-0.247$，误差0.0025；（2）$f'(1.1)\approx-0.217$，误差 0.00125；（3）$f'(1.2)\approx-0.187$，误差0.0025。

10．$f'(2.6)\approx\dfrac{f(2.6)-f(2.5)}{2.6-2.5}\approx12.8120$，$f'(2.6)\approx\dfrac{f(2.7)-f(2.6)}{2.6-2.6}\approx14.1600$，$f'(2.6)\approx\dfrac{f(2.7)-f(2.5)}{2.7-2.5}\approx13.4860$，$f''(2.6)\approx\dfrac{f(2.7)-2f(2.6)+f(2.5)}{0.1^2}\approx13.4800$。

习　题　6

1．① $\boldsymbol{u}_0=\boldsymbol{A}\boldsymbol{v}_0=\begin{pmatrix}10\\1\end{pmatrix}$，$\lambda_1^{(1)}=(\boldsymbol{u}_1,\boldsymbol{v}_0)=10.00$，$\boldsymbol{v}_1=\dfrac{\boldsymbol{u}_1}{\|\boldsymbol{u}_1\|_2}=\begin{pmatrix}0.9950\\0.09950\end{pmatrix}$；

② $\boldsymbol{u}_2=\boldsymbol{A}\boldsymbol{v}_1=\begin{pmatrix}10.05\\1.095\end{pmatrix}$，$\lambda_1^{(2)}=(\boldsymbol{u}_2,\boldsymbol{v}_1)=10.108$，$\boldsymbol{v}_2=\dfrac{\boldsymbol{u}_2}{\|\boldsymbol{u}_2\|_2}=\begin{pmatrix}0.9941\\0.1083\end{pmatrix}$，

$\left|\lambda_1^{(1)}-\lambda_1^{(2)}\right|=0.11>0.05$；

③ $\boldsymbol{u}_3=\boldsymbol{A}\boldsymbol{v}_2=\begin{pmatrix}10.05\\1.102\end{pmatrix}$，$\lambda_1^{(3)}=(\boldsymbol{u}_3,\boldsymbol{v}_2)=10.110$，$\boldsymbol{v}_3=\dfrac{\boldsymbol{u}_3}{\|\boldsymbol{u}_3\|_2}=\begin{pmatrix}0.9940\\0.1090\end{pmatrix}$，

$\left|\lambda_1^{(2)}-\lambda_1^{(3)}\right|=0.002<0.05$。所以 $\lambda_1\approx10.11$，$x_1\approx\begin{pmatrix}0.9940\\0.1090\end{pmatrix}$。

2．$\lambda_1=4$，$\boldsymbol{v}_1=(1,-0.47,0.14)^{\mathrm{T}}$。

3．$\boldsymbol{v}_0=(1,0,0)^{\mathrm{T}}$

$\boldsymbol{u}_1=\boldsymbol{A}\boldsymbol{v}_0=(4,-1,1)^{\mathrm{T}}$，$\mu_1=4$，$\boldsymbol{v}_1=\left(1,-\dfrac{1}{4},\dfrac{1}{4}\right)^{\mathrm{T}}$

$\boldsymbol{u}_2=\boldsymbol{A}\boldsymbol{v}_1=\left(\dfrac{9}{2},-\dfrac{9}{2},\dfrac{9}{4}\right)^{\mathrm{T}}$，$\mu_2=\dfrac{9}{2}$

特征值 $\lambda^{(2)}=\mu_2=\dfrac{9}{2}$，特征向量为 $\left(\dfrac{9}{2},-\dfrac{9}{2},\dfrac{9}{4}\right)^{\mathrm{T}}$。

4．已知 $\boldsymbol{x}^{(0)}=(1,1,1)^{\mathrm{T}}$，则 $\|\boldsymbol{x}\|_\infty=1$，且 $\boldsymbol{y}^{(1)}=\boldsymbol{A}\boldsymbol{x}^{(0)}=(7,7,4)^{\mathrm{T}}$，

$\lambda^{(1)}=\max(\boldsymbol{y}^{(1)})=7$，得 $\boldsymbol{x}^{(1)}=\dfrac{\boldsymbol{y}^{(1)}}{\lambda^{(1)}}=\left(1,1,\dfrac{4}{7}\right)^{\mathrm{T}}$；

$\boldsymbol{y}^{(2)}=\boldsymbol{A}\boldsymbol{x}^{(1)}=\left(7,7,\dfrac{25}{7}\right)^{\mathrm{T}}$，$\lambda^{(2)}=\max(\boldsymbol{y}^{(2)})=7$。

5．已知 $\boldsymbol{v}_0=(1,0)^{\mathrm{T}}$，则 $\|\boldsymbol{v}_0\|_\infty=1$，且 $\boldsymbol{u}_1=\boldsymbol{A}\boldsymbol{v}_0=(10,1)^{\mathrm{T}}$，

$\max(\boldsymbol{u}_1)=10$，$\lambda_1^{(1)}=10$，$\boldsymbol{v}_1=\dfrac{\boldsymbol{u}_1}{10}=(1,0.1)^{\mathrm{T}}$；

$\boldsymbol{u}_2=\boldsymbol{A}\boldsymbol{v}_1=\begin{pmatrix}10.10\\0.10\end{pmatrix}$，$\max(\boldsymbol{u}_2)=10.10$，$\lambda_1^{(2)}=10.10$，$\boldsymbol{v}_2=\dfrac{\boldsymbol{u}_2}{10}=\begin{pmatrix}1.00\\0.1089\end{pmatrix}$；

$\boldsymbol{u}_3=\boldsymbol{A}\boldsymbol{v}_2=\begin{pmatrix}10.1089\\1.1089\end{pmatrix}$，$\max(\boldsymbol{u}_3)=10.1089$，$\lambda_1^{(3)}=10.1089$，$\boldsymbol{v}_3=\dfrac{\boldsymbol{u}_3}{10}=\begin{pmatrix}1.00\\0.1097\end{pmatrix}$。

6．最小的特征值为 1；相应的特征向量为$(1.0000,-1.0000)^{\mathrm{T}}$。

7．特征值为 1.3004，3.2391，5.4605；特征向量为$(0.8097,0.5665,0.1531)^{\mathrm{T}}$，$(0.5744,-0.7118,-0.4042)^{\mathrm{T}}$，$(0.1200,-0.4153,0.9018)^{\mathrm{T}}$。

8．$\begin{pmatrix} 1.0000 & -2.8284 & 0 \\ -2.8284 & -2.0000 & -3.0000 \\ 0 & -3.0000 & 6.0000 \end{pmatrix}$。

9．证明略。

习　题　7

1．改进欧拉公式：$\begin{cases} y_p = y_n + hf(x_n, y_n) \\ y_{n+1} = y_n + \dfrac{h}{2}[f(x_n, y_n) + f(x_{n+1}, y_p)]' \end{cases}$

初值 $x_0 = 0$，$y_0 = 0$，$\begin{cases} y_p = y_n + 0.1(x_n - y_n) \\ y_{n+1} = y_n + 0.05[(x_n - y_n) + (x_{n+1} - y_p)]' \end{cases}$

$x_0 = 0$，$y_0 = 0$，$y_p = 0$；

$x_1 = 0.1$，$y_1 = 0 + 0.05[(0-0) + (0.1-0)] = 0.005$，$y_p = 0.0145$；

$x_2 = 0.2$，$y_2 = 0.019025$，$y_p = 0.0371225$；

$x_3 = 0.3$，$y_3 = 0.041218$。

2．$\begin{cases} y_{n+1}^{(0)} = y_n + 0.2 \times (2x_n + 3y_n) \\ y_{n+1} = y_n + 0.1 \times [(2x_n + 3y_n) + (2x_{n+1} + 3y_{n+1}^{(0)})] \end{cases}$

即 $y_{n+1} = 0.52x_n + 1.78y_n + 0.04$。

各节点的函数值见下表。

n	0	1	2	3	4	5
x_n	0	0.2	0.4	0.6	0.8	1.0
y_n	1	1.82	5.8796	10.7137	19.4224	35.0279

3．欧拉公式：$y_{n+1} = y_n + 0.1(x_n + y_n) = 0.1x_n + 1.1y_n$；

隐式欧拉公式：$y_{n+1} = y_n + 0.1(x_n + 0.1 + y_{n+1})$，$y_{n+1} = \dfrac{0.01 + 0.1x_n + y_n}{0.9}$；

两步欧拉公式：$y_{n+1} = y_{n-1} + 0.2(x_n + y_n) = 0.2x_n + y_{n-1} + 0.2y_n$；

改进欧拉公式：$y_{n+1}=y_n+0.05(x_n+y_n+0.1+0.1x_n+1.1y_n)=0.005+0.105$ $x_n+1.105y_n$。

各节点的函数值见下表。

x_n	欧拉	隐式欧拉	两步欧拉	改进欧拉	精确解
0.1	1.1	1.1222	1.1	1.11	1.1103
0.2	1.22	1.2691	1.24	1.2421	1.2428
0.3	1.362	1.4434	1.388	1.3985	1.3997
0.4	1.5282	1.6482	1.5776	1.5818	1.5836

4. （1）$y_{n+1}=\dfrac{2-h}{2+h}y_n(n=0,1,2,\cdots)$；

（2）$y_0=1$，$y_1=0.9048$，$y_2=0.8186$，故 $y(0.2)\approx y_2=0.8186$；

（3）因 $y_n=\dfrac{2-h}{2+h}y_{n-1}=\left(\dfrac{2-h}{2+h}\right)^{n+1}y_0$，$y_0=1$，故 $y_n=\left(\dfrac{2-h}{2+h}\right)^{n}$。

由于 $y_n=\left(\dfrac{2-h}{2+h}\right)^{n}=\left(1-\dfrac{2h}{2+h}\right)^{n}=\left[\left(1-\dfrac{h}{1+\dfrac{h}{2}}\right)^{\frac{1}{h}}\right]^{x}$，$x=nh$，所以，当 $h\to 0$ 时，$y_n\to e^{-x}$。

5. 改进欧拉方法：

$$\begin{cases} y_{n+1}^{(0)}=y_n+hf(x_n,y_n)=0.9y_n+0.1 \\ y_{n+1}=y_n+\dfrac{h}{2}[f(x_n,y_n)+f(x_{n+1},y_{n+1}^{(0)})]=0.905y_n+0.095 \end{cases}$$

所以，$y(0.1)=y_1=1$；

经典的四阶龙格-库塔方法：

$$\begin{cases} y_{n+1}=y_n+\dfrac{h}{6}(k_1+2k_2+2k_3+k_4) \\ k_1=f(x_n,y_n) \\ k_2=f\left(x_n+\dfrac{h}{2},y_n+\dfrac{h}{2}k_1\right) \\ k_3=f\left(x_n+\dfrac{h}{2},y_n+\dfrac{h}{2}k_2\right) \\ k_4=f\left(x_n+h,y_n+hk_3\right) \end{cases}$$

$k_1 = k_2 = k_3 = k_4 = 0$，所以 $y(0.1) = y_1 = 1$。

6．改进欧拉方法：

$$\begin{cases} y_{n+1}^{(0)} = y_n + 0.2(2x_n - y_n) = 0.4x_n + 0.8y_n \\ y_{n+1} = y_n + 0.1(2x_n - y_n + 2x_{n+1} - y_{n+1}^{(0)}) = 0.16x_n + 0.2x_{n+1} + 0.82y_n \end{cases}$$

$y(0.2) \approx y_1 = 0.2 \times 0.2 + 0.82 \times 1 = 0.86$。

经典四阶龙格-库塔方法：

$$\begin{cases} y_{n+1} = y_n + \dfrac{0.2}{6}(k_1 + 2k_2 + 2k_3 + k_4) \\ k_1 = 2x_n - y_n \\ k_2 = 2(x_n + 0.1) - (y_n + 0.1k_1) \\ k_3 = 2(x_n + 0.1) - (y_n + 0.1k_2) \\ k_4 = 2(x_n + 0.2) - (y_n + 0.2k_3) \end{cases}$$

$k_1 = 1.5041$，$k_2 = 1.5537$，$k_3 = 1.5487$，$k_4 = 1.5943$，$y(0.2) \approx y_1 = 0.8562$。

7．（1）改进欧拉方法：

$$\begin{cases} y_{n+1}^{(0)} = y_n + 0.2(8 - 3y_n) = 1.6 + 0.4y_n \\ y_{n+1} = y_n + 0.1[8 - 3y_n + 8 - 3(1.6 + 0.4y_n)] = 1.12 + 0.58y_n \end{cases}$$

$y(0.2) \approx y_1 = 2.28$。

（2）经典四阶龙格-库塔方法：

$$\begin{cases} y_{n+1} = y_n + \dfrac{0.2}{6}(k_1 + 2k_2 + 2k_3 + k_4) \\ k_1 = 8 - 3y_n \\ k_2 = 8 - 3(y_n + 0.1k_1) \\ k_3 = 8 - 3(y_n + 0.1k_2) \\ k_4 = 8 - 3(y_n + 0.2k_3) \end{cases}$$

$y(0.2) \approx y_1 = 2.3004$。

8. $y(x_{n+1}) = y(x_n) + hy'(x_n) + \dfrac{h^2}{2!}y''(x_n) + \dfrac{h^3}{3!}y'''(x_n) + o(h^4)$

$$\begin{aligned} y_{n+1} &= y(x_n) + h[ay'(x_n) + by'(x_{n-1})] \\ &= y(x_n) + ahy'(x_n) + bh[y'(x_n) - hy''(x_n) + \frac{h^2}{2!}y'''(x_n) + o(h^4)] \\ &= y(x_n) + (a+b)hy'(x_n) - bh^2y''(x_n) + \frac{bh^3}{2}hy'''(x_n) + o(h^4) \end{aligned}$$

所以，当$\begin{cases}a+b=1\\ -b=\dfrac{1}{2}\end{cases}$，即$\begin{cases}a=\dfrac{3}{2}\\ b=-\dfrac{1}{2}\end{cases}$时，

局部截断误差为$y_{n+1}-y(x_{n+1})=\dfrac{bh^3}{2}y'''(x_n)+o(h^4)=o(h^3)$。

局部截断误差的主项为$y_{n+1}-y(x_{n+1})=-\dfrac{h^3}{4}y'''(x_n)$，该方法为二阶方法。

9.（1）$f(x,y)=-100(y-x^2)+2x$，欧拉公式为$y_{n+1}=y_n+hf(x_n,y_n)=y_n+h(-100y_n+100x_n^2+2x_n)=(1-100h)y_n+h(100x_n^2+2x_n)$，当$|1-100h|\leqslant 1$，即$0\leqslant h\leqslant 0.02$时是稳定的。

（2）梯形公式为

$$\begin{aligned}y_{n+1}&=y_n+\frac{h}{2}[f(x_n,y_n)+f(x_{n+1},y_{n+1})]\\&=y_n+\frac{h}{2}[-100y_n+100x_n^2+2x_n-100y_{n+1}+100x_{n+1}^2+2x_{n+1}]\end{aligned}$$

即$(1+50h)y_{n+1}=(1-50h)y_n+h[50(x_n^2+x_{n+1}^2)+x_n+x_{n-1}]$，故$y_{n+1}=\dfrac{1-50h}{1+50h}y_n+\dfrac{h}{1+50h}[50(x_n^2+x_{n+1}^2)+x_n+x_{n+1}]$。因$\left|\dfrac{1-50h}{1+50h}\right|<1$恒成立，故用梯形公式求解该问题是无条件绝对收敛的。

10. 取欧拉公式为$\begin{cases}y_{n+1}=(1+3h)y_n+2hz_n, y(0)=0\\ z_{n+1}=4hy_n+(1+h)z_n, z(0)=1\end{cases}$，

$$\begin{aligned}&y_1=(1+0.3)y_0+0.2z_0=0.2\\&z_1=0.4y_0+1.1z_0=1.1\\&y_2=1.3y_1+0.2z_1=1.3\times0.2+0.2\times1.1=0.48\\&z_2=0.4y_1+1.1z_1=0.4\times0.2+1.1\times1.1=1.29\end{aligned}$$

参 考 文 献

[1] 马昌凤. 现代数值分析（MATLAB 版）[M]. 北京：国防工业出版社，2013.

[2] 姜健飞，吴笑千，胡良剑. 数值分析及 MATLAB 实验[M]. 北京：清华大学出版社，2015.

[3] 姚仰新，王福昌，罗家洪，等. 高等工程数学[M]. 3 版. 广州：华南理工大学出版社，2016.

[4] 蔺小林. 现代数值分析方法[M]. 北京：科学出版社，2014.

[5] 蔺小林，蒋耀林. 现代数值分析[M]. 北京：国防工业出版社，2004.

[6] 李庆杨，王能超，易大义. 数值分析[M]. 5 版. 北京：清华大学出版社，2008.

[7] 郑继明，朱伟，刘勇，等. 数值分析[M]. 北京：清华大学出版社，2016.

[8] 褚衍东，常迎香，张建刚，等. 数值计算方法[M]. 北京：科学出版社，2016.

[9] 张民选，罗贤兵. 数值分析[M]. 南京：南京大学出版社，2013.

[10] 胡良剑，孙晓君. MATLAB 数学实验[M]. 北京：高等教育出版社，2006.